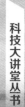

科技大讲堂丛书

Java面向对象程序设计

梁胜彬◎主编
渠慎明 白晨希 马华蔚 甘志华 程素营◎副主编

清华大学出版社
北京

内 容 简 介

Java语言以面向对象、平台无关、安全高效、语法简单而著称,广泛应用于企业级应用开发和移动应用开发。本书结合实用案例向读者介绍Java语法、面向对象程序设计技术和核心API。

全书共10章,内容涵盖Java概述、Java语法基础、面向对象基础、面向对象高级技术、Java API、异常处理机制、Java I/O流、多线程、Java GUI编程和Java网络编程等知识要点。本书具有案例丰富的特色,以JDK 17和IntelliJ IDEA等流行的开发环境为依托,力求让读者通过案例掌握Java编程技术。本书的另一个特色是在阐释专业内容的同时自然融入思政元素,具有鲜明的时代性和引领性。

本书可作为普通高等院校计算机、软件工程、人工智能等专业"面向对象程序设计""Java程序设计"课程的教材,也适合编程爱好者自学和培训使用。

本书封面贴有清华大学出版社防伪标签,无标签者不得销售。
版权所有,侵权必究。举报:010-62782989,beiqinquan@tup.tsinghua.edu.cn。

图书在版编目(CIP)数据

Java面向对象程序设计:题库・微课视频版/梁胜彬主编.—北京:清华大学出版社,2023.8
(2025.2重印)
(清华科技大讲堂丛书)
ISBN 978-7-302-63675-5

Ⅰ.①J… Ⅱ.①梁… Ⅲ.①JAVA语言－程序设计－高等学校－教材 Ⅳ.①TP312.8

中国国家版本馆CIP数据核字(2023)第100020号

责任编辑:付弘宇 薛 阳
封面设计:刘 键
责任校对:郝美丽
责任印制:刘海龙

出版发行:清华大学出版社
    网 址:https://www.tup.com.cn,https://www.wqxuetang.com
    地 址:北京清华大学学研大厦A座 邮 编:100084
    社 总 机:010-83470000 邮 购:010-62786544
    投稿与读者服务:010-62776969,c-service@tup.tsinghua.edu.cn
    质量反馈:010-62772015,zhiliang@tup.tsinghua.edu.cn
    课件下载:https://www.tup.com.cn,010-83470236
印 装 者:三河市人民印务有限公司
经 销:全国新华书店
开 本:185mm×260mm 印 张:22.25 字 数:542千字
版 次:2023年10月第1版 印 次:2025年2月第3次印刷
印 数:2501~4000
定 价:69.80元

产品编号:097226-01

前言

当前信息技术方兴未艾,Java 作为软件项目开发领域重要的程序设计语言,具有面向对象、功能强大、简单易用等特点,已成为软件开发人员必学的程序设计语言之一。为贯彻落实教育部《高等学校课程思政建设指导纲要》文件精神,加强学生在学习专业课程过程中工程伦理教育的目标要求,本书在全面系统介绍 Java 面向对象程序设计的同时,将各章知识内容与蕴含的职业道德、价值理念等思政元素完美结合,使学生在学习专业知识的过程中,领悟其中的人文精神和科学素养,增加教材的知识性、引领性和时代性,达到寓教于学的目的。

1. 本书组织结构

本书采用基础为本、案例驱动的方式介绍 Java 面向对象程序设计的理论与实践。让读者从零基础入门,快速掌握 Java 程序设计的技能。全书共 10 章,内容涵盖 Java 概述、Java 语法基础、面向对象基础、面向对象高级技术、Java API、异常处理机制、Java I/O 流、多线程、Java GUI 编程和 Java 网络编程等知识要点。

第 1 章介绍 Java 的基本特征、面向对象的程序设计方法和 JDK、IDEA 等开发工具的使用方法。

第 2 章介绍 Java 的基本语法、数据类型、标识符、流程控制语句、方法、数组、人机交互方法等。

第 3 章介绍 Java 面向对象的基础知识,类和对象的概念,包括成员变量、构造方法、访问控制、对象清理等。

第 4 章介绍 Java 的高级面向对象技术,如继承与多态机制、接口与抽象类、内部类等。

第 5 章介绍 Java 常用 API、集合与泛型,包括字符串、时间与日期、数值与随机数、系统相关类等。

第 6 章介绍 Java 的异常处理机制,包括 Java 的异常分类体系、异常处理机制和自定义异常等。

第 7 章介绍 Java I/O 流的基本概念及 I/O 流相关类的使用方法。

第 8 章介绍 Java 的多线程机制,包括创建线程的方式、线程的生命周期及切换、线程的同步及线程组和守护线程等。

第 9 章介绍 Java GUI 开发,主要内容包括 Swing 主要组件、布局管理方式和事件处理机制等。

第 10 章介绍 Java 网络编程,主要介绍 java.net 包中的相关类,基于 TCP 和 UDP 的网络编程等。

本书各章均引入了思政案例或思政拓展环节,设计了具有时代感的思政程序案例或工程素质拓展材料,将价值引导和知识传授融为一体。

全书由梁胜彬负责统稿,其中第 1～4 章由梁胜彬编写,第 5 章由甘志华编写,第 6、7 章由白晨希编写,第 8 章由马华蔚编写,第 9 章由渠慎明编写,第 10 章由程素营编写,陈强负责书稿校对工作。

2. 本书特色

(1) 案例丰富。本书配套 180 个示例,编者通过丰富、实用的案例来讲解 Java 面向对象程序设计的知识,引导读者灵活运用 Java 的语法和技术。

(2) 自然融入思政元素。本书将思政元素与程序设计知识内容完美融合,在介绍 Java 面向对象知识的同时,引入了工匠精神、代码规范、中国传统文化继承、化繁为简、垃圾分类、奥运精神、疫情防控、"天问一号"等具有强烈时代感的社会主义价值观和软件工程思想,引导学生坚定理想信念,实现价值塑造与知识传授、能力培养一体化,将专业教育与思想政治教育紧密融合,形成协同效应。

(3) 教学(学习)资源完备。本书配套在线题库、PPT 课件、教学大纲、电子教案、教学安排、示例源码等丰富资源,帮助教师(学生)立体化讲授(学习)Java 面向对象技术。

(4) 视频讲解。本书各重要知识点均配有详尽的视频讲解,引导初学者快速入门,掌握 Java 面向对象程序设计的精髓。

(5) 内容新颖。本书基于 JDK 17 和 IntelliJ IDEA 开发环境,所有案例均在 JDK 17 下编译通过。讲解 Java 的最新技术,既保证紧扣教学大纲,又兼顾内容新颖。

3. 本书读者对象

(1) 高等院校的教师与学生。

(2) Java 编程爱好者。

(3) 软件行业的项目设计、开发人员。

(4) 培训机构的教师与学生。

4. 读者服务

为方便读者更好地使用本书,对本书配套资源的获取方式说明如下。

(1) 微课视频:扫描本书封底"文泉云盘防盗码",绑定微信账号,即可通过扫描本书各章中的二维码,直接观看视频。

(2) 在线题库:扫描本书封底"作业系统二维码",绑定微信账号,即可登录题库,进行在线练习。

(3) PPT 课件、教学大纲、电子教案等资源:关注本书封底的清华大学出版社微信公众号"书圈",即可自助下载。

5. 致谢

本书在编写过程中得到了河南大学的大力支持,被立项为河南大学 2022 年度校级规划教材,在此表示感谢。编者还要特别感谢家人在本书编写过程中给予的理解与支持。陈婷婷、马金凤等同学花费时间与精力整理试题库,清华大学出版社对本书的出版做了大量富有成效的工作,在此表示特别感谢。

由于时间仓促,加之编者水平有限,书中不妥之处在所难免。欢迎读者、同行和专家给予批评指正。关于本书的意见或建议,请发邮件至 404905510@qq.com。

编　者

2023 年 8 月

目 录

第 1 章 Java 概述 ··· 1

  1.1 面向对象程序设计 ··· 1

    1.1.1 面向对象程序设计的基本概念 ······························· 1

    1.1.2 面向对象程序设计的基本特征 ······························· 2

    1.1.3 面向对象程序设计的优势 ······································· 3

  1.2 Java 的历史及特性 ··· 4

    1.2.1 Java 的发展简史 ·· 4

    1.2.2 Java 的语言特性 ·· 5

  1.3 搭建 Java 开发环境 ·· 6

    1.3.1 安装 JDK ·· 6

    1.3.2 常用 JDK 命令介绍 ··· 7

    1.3.3 IntelliJ IDEA 介绍 ··· 10

  1.4 编写第一个 Java 程序 ·· 16

    1.4.1 Hello，World! ·· 16

    1.4.2 思政与拓展：弘扬工匠精神 ································ 17

    1.4.3 Java 环境变量 ·· 17

    1.4.4 Java 程序运行机制 ··· 19

  1.5 Java 常用包介绍 ·· 20

    1.5.1 包的概念 ··· 20

    1.5.2 Java API 常用包 ·· 20

    1.5.3 包的创建 ··· 21

    1.5.4 包的导入 ··· 21

  小结 ·· 21

第 2 章 Java 语法基础 ··· 22

  2.1 标识符和关键字 ··· 22

    2.1.1 注释 ··· 22

    2.1.2 标识符与关键字 ·· 25

    2.1.3 分隔符 ··· 26

  2.2 基本数据类型 ··· 27

  2.2.1 基本数据类型概述 …… 27
  2.2.2 整型 …… 28
  2.2.3 布尔型 …… 29
  2.2.4 字符型 …… 29
  2.2.5 浮点型 …… 30
 2.3 变量和常量 …… 31
  2.3.1 变量 …… 31
  2.3.2 常量 …… 33
 2.4 数据类型转换 …… 33
  2.4.1 自动类型转换 …… 33
  2.4.2 强制类型转换 …… 34
  2.4.3 包装类转换 …… 36
 2.5 运算符 …… 39
  2.5.1 操作数和表达式 …… 39
  2.5.2 优先级和结合方向 …… 39
  2.5.3 算术运算符 …… 40
  2.5.4 关系运算符 …… 42
  2.5.5 逻辑运算符 …… 43
  2.5.6 条件运算符 …… 44
  2.5.7 位运算符 …… 45
  2.5.8 赋值运算符 …… 48
  2.5.9 其他运算符 …… 49
 2.6 语句和程序块 …… 49
  2.6.1 语句 …… 49
  2.6.2 程序块 …… 49
 2.7 流程控制语句 …… 50
  2.7.1 if-else 语句 …… 50
  2.7.2 switch-case 语句 …… 52
  2.7.3 while 循环语句 …… 54
  2.7.4 do-while 循环语句 …… 55
  2.7.5 for 循环语句 …… 56
  2.7.6 break 语句 …… 57
  2.7.7 continue 语句 …… 58
  2.7.8 return 语句 …… 60
 2.8 方法 …… 60
  2.8.1 方法定义 …… 60
  2.8.2 方法重载 …… 62
  2.8.3 递归方法 …… 64
 2.9 数组 …… 65

2.9.1　一维数组 ·· 65
　　2.9.2　数组常见操作 ·· 66
　　2.9.3　多维数组 ·· 68
2.10　简单的人机交互 ·· 70
　　2.10.1　Scanner 类 ·· 70
　　2.10.2　BufferedReader 类 ·· 71
　　2.10.3　main()方法 ··· 72
　　2.10.4　思政与拓展：代码规范 ·· 73
小结 ·· 74

第 3 章　面向对象基础 ·· 75

3.1　类和对象 ··· 75
3.2　定义 Java 类 ·· 77
3.3　创建对象 ··· 78
　　3.3.1　创建对象概述 ·· 78
　　3.3.2　访问成员 ·· 79
3.4　成员变量 ··· 80
　　3.4.1　变量及其分类 ·· 80
　　3.4.2　成员变量和局部变量的区别 ·· 81
　　3.4.3　变量选择标准 ·· 81
3.5　再论方法 ··· 83
3.6　构造方法 ··· 85
3.7　this 关键字 ··· 86
3.8　static 关键字 ·· 88
　　3.8.1　static 修饰成员变量 ··· 89
　　3.8.2　static 修饰方法 ··· 89
　　3.8.3　static 修饰程序块 ·· 90
3.9　访问控制 ··· 91
　　3.9.1　访问控制修饰符 ··· 91
　　3.9.2　隐藏实现 ·· 92
3.10　对象清理 ·· 94
3.11　思政案例：弘扬中华优秀文化——节气 ·· 95
小结 ··· 100

第 4 章　面向对象高级技术 ·· 101

4.1　继承基础 ·· 101
　　4.1.1　何时采用继承 ··· 103
　　4.1.2　访问控制 ··· 103
　　4.1.3　继承与组合 ·· 104

4.2 方法重写 …………………………………………………………………… 106
4.3 super 关键字 …………………………………………………………………… 108
4.4 Object 类 …………………………………………………………………… 110
 4.4.1 toString()方法 …………………………………………………………… 110
 4.4.2 equals()方法 …………………………………………………………… 111
4.5 final 关键字 …………………………………………………………………… 113
 4.5.1 final 变量 …………………………………………………………………… 113
 4.5.2 final 方法 …………………………………………………………………… 115
 4.5.3 final 类 …………………………………………………………………… 116
4.6 多态 …………………………………………………………………………… 116
 4.6.1 向上转型 …………………………………………………………………… 117
 4.6.2 向下转型 …………………………………………………………………… 118
 4.6.3 instanceof 运算符 ………………………………………………………… 119
4.7 抽象类 …………………………………………………………………………… 120
 4.7.1 抽象类与抽象方法 ………………………………………………………… 120
 4.7.2 何时使用抽象类 …………………………………………………………… 121
4.8 接口 …………………………………………………………………………… 122
 4.8.1 接口的定义 ………………………………………………………………… 123
 4.8.2 接口的实现 ………………………………………………………………… 124
 4.8.3 接口与抽象类 ……………………………………………………………… 126
 4.8.4 什么情况下使用接口 ……………………………………………………… 126
4.9 内部类 …………………………………………………………………………… 126
 4.9.1 内部类基础 ………………………………………………………………… 127
 4.9.2 成员内部类 ………………………………………………………………… 127
 4.9.3 静态内部类 ………………………………………………………………… 129
 4.9.4 局部内部类 ………………………………………………………………… 131
 4.9.5 匿名内部类 ………………………………………………………………… 132
 4.9.6 思政与拓展：化繁为简 …………………………………………………… 132
小结 …………………………………………………………………………………… 133

第 5 章 Java API …………………………………………………………………… 134

5.1 字符串 …………………………………………………………………………… 134
 5.1.1 String 类 …………………………………………………………………… 134
 5.1.2 StringBuffer 类 …………………………………………………………… 137
 5.1.3 StringBuilder 类 …………………………………………………………… 138
 5.1.4 StringTokenizer 类 ………………………………………………………… 139
5.2 时间与日期 ……………………………………………………………………… 140
 5.2.1 java.util.Date 类 …………………………………………………………… 140
 5.2.2 java.sql.Date 类 …………………………………………………………… 141

    5.2.3 Calendar 类 ………………………………………………………………… 141
    5.2.4 LocalDate 类 ………………………………………………………………… 142
    5.2.5 LocalTime 类 ………………………………………………………………… 143
    5.2.6 LocalDateTime 类 …………………………………………………………… 144
    5.2.7 Instant 类 …………………………………………………………………… 145
    5.2.8 Duration 类和 Period 类 …………………………………………………… 146
    5.2.9 日期格式化 …………………………………………………………………… 147
  5.3 数值与随机数 …………………………………………………………………………… 149
    5.3.1 Math 类 ……………………………………………………………………… 149
    5.3.2 Random 类 …………………………………………………………………… 149
    5.3.3 包装类 ………………………………………………………………………… 151
    5.3.4 BigInteger 类与 BigDecimal 类 …………………………………………… 153
  5.4 系统相关类 ……………………………………………………………………………… 155
    5.4.1 System 类 …………………………………………………………………… 155
    5.4.2 Runtime 类 …………………………………………………………………… 157
  5.5 正则表达式 ……………………………………………………………………………… 158
    5.5.1 元字符 ………………………………………………………………………… 158
    5.5.2 Pattern 类与 Matcher 类 …………………………………………………… 159
  5.6 集合 ……………………………………………………………………………………… 162
    5.6.1 集合概述 ……………………………………………………………………… 162
    5.6.2 Collection 接口 ……………………………………………………………… 163
    5.6.3 Iterator 接口 ………………………………………………………………… 164
    5.6.4 List 接口 ……………………………………………………………………… 164
    5.6.5 Set 接口 ……………………………………………………………………… 170
    5.6.6 Map 接口 ……………………………………………………………………… 177
    5.6.7 数组与容器的区别 …………………………………………………………… 183
  5.7 泛型 ……………………………………………………………………………………… 184
    5.7.1 泛型类 ………………………………………………………………………… 184
    5.7.2 泛型方法 ……………………………………………………………………… 185
    5.7.3 泛型接口 ……………………………………………………………………… 186
  5.8 Lambda 表达式 ………………………………………………………………………… 187
  5.9 思政案例：保护环境，从垃圾分类做起 ……………………………………………… 189
    5.9.1 案例背景 ……………………………………………………………………… 189
    5.9.2 案例任务 ……………………………………………………………………… 190
    5.9.3 案例实现 ……………………………………………………………………… 190
  小结 …………………………………………………………………………………………… 191

第 6 章 异常处理机制 …………………………………………………………………………… 192
  6.1 异常概述 ………………………………………………………………………………… 192

6.2 异常的分类 ·· 194
　　6.2.1 Java 异常分类体系 ·· 194
　　6.2.2 Throwable 类 ·· 195
6.3 捕获异常 🎥 ··· 195
　　6.3.1 try 语句 ·· 196
　　6.3.2 catch 语句 ·· 196
　　6.3.3 finally 语句 ·· 198
6.4 声明异常 🎥 ··· 199
6.5 使用 throw 抛出异常 ·· 200
6.6 自定义异常类 ·· 201
6.7 思政案例：守土有责、守土担责、守土尽责 ·· 204
小结 ·· 206

第 7 章 Java I/O 流 ·· 207

7.1 I/O 流概述 🎥 ··· 207
　　7.1.1 流的分类 ·· 207
　　7.1.2 Java 的 I/O 流体系结构 ·· 209
7.2 File 类 🎥 ·· 210
　　7.2.1 File 类概述 ··· 211
　　7.2.2 FilenameFilter 接口 ··· 214
7.3 字节流 🎥 ·· 215
　　7.3.1 InputStream 类和 OutputStream 类 ···································· 215
　　7.3.2 文件字节流 ··· 216
　　7.3.3 过滤字节流 ··· 220
　　7.3.4 管道字节流 ··· 225
　　7.3.5 顺序输入流 ··· 226
　　7.3.6 对象序列化 🎥 ··· 227
　　7.3.7 对象流 ··· 228
7.4 字符流 🎥 ·· 229
　　7.4.1 Reader 类和 Writer 类 ·· 230
　　7.4.2 InputStreamReader 类和 OutputStreamWriter 类 ················· 231
　　7.4.3 缓冲字符流 ··· 232
　　7.4.4 文件字符流 ··· 234
　　7.4.5 管道字符流 ··· 236
　　7.4.6 PrintWriter 类 ··· 237
7.5 RandomAccessFile 类 🎥 ··· 238
7.6 思政案例：学习强国，挑战答题 ··· 240
小结 ·· 243

第 8 章　多线程 ……………………………………………………………………… 244

8.1　线程简介 …………………………………………………………………… 244
8.1.1　线程概述 …………………………………………………………… 244
8.1.2　线程与进程 ………………………………………………………… 245
8.1.3　多线程的优势 ……………………………………………………… 246
8.2　线程创建 …………………………………………………………………… 247
8.2.1　Thread 类 …………………………………………………………… 247
8.2.2　Runnable 接口 ……………………………………………………… 248
8.2.3　继承 Thread 类创建线程 …………………………………………… 248
8.2.4　实现 Runnable 接口创建线程 ……………………………………… 249
8.3　线程生命周期 ……………………………………………………………… 250
8.3.1　生命周期概述 ……………………………………………………… 250
8.3.2　新建状态 …………………………………………………………… 251
8.3.3　就绪状态 …………………………………………………………… 252
8.3.4　阻塞状态 …………………………………………………………… 252
8.3.5　死亡状态 …………………………………………………………… 252
8.4　线程调度与控制 …………………………………………………………… 253
8.4.1　线程优先级 ………………………………………………………… 253
8.4.2　线程休眠 …………………………………………………………… 254
8.4.3　线程让步 …………………………………………………………… 255
8.4.4　线程插队 …………………………………………………………… 256
8.4.5　线程中断 …………………………………………………………… 257
8.5　线程同步 …………………………………………………………………… 259
8.5.1　多线程引发的问题 ………………………………………………… 259
8.5.2　使用 synchronized 关键字实现线程同步 ………………………… 261
8.6　线程通信 …………………………………………………………………… 264
8.6.1　使用共享变量实现线程间通信 …………………………………… 264
8.6.2　使用管道流实现线程间通信 ……………………………………… 268
8.7　守护线程 …………………………………………………………………… 269
8.8　线程组 ……………………………………………………………………… 271
8.9　思政案例：苏炳添,中国速度！…………………………………………… 272
小结 ……………………………………………………………………………… 274

第 9 章　Java GUI 编程 ……………………………………………………………… 275

9.1　GUI 概述 …………………………………………………………………… 275
9.2　容器 ………………………………………………………………………… 276
9.2.1　JFrame ……………………………………………………………… 277
9.2.2　JPanel ……………………………………………………………… 279

9.2.3 对话框 ………………………………………………………… 279
9.3 布局管理 ………………………………………………………… 285
　　9.3.1 FlowLayout 布局管理器 …………………………………… 285
　　9.3.2 BorderLayout 布局管理器 ………………………………… 286
　　9.3.3 GridLayout 布局管理器 …………………………………… 288
　　9.3.4 GridBagLayout 布局管理器 ……………………………… 289
9.4 Swing 常用组件 ………………………………………………… 292
　　9.4.1 基本组件 …………………………………………………… 293
　　9.4.2 菜单 ………………………………………………………… 295
9.5 事件处理机制 …………………………………………………… 300
　　9.5.1 委托事件模型 ……………………………………………… 301
　　9.5.2 事件类别和事件监听器 …………………………………… 303
　　9.5.3 事件适配器 ………………………………………………… 307
　　9.5.4 监听器实现形式 …………………………………………… 310
9.6 思政案例：复杂问题的分析与解决方法 ……………………… 315
　　9.6.1 需求分析 …………………………………………………… 316
　　9.6.2 基础知识 …………………………………………………… 316
　　9.6.3 具体实现 …………………………………………………… 318
　　9.6.4 项目打包 …………………………………………………… 319
小结 …………………………………………………………………… 319

第 10 章　Java 网络编程 …………………………………………… 320

10.1 网络基础 ………………………………………………………… 320
　　10.1.1 网络参考模型 ……………………………………………… 320
　　10.1.2 IP 地址和端口 ……………………………………………… 322
　　10.1.3 TCP 与 UDP ……………………………………………… 324
10.2 InetAddress 类 …………………………………………………… 324
10.3 URL ……………………………………………………………… 326
　　10.3.1 URL 简介 …………………………………………………… 327
　　10.3.2 URL 类 ……………………………………………………… 327
　　10.3.3 URLConnection 类 ………………………………………… 329
10.4 基于 TCP 的网络编程 …………………………………………… 331
　　10.4.1 客户机/服务器模型 ………………………………………… 331
　　10.4.2 Socket 类 …………………………………………………… 331
　　10.4.3 ServerSocket 类 …………………………………………… 333
10.5 基于 UDP 的网络编程 …………………………………………… 335
　　10.5.1 DatagramPacket 类 ………………………………………… 335
　　10.5.2 DatagramSocket 类 ………………………………………… 336
10.6 思政案例：逐梦太空，天地互通 ……………………………… 339
小结 …………………………………………………………………… 342

第1章 Java概述

Java是一种面向对象编程语言,基于Java语言编写的应用程序具有跨平台、可扩展性好等优点,同时兼具有开放源代码和符合软件设计模式思想等现代软件工程理念,成为目前主流的程序设计语言。

本章要点
- 面向对象的程序设计方法;
- Java的历史及特性;
- 搭建Java开发环境;
- 编写第一个Java程序。

1.1 面向对象程序设计

1.1.1 面向对象程序设计的基本概念

面向对象的程序设计(Object-Oriented Programming,OOP)是一种全新的程序设计方法论,以人们思考问题、分析问题的角度为出发点,将软件涉及的问题抽象为相应的模型,模型之间又有一定的关联关系并能够进行通信。

对象,实质上就是客观存在的实体的抽象反映或者建模。对象具有特定的状态属性和行为,并且通过消息来实现对象间的通信。在面向对象的程序设计中,客观存在的对象被抽象为具有高度概括性的模型,也就是类(Class)。对象所具有的属性对应于类中的成员变量(Member Variable),对象所具有的特定行为对应于类的方法(Method)。例如,在程序语言中可以将"国家"抽象为一种类,假设类名为Nation,任何一个国家都有国名、建国日期、国旗等基本信息,因此,使用类描述国家时,Nation类包含的成员变量有nation(国名)、nationalDay(建国日期)、nationalFlag(国旗),还有方法 getAnniversary()(计算成立周年)。具体的定义如例1.1。

【例1.1】 Example1_01.java

```
import java.time.LocalDate;
//定义 Nation 类,描述国家的基本信息
class Nation{
    //国名
```

```java
        String nation;
        //建国日期
        LocalDate nationalDay;
        //国旗
        String nationFlag;
        //定义 getAnniversary()方法
        public int getAnniversary(){
            return LocalDate.now().getYear() - nationalDay.getYear();
        }
    }
    //主类
    public class Example1_01 {
        public static void main(String[] args) {
            Nation China = new Nation();
            China.nation = "中华人民共和国";
            China.nationalDay = LocalDate.of(1949,10,1);
            China.nationFlag = "五星红旗";
            System.out.println("庆祝" + China.nation +
                "成立" + China.getAnniversary() + "周年!");
        }
    }
```

例 1.1 中定义了 Nation 类,并在主类 Example1_01 中创建了一个 Nation 对象 China。当然,也可以根据需要再创建其他的 Nation 对象。由此可知,面向对象程序设计将软件所要解决的相关问题抽象为一种可复用的类,力求以一种符合人类思维习惯的方式来降低问题的难度,它包括从建模到程序构建的全过程,从而提高软件的复用度和可移植性,减少软件维护的成本,提高软件开发的效率。

1.1.2 面向对象程序设计的基本特征

面向对象程序设计语言具有 3 个基本特征:继承(inheritance)、封装(encapsulation)、多态(polymorphism)。

继承是面向对象技术实现软件复用的一个重要手段。现实生活中一些事物之间具有继承性,如小学生、中学生、大学生都继承学生的基本特征(学号、姓名、年级)和行为(学习、参加考试),他们在学生的基础上又进行扩充或外延,例如,大学生具有"专业""做实验"等特征和行为。面向对象程序设计语言也引入了继承思想,一个类可以有"子类",子类(subclass)比父类(superclass)更加具体,它是一种基于现有类(父类)创建新类(子类)的机制。通过继承机制,子类直接继承父类的成员,并在父类基础上进行修改或扩充父类成员,不必重写已有类的成员变量和方法,只需声明异于父类的成员。这样,子类既继承已有类(父类)的成员,又增加一些不同于父类的内容。因此可以认为,子类是一种特殊的父类,既保留父类的特性,又扩充新的属性和方法。继承的优点在于:易于修改代码,易于复用代码,层次结构上也比较容易组织对象。

封装是将类的成员封装隐藏起来,不需要让外界知道程序的具体实现细节,取而代之的是消息传递机制。将现实生活中的事物抽象定义为类,类的定义一般包括描述事务状态的数据(成员变量)和对这些数据的操作(方法)。数据以及数据的操作等实现细节隐藏在类的内部;而对于外部,封装则表现为一些公用的接口,用户使用这些接口实现消息的传入传出,达到访问和操作数据的目的。封装的优点在于:隐藏类内部必要的实现细节,增强数据的安全性;便于代码后期修改维护,提升代码的可维护性。

多态即对象的外在表现形式具有多种形式。具体来讲,可以用"一个对外接口,多个内在实现方法"表示。多态包含编译时的多态和运行时的多态。Java中的多态主要体现在覆盖和重载上。多态是面向对象程序设计的重要特征之一,和继承一样,它能创建可扩展的程序,提高代码的重用性和可维护性,通过分离"做什么"和"怎么做",从另一个角度将接口和实现分离开。

1.1.3 面向对象程序设计的优势

1. 从现实问题入手构建模型

与传统的面向过程的程序设计语言(如C语言)相比,面向对象的程序设计以对象为出发点,认为一切皆为对象,对软件要解决的问题高度抽象化;将描述对象内部状态属性,以及对这些属性进行操作以完成某种特定功能的行为封装为类来描述现实世界;而且,对象之间通过传递消息互相联系,以模拟现实世界中不同事物彼此之间的联系。面向对象的程序设计强调模拟现实世界中的概念而不强调算法,它鼓励开发人员在软件开发的绝大部分过程中都应用领域的概念去思考。在面向对象的程序设计中,计算机的观点并不十分重要,现实世界的模型才是最重要的。面向对象的软件开发过程从始至终都围绕着建立问题领域的对象模型来进行:对问题领域进行自然的分解,确定需要使用的对象和类,建立适当的类等级,在对象之间传递消息实现必要的联系,从而按照人们习惯的思维方式建立问题领域的模型,模拟客观世界。

2. 软件易开发维护

面向对象的程序设计由于具有继承、多态和封装等特性,因此,在利用可重用的软件构件构建新的软件系统时具有很大的灵活性。继承机制使得子类不仅可以重用父类的数据结构和程序代码,而且可以在父类基础上修改和扩充,这种修改并不影响原有类的使用。由此看来,继承可有效提升软件项目的开发效率。

另外,面向对象程序设计特有的继承机制,使得对软件的修改和扩充比较容易实现,通常只需从已有类派生出一些新类,无须修改软件原有成分。当对软件的功能或性能的要求发生变化时,通常不会引起软件的整体变化,往往只需对局部做一些修改。另外,类基于模块机制,它的独立性好,如果仅修改一个类的内部实现部分,而不涉及该类的对外接口,则完全不影响接口的调用。

3. 稳定性好

传统的面向过程程序设计方法围绕具体功能划分模块,各功能模块之间具有较强的联系,导致耦合度较高,当需求发生变化时,牵一发而动全身,代码维护成本较高。

面向对象软件系统结构根据问题领域构建模型,而不是基于系统功能的简单分解。所以,当对系统的功能需求变化时,并不会引起软件结构的整体变化,往往仅需要做一些局部性的修改。例如,从已有类派生出一些新的子类以实现功能扩充或修改。总之,由于现实世界中的实体是相对稳定的,因此,以对象为中心构造的软件系统也是比较稳定的。

1.2 Java 的历史及特性

Java 是原 Sun Microsystems 公司(后文简称 Sun 公司)开发的一种面向对象的编程语言,自 1995 年 Java 面市以来,Java 已经逐渐成为流行的编程语言。据著名编程语言排行榜 TIOBE 的统计(结果如图 1.1 所示),自 2002 年 6 月至 2022 年 6 月,Java 语言的流行度一直处于各编程语言中的前三名。

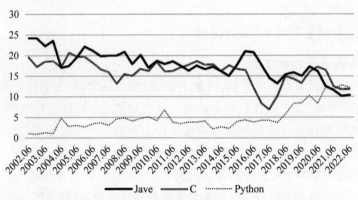

图 1.1 TIOBE 编程社区指数(源自 TIOBE 官方网站)

1.2.1 Java 的发展简史

在 20 世纪 90 年代初,Sun 公司工程师 James Gosling 等人想开发一种基于智能家用电器运行的语言,用来解决电视机、微波炉等家电之间的通信控制等问题,并将这种语言命名为 Oak,由于当时 Oak 这个商标已被注册,于是采用了 Oak 工程师们经常喝的一种产自印尼爪哇岛的咖啡命名,即 Java。1995 年 5 月,Sun 公司正式发布了 Java 语言。1996 年 1 月,Java 的第一个开发工具包 JDK 1.0 发布。1998 年 12 月,JDK 1.2 发布,这是 Java 发展历程中一次革命性的创新,它将 Java 分成了 3 个版本:J2SE、J2EE 和 J2ME。

- Java 2 标准版(Java 2 Standard Edition,J2SE)是整个 Java 技术的核心和基础,为用户提供了开发与运行 Java 应用程序的编译器、基础类库及 Java 虚拟机等。
- Java 2 企业版(Java 2 Enterprise Edition,J2EE)是 Java 语言中最活跃的体系之一,它提供了一套完整的企业级应用开发解决方案。J2EE 不仅是指一种标准平台(Platform),更多地表达着一种软件架构和设计思想。
- Java 2 微型版(Java 2 Micro Edition,J2ME)用于移动设备和嵌入式设备上 Java 应用程序的开发,包括虚拟机和一系列技术规范。

从 JDK 1.2 开始到 JDK 1.5,人们习惯上都把它称为 Java 2。直到 2005 年 6 月,在 Java One 大会上 Sun 公司发布了 Java SE 6,Java 的各种版本才更名取消其中的数字"2": J2SE 更名为 Java SE(Java Platform Standard Edition),J2EE 更名为 Java EE(Java Platform Enterprise Edition),J2ME 更名为 Java ME(Java Platform Micro Edition)。

2009 年 4 月,Oracle 公司收购了 Sun 公司,Java 自此也成为 Oracle 公司的产品。2011 年 7 月,Java SE 7 成为被 Oracle 收购后发布的第一个 JDK 版本。在该版本中增加了允许

switch 语句块中使用字符串作为分支条件、多异常捕获、动态语言支持、Map 集合支持并发请求等新功能。

2014 年 8 月，Oracle 公司发布了 Java SE 8，这也是一个应用非常广泛的版本，该版为 Java 带来了全新的 Lambda 表达式、流式编程等新特性。

2017 年 9 月，Oracle 公司发布了 Java SE 9，同时大幅提升了版本更新速度，几乎每隔半年就发布一个 Java SE 版本。Java 提供了长期支持版本（LTS）和短期支持版本（STS）两种版本策略。其中，2018 年 9 月发布的 Java SE 11 是一个长期支持版本，其他版本均为 STS 版本，即可在下一个版本发布之前获得 Oracle 的商业支持。2021 年 9 月，Oracle 发布了 Java SE 17，该版本是一个长期支持版本，Oracle 声称将为用户维护该版本至 2029 年。

2023 年 9 月，Oracle 公司发布了最新版本 Java SE 21。

1.2.2　Java 的语言特性

任何一种编程语言的流行必须满足以下条件：它必须满足计算机软件和硬件发展的需求，必须简单易使用，必须符合软件工程的要求。分析 Java 语言从诞生到目前如日中天的发展历程，主要得益于以下几方面。

1. 面向对象，简单易学

Java 是一种完全面向对象的编程语言，它提供了简单的类和接口机制，一个 Java 程序可以由一个或多个类组成，实现了面向对象技术的三大基本特性。Java 是由 C++ 发展而来的，因此任何具有 C/C++ 基础的人学习 Java 语言，就会觉得相对容易。相比 C++，它舍弃了 C++ 中的结构体（struct）、共用体（union）、指针、多重继承、运算符重载、头文件等一些烦琐的数据类型和功能，但功能却更加强大，它以更易理解、更清楚的方式来实现上述功能。此外，它还增加了一些特有的机制（如垃圾自动回收机制、异常处理机制等），使程序开发更简单，提升了程序的健壮性。

2. 平台无关性

Java 应用程序可以跨平台运行，编译一次，到处运行（Write Once, Run Anywhere）。平台无关性是 Java 的重要特性之一，它使 Java 程序可以方便地移植到网络中不同的机器上。

Java 的平台无关性主要是通过 Java 虚拟机（Java Virtual Machine，JVM）来实现的。Java 虚拟机实质上是用软件模拟实现的虚拟计算机，Java 的源程序编译后会生成一种与平台无关的字节码（byte code）文件，这些字节码并不面向具体的机器，只与 Java 虚拟机相关，是一种中间代码。当运行这些 Java 字节码时，Java 虚拟机负责将 Java 字节码文件装入，解释成与具体机器相关的本地指令集并运行。

3. 多线程

由于 Java 广泛地应用到网络程序开发中，从而要求 Java 开发的程序必须具有良好的交互性和稳定性，能够实时地运行和控制多个任务。Java 提供包括 Thread 类、Runnable 接口、线程组、线程池等一系列支持多线程的 API，实现从线程的创建到终止整个线程生命周期的管理，使开发人员能够方便地编写多线程应用程序，从而提高程序的执行效率和 CPU 资源的利用率。

4. 垃圾自动回收机制

C/C++编写的程序效率很高,但是对内存的管理需要开发人员手动地分配和释放内存。而在Java中,对象的初始化分配在内存的堆中,当对象不再使用时,Java使用垃圾自动回收机制自动删除占用的空间,释放内存以避免内存泄漏。

5. 安全性

Java的安全机制体现在编译时对代码的检查和排错上,引入Java虚拟机技术在编译及运行时对非法数据进行严格的检查和验证,防止外界病毒和其他恶意程序的入侵;使用垃圾自动回收机制自动回收程序不再使用的内存,防止内存泄漏;采用异常处理机制对程序中可能出现的但未被处理的异常进行提示,防止程序运行时系统崩溃,保障系统稳健地运行。

1.3 搭建Java开发环境

1.3.1 安装JDK

Java开发工具包(Java Development Kit,JDK)是编译和运行Java程序的核心工具,一般来说,JDK指的是Java SE。JDK包括开发工具集、Java运行环境(Java Runtime Environment,JRE)和Java的基础类库。开发者在编写Java程序时,必须安装JDK才能编译Java程序。JRE是Java运行环境,如果需要在本地计算机上运行Java程序,则至少需要安装JRE。Java虚拟机(Java Virtual Machine,JVM)也是初学者容易搞混淆的术语,JVM是实现Java程序跨平台运行的关键技术,JVM根据底层的操作系统,将Java程序解释为相关的执行指令。

本书将以Windows 10操作系统和Java SE 17作为开发环境进行讲解,读者可以到Oracle官方站点下载JDK。

1. 安装JDK

双击下载的jdk-17_windows-x64_bin.exe安装程序,按照安装向导进行安装。

2. 安装完成

JDK安装完成之后,在JDK安装路径下将看到几个文件与文件夹,如图1.2所示。

bin　　conf　　include　　jmods　　legal　　lib　　COPYRIGHT　　release

图1.2　JDK安装路径下的文件及文件夹

- bin:该文件夹包含JDK的主要工具和实用程序,使用它们可以编译、执行、调试Java程序。常用的java、javac等工具存放在此文件夹内。
- conf:该文件夹存放JDK的配置文件,可配置Java的访问权限、密码等。
- include:此文件夹包含一些C头文件,支持使用Java本机、Java虚拟机及Java平台的其他功能进行本机代码编程的头文件。
- jmods:此文件夹存放调试文件。
- legal:此文件夹存放Java及各模块的许可协议。
- lib:此文件夹存放开发工具所需的类库和支持文件。

1.3.2 常用JDK命令介绍

JDK安装目录的bin文件夹存放了JDK的开发工具和实用程序。这些工具可实现编译、运行、打包、调试、反汇编等功能。

1. javac

功能：Java程序的编译器，用来编译Java源程序。

语法：

javac [选项] [源文件] [@源文件列表]

主要选项：

-g：生成所有调试信息。

-g：none：不生成任何调试信息。

-g：{lines,vars,source}：生成某些调试信息。

-cp <路径>：指定查找用户类文件和注释处理程序的位置。

-classpath <路径>：等价于-cp选项。

-sourcepath <路径>：指定查找输入源文件的位置。

-d <目录>：指定存放生成类文件的位置包括源文件中package的生成目录。

-encoding <编码类型>：指定源文件使用的字符编码类型。

-version：显示当前的JDK的版本。

【实例】 以Windows操作系统为例，打开"命令提示符"窗口，假设在当前路径编译名为MyClass.java的源文件，执行如下命令。

javac MyClass.java

运行该命令之后，在当前路径下会生成一个字节码文件MyClass.class。

注意：如果编译多个源文件，可将源文件名列在一个文件中，源文件名之间用空格或换行符隔开。然后在javac命令行中把该列表文件作为参数替换上述命令中的MyClass.java，且文件名前冠以"@"字符，这样可以同时编译多个Java程序。

Java源文件的扩展名必须为.java，且主文件名要与源文件中的类名称一致；而字节码文件的扩展名则是.class。例如，源文件名为MyClass.java，该源文件编译成功后生成一个名为MyClass.class的字节码文件。

2. java

功能：执行编译成功的Java字节码文件。

语法：

java [选项] 类文件 [参数列表]

或者

java [选项] -jar jarfile [参数列表]

主要选项：

-jar <jarfile.jar>：运行一个用jar封装的文件。例如，运行一个名为myFile.jar的文件：java -jar myFile.jar。

【实例】 运行上述类文件MyClass.class，在命令提示符下输入如下命令：

```
java MyClass
```

注意：用java命令执行程序时，字节码文件不需要扩展名，如下形式是错误的。

```
java MyClass.class
```

3. javadoc

功能：javadoc命令提供了生成自定义类API文档的功能，将源文件中的声明及文档注释转换成标准的HTML帮助文档。

语法：

javadoc [选项] [包名称] [源文件名] [-子包名…] [@选项文件]

主要选项：

-public：在帮助文档中仅显示public类及其类成员。

-protected：在帮助文档中仅显示public和protected类及其类成员，该选项为默认选项。

-package：在帮助文档中仅显示public、protected和package包内的类及其类成员。

-private：在帮助文档中显示所有的类和类成员。

-d <目录>：指定输出帮助文档存放的目录。

-version：将包含@version标记的注释信息加入文档。

-author：将包含@author标记的注释信息加入文档。

-windowtitle <文本>：指定生成HTML文档显示时的浏览器窗口的标题。

【实例】 在命令提示符下，运行如下命令，运行结果如图1.3所示。

```
javadoc - d DocFiles MyClass.java
```

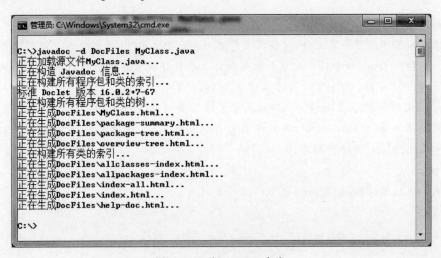

图1.3 运行javadoc命令

运行该命令后，将在当前路径下创建一个名为DocFiles的文件夹，存放生成的帮助文档。

注意：javadoc命令还提供了大量的选项和"@"标记用于生成文档，合理有效地使用javadoc工具，有助于提高程序文档的质量和效率，从而便于程序的后期维护和升级。

关于文档注释的用法及其"@"标记的详细说明，请参见第2章相关介绍。

4. javap

功能：将字节码类文件反汇编为 Java 源文件。

语法：

javap [选项] 类文件名

主要选项：

-c：反汇编指定的字节码文件。

-l：在反编译的结果中显示行号和局部变量表。

-public：只显示 public 类和类成员。

-protected：只显示 public/protected 类和类成员。

-package：只显示 public/protected/package 类和类成员，是默认选项。

-private：显示所有的类和类成员。

【实例】 对字节码文件 MyClass.class 进行反汇编，查看其源代码，运行结果如图 1.4 所示：

javap -l MyClass

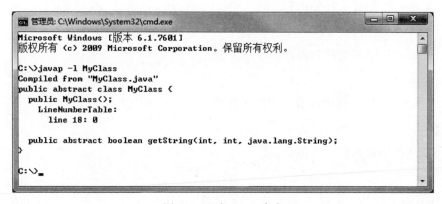

图 1.4 运行 javap 命令

注意：尽管 javap 命令可以得到基本的源代码框架，但仍有一些具体方法、变量等详细信息无法看到。如需解析完整的 Java 源代码，可借助于 jd-gui 之类的第三方反汇编工具，感兴趣的读者可以查找资料进一步了解，本书不再赘述。

5. jar

功能：将 Java 字节码文件打包为 JAR 文件。

语法：

jar {ctxu}[vfm0M] [jar-文件] [manifest-文件] [-C 目录] 文件

其中，{ctxu}也是 jar 命令的选项，每次使用 jar 命令时只能包含其中的一个选项。

主要选项：

-c：创建新的 JAR 文件包。

-t：列出 JAR 文件包的内容列表。

-x：展开 JAR 文件包的指定文件或者所有文件。

-u：更新已存在的 JAR 文件包（添加文件到 JAR 文件包中）。

［vfm0M］中的选项可以任选，也可以不选，它们是 jar 命令的选项参数，读者可查阅有关文档了解具体含义。

使用 jar 命令打包时，在压缩包中将自动创建一个 META-INF 目录及 MANIFEST. MF 文件。

【实例】 使用 jar 命令。

（1）创建一个单独的 JAR 文件。

`jar cf jar-file input-file…`

（2）创建一个目录的 JAR 文件，即为多个类文件(.class)创建 JAR 文件。

`jar cf jar-file dir-name`

（3）创建一个未压缩的 JAR 文件。

`jar cf0 jar-file dir-name`

（4）更新一个 JAR 文件。

`jar uf jar-file input-file…`

（5）查看一个 JAR 文件的内容。

`jar tf jar-file`

（6）提取一个 JAR 文件的内容。

`jar xf jar-file`

（7）从一个 JAR 文件中提取指定的文件。

`jar xf jar-file archived-file…`

（8）向一个 JAR 文件中添加索引。

`jar i jar-file`

其中，上述实例中的 jar-file 表示生成的 JAR 文件，JAR 文件的扩展名为 .jar；input-file 为 Java 的字节码文件或者包含多个字节码文件的包。

6．jdb

功能：JDK 提供的一个命令行式的调试工具。

语法：

`jdb [选项] [类文件名] [参数]`

【实例】 调试 MyClass 主类，首先在命令提示符下运行如下命令。

`jdb MyClass`

然后根据需要再进一步运行相关调式命令，输入 help 查询各调试命令的帮助信息，此处输入 run 命令，可运行 MyClass 类，运行结果如图 1.5 所示。

1.3.3 IntelliJ IDEA 介绍

尽管目前开发 Java 应用程序的集成开发环境（Integrated Development Environment，IDE）很多，但 IntelliJ IDEA 作为一款智能化开发工具，备受开发者的青睐。

IntelliJ IDEA 是捷克 JetBrains 公司推出的一款 Java 集成开发环境，本书编写时的最

图 1.5 jdb 调试过程

新版本为 2021.2，该版本提供了 Community 和 Ultimate 两种形式，Ultimate 版本可开发 Web 和企业级应用，功能全面，是收费版本，只提供 30 天的免费试用期，JetBrains 公司为教育用户提供了长达一年的使用授权；Community 版本是一个免费版本，仅支持基本的 Java 及安卓开发。读者可以访问 https://www.jetbrains.com/idea 了解更多细节并下载 IntelliJ IDEA。图 1.6 是 IntelliJ IDEA 的启动界面。

图 1.6 IntelliJ IDEA 的启动界面

1. IDEA 基本设置

俗话说，磨刀不误砍柴工，用户可根据需要对 IntelliJ IDEA 的外观风格、快捷键、编辑器、插件、版本控制、运行调试、语言和框架、工具等进行灵活配置，符合自己的使用习惯，提升开发效率。用户选择 File→Settings 命令，弹出如图 1.7 所示的 Settings 对话框。

(1) 设置外观风格。在 Settings 对话框中，选择 Appearance，在右边主功能区的 Theme 下拉列表框设置主题，主题包括 IntelliJ Light、Windows 10 Light、Darcula 和 High contrast 等风格，默认为 Darcula。

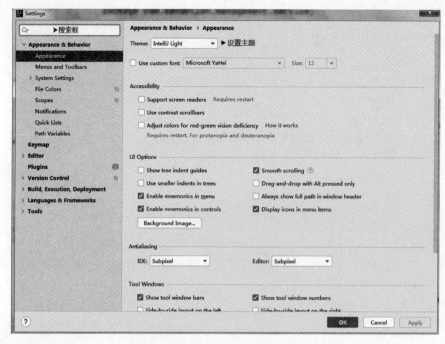

图 1.7　Settings 对话框

（2）设置编辑区字体。在 Settings 对话框中，选择 Editor→Font 选项，在右边主功能区的 Font 下拉列表框、Size 和 Line spacing 文本框中分别设置代码编辑区的字体、大小和行间距，如图 1.8 所示。

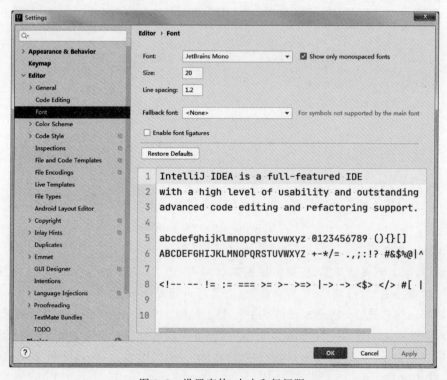

图 1.8　设置字体、大小和行间距

（3）快捷键设置。在 Settings 对话框中，选择 Keymap，在右边主功能区可以设置 IntelliJ IDEA 的快捷键，如果用户是从 Eclipse、NetBeans 等其他开发工具转换过来的，可以轻松地按照原开发工具的快捷键进行一键设置。

（4）自动导入包。当类中引用了其他类时，IntelliJ IDEA 可以自动导入，在代码中加入 import 语句。选择 Settings→Editor→General→Auto Import 选项，按图 1.9 进行对话框设置即可。

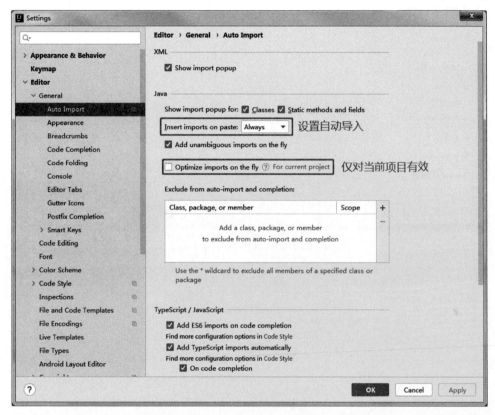

图 1.9　自动导入包功能

2. 创建 Java 项目

在如图 1.6 所示的启动界面中，单击 New Project 按钮，出现如图 1.10 所示界面，在左边项目导航区域选择 Java 选项，然后在右边功能区 Project SDK 中选择项目使用的 JDK 版本，本书使用的是 Java SE 17。

然后单击 Next 按钮，进入后续设置环节，在如图 1.11 所示的对话框中设置项目名称和项目存储路径，最后，单击 Finish 按钮完成项目创建。

Java 项目创建成功之后，IntelliJ IDEA 的界面如图 1.12 所示。在左边项目浏览区域显示了新建项目的目录结构，其中代码及配置资源文件一般保存在 src 目录，External Libraries 包含项目加载的类库，默认加载 JDK 的类库，开发人员可根据项目需要加载其他类库，具体加载方法可通过选择 File→Project Settings→Libraries 命令，单击"＋"按钮进行添加。

用户选择 File→New→Java Class 命令，出现如图 1.13 所示的对话框，在 Name 文本框

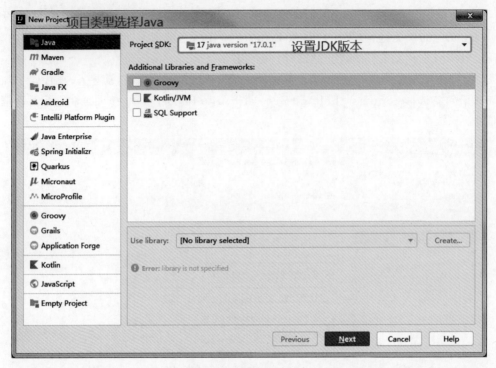

图 1.10　选择 JDK 版本

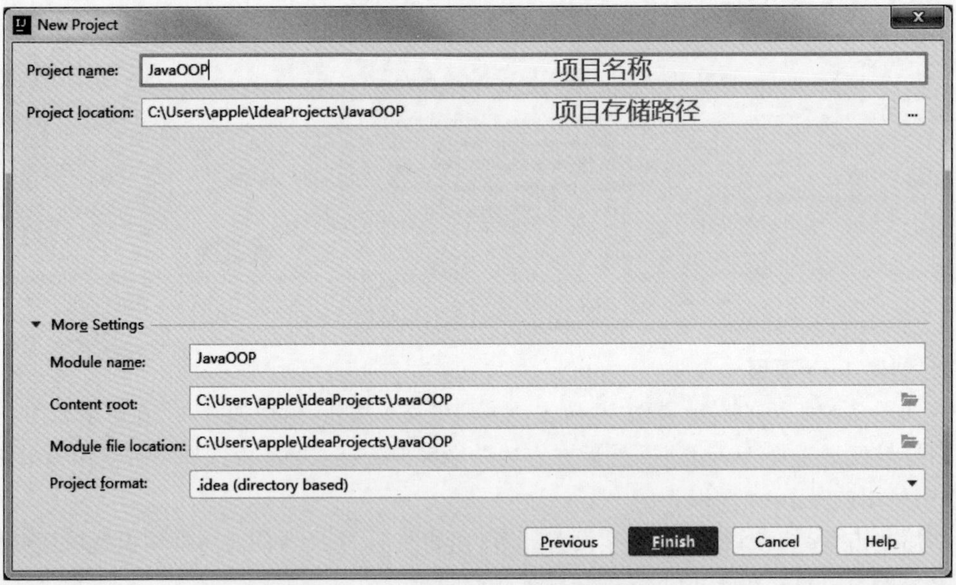

图 1.11　设置项目名称和存储路径

中输入 Java 类的名称，如 chapter1.HelloWorld，并在下拉列表中选择 Class，然后按 Enter 键确认创建。

注意：类名 chapter1.HelloWorld 实际上由两部分组成：包名和类名。圆点(.)左边部分是包名，右边是类名。包(Package)相当于操作系统中的文件夹，同时包还可以内嵌子包，仍然使用圆点隔开，例如，chapter1.bean.Book 表示 Book 类放在包 chapter1 下的子包 bean

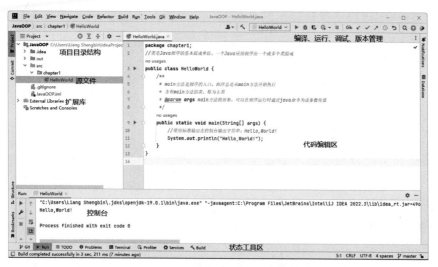

图 1.12　创建好的 Java 项目

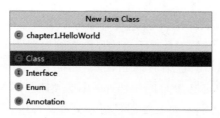

图 1.13　创建 Java 类

内。IntelliJ IDEA 在创建类时，如果 Name 中包括包名，将同时创建包及其类。

3．编译和调试 Java 项目

在 IntelliJ IDEA 里编译运行 Java 程序时，第一次运行时需要进行运行调试配置，选择 Run→Add Configuration 命令，弹出如图 1.14 所示的对话框，在 Name 项中定义名称，然后

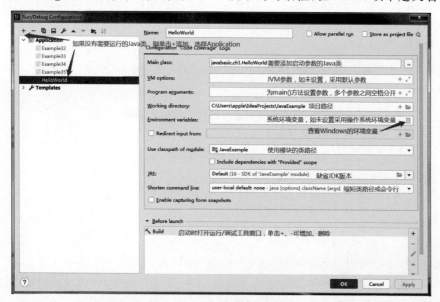

图 1.14　配置调试运行环境

在 Main class 项中选择该项目的主类,即含有 main()方法的类,最后单击 OK 按钮完成配置。

完成运行配置后,选择 Run→Run 命令,即可执行程序。

针对 Run/Debug Configuration 的配置,特别做出如下说明。

Main class:定义启动类,即含有 main()方法的主类。对于新建类,可通过单击图 1.14 左上角的"+"按钮添加,针对本书内容,添加时选择 Application 类型。

VM options:JVM 参数配置,需要以 -D 或 -X 或 -XX 开头,参数之间用空格隔开。如未配置,则采用默认配置。默认配置可在 Help→Edit Custom VM options 菜单查看或编辑。

Program arguments:Java 项目参数(程序参数),即 main()方法的 String[] args 参数。如有多个参数,使用空格分开。

Environment variables:系统环境变量。例如,指定环境可在此处指定:env=sit/uat。

Shorten command line:缩短类路径或命令行。Shorten command line 选项提供以下三种缩短类路径的方式。

- none:这是默认选项,IDEA 不会缩短命令行。如果命令行超出操作系统的限制,将无法运行应用程序,但是工具提示将建议配置缩短器。
- JAR manifest:IDEA 通过临时的 classpath.jar 传递长的类路径。原始类路径在 MANIFEST.MF 中定义为 classpath.jar 中的类路径属性。
- classpath file:IDEA 将一个长类路径写入文本文件中。

1.4 编写第一个 Java 程序

1.4.1 Hello,World!

本节编写一个 Java 应用程序——打印"Hello,World!"字符串,通过该程序让读者了解 Java 程序开发过程和运行机制。

【例 1.2】 HelloWorld.java

```
//类是Java程序的基本组成单位,一个Java应用程序由一个或多个类组成
public class HelloWorld {
    /**
     * main方法是程序的入口,一个类最多可以有一个main方法
     * 含有main方法的类,称为主类
     * @param args
     */
    public static void main(String[] args) {
        //使用标准输出在控制台输出字符串: Hello, World!
        System.out.println("Hello, World!");
    }
}
```

通过本例,需要知道 Java 程序的以下几个基本常识。

- Java 程序所有的语句必须封装在类(class)中,类是 Java 程序的基本组成单位。
- main()方法是程序的入口点,程序首先从 main()方法开始执行。

- 一个 Java 源文件可以有一个或多个类,但最多只能有一个类为公有类型(public 修饰)。
- Java 源文件命名有严格的要求,类名严格区分大小写,文件名必须与类名保持一致,如果一个源文件含有多个类,则可与任意一个类同名,一般与公有类名一致,源文件的扩展名为.java。

使用 Windows 的记事本将上述代码编辑并保存为 HelloWorld.java,假设保存路径为 C 盘。然后进入命令提示符窗口,使用 JDK 的 javac 和 java 工具编译和运行该程序。具体编译和运行结果如图 1.15 所示。

图 1.15　HelloWorld.java 编译和运行结果

1.4.2　思政与拓展:弘扬工匠精神

通过编写与运行本章的两个示例,我们能够体会到,程序设计是一种零错误容忍的工作,要求我们在程序设计与开发过程中必须一丝不苟,不出现任何语法错误和逻辑错误。对于调试过程中出现的问题,应坚持不懈,攻坚克难,从不同角度分析原因解决问题,弘扬精益求精的工匠精神。工匠精神是一种职业精神,它是职业道德、职业能力、职业品质的体现,是软件从业者的一种职业价值取向和行为表现。作为新时代软件行业的从业人员,同学们毕业后走上工作岗位,将会成为程序开发工程师、算法设计师、软件测试员等。在这些岗位上要学习和发扬工匠精神,精益求精地将程序开发、算法设计、程序测试、需求分析等工作做好,保证软件系统运行正确、稳定。同学们学习程序设计的过程中,应弘扬工匠精神,夯实基础知识、精技强能,方能在今后的工作中展现过硬本领,工作成果让用户满意。作为职业开发人员,专注、敬业、责任担当地完成好本职工作,为促进我国软件行业高水平、优质化发展做出应有的贡献。

1.4.3　Java 环境变量

1. 环境变量的作用

环境变量是若干包含变量名称和变量值的数据,变量值存储若干路径,每个路径之间以分号隔开。

以 Windows 操作系统为例,在"运行"对话框或者"命令提示符"下输入"notepad"即可打开"记事本"程序。实际上,记事本程序存放在 C:\WINDOWS\system32 目录,为什么没有输入记事本完整的路径名就能直接运行记事本程序呢?原因在于操作系统已经将上述路径设置为系统环境变量,当在"运行"对话框中执行"notepad"时,操作系统首先到环境变量设定的目录查找该文件,如该文件存在则运行该程序。由此不难看出,环境变量的作用是告诉操作系统查找某个执行文件时首先从环境变量指定的路径搜索,如果在该路径找到则直接执行。环境变量就像一个快捷方式,用户不必再到文件存储目录打开文件,而是通过快捷方式直接打开,减少查找文件的时间,提高了效率。

如果没有设置 Java 环境变量,则无法在命令提示符下直接执行 javac、java 等命令,原因在于操作系统找不到 javac 和 java 等命令的路径,错误提示如图 1.16 所示。

图 1.16 未设置 Java 环境变量的错误提示

2. Java 环境变量的设置

Java 环境变量主要设置两个变量:Path 变量和 classpath 变量。下面将以 Windows 操作系统为例,介绍 Java 环境变量如何设置。

打开"控制面板"窗口,选择菜单"系统"→"查看 RAM 的大小和处理器速度"→"高级系统设置",选择"高级"选项卡,如图 1.17 所示。

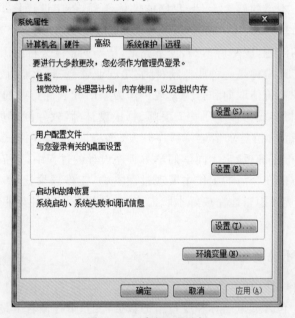

图 1.17 "高级"选项卡

(1) 设置 Path 环境变量。

单击"环境变量"按钮,打开"环境变量"对话框,在"系统变量"列表框中找到 Path 项,双击打开"编辑系统变量"对话框,在其中可以编辑该环境变量的值。如图 1.18 所示,变量值已存在,并且多个值之间用分号(;)隔开,Path 变量添加 Java 环境变量时,注意切勿删除原值！在原值后面追加 JDK 安装目录 bin 文件夹的路径即可，此处在 Path 环境变量中追加"；C:\Program Files\Java\jdk-17.0.1\bin"。

（2）新建 classpath 环境变量。

除了修改 Path 变量之外，还要在"系统环境变量"中新建一个 classpath 环境变量，classpath 环境变量的作用是程序编译时能找到所引用的包文件。因此，classpath 变量值为 JDK 安装目录 lib 文件夹的路径，例如，JDK 中 lib 目录为 C:\Program Files\Java\jdk-17.0.1\lib。另外，还要加载 Java 程序的存储路径，若为当前路径，则用圆点（.）表示，两个路径用分号隔开。具体如图 1.19 所示。

图 1.18 设置 Path 环境变量

图 1.19 设置 classpath 环境变量

上述操作设置完毕后，单击"确定"按钮保存设置，然后重新打开"命令提示符"窗口就可以正常地编译和运行 Java 程序了。

1.4.4 Java 程序运行机制

Java 语言作为一种高级程序设计语言，Java 程序需要经过编译和解释执行两个步骤方能运行。源程序（*.java）经过编译，生成一种与平台无关的字节码文件（*.class）；然后由 JVM 解释执行。因此 Java 语言既具有解释型语言的特征，也具有编译型语言的特征。以例 1.2 说明，HelloWorld.java 经过执行 javac 命令编译成功后，生成一个 HelloWorld.class 字节码文件，该字节码具有平台无关性，可由 JVM 解释成指定平台的机器码并执行。Java 程序的编译、解释执行过程如图 1.20 所示。

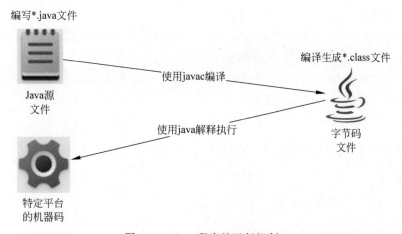

图 1.20 Java 程序的运行机制

Java 程序是由虚拟机负责解释执行的，而并非操作系统。这样做的好处是可以实现跨平台，也就是说，针对不同的操作系统可以编写相同的程序，只需安装不同版本的虚拟机即可。

这种方式使得 Java 语言"一次编写,到处运行(write once,run anywhere)",有效地解决了程序设计语言在不同操作系统编译时产生不同机器代码的问题,大大降低了程序开发和维护的成本。

Java 程序通过 Java 虚拟机可以达到跨平台特性,但 Java 虚拟机并不是跨平台的。换句话说,不同操作系统的 Java 虚拟机是不同的,如图 1.21 所示。

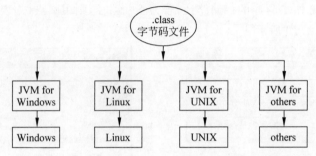

图 1.21　不同操作系统具有不同的 Java 虚拟机

1.5　Java 常用包介绍

1.5.1　包的概念

一个 Java 应用程序通常由若干类、接口等文件组成,为了便于管理众多文件,Java 引入了类似操作系统文件夹的概念,称为包(package)。Java 采用包机制管理应用程序中的源文件有两个优势。

(1) 从逻辑上讲,包是 Java 项目各种 Java 源文件的集合,同一包中不允许有同名的类,但不同包中的类名可以相同;包也具有访问控制的功能,通过与访问控制修饰符结合,对访问类及其成员进行限制。

(2) 从结构上讲,包是源文件的组织方式,一个包从结构上看就是一个文件夹,通过包管理源文件,可以实现分类存储,易于归档。

包与类的关系就是文件夹与文件的关系,包是类的组织方式,一个包中可以存储多个类。同时,包还可以嵌套子包,格式如下:

包.{子包}.类

其中,各级包之间使用点运算符"."分隔,"{}"表示可重复 0 至多次,本书下同。包可嵌套多级子包。

1.5.2　Java API 常用包

Java SE 提供了基础的类库,通常称为 Java API(Application Programming Interface,应用程序接口)。Java API 定义了 Java 应用程序所需要的常量、类、接口等,统称为类库,按照功能分类放在不同的包中。一般 Java SE 提供的类库其包名以 java、javax 为前缀,表 1.1 列出了 Java API 常用包。

表 1.1 Java API 常用包

包 名	说 明
java.lang	Java 语言包,是 Java 语言的核心包,包括 Object 类、基本数据类型包装类、数学运算、字符串、线程、异常处理等
java.util	工具包,提供了日期类、集合类等
java.awt	抽象窗体工具包,提供了构建用户界面的类库,包括组件、事件、字体、绘图等
java.io	输入输出流包,提供了文件、输入输出流类等
java.text	文本包,提供了文本、日期格式化等
java.sql	数据库包,提供了连接、操作数据库应用功能的类库
java.net	网络包,提供了与 Java 网络编程相关的类库,包括支持 TCP/UDP 的类库
javax.swing	扩展和增强图形用户界面功能的类库

1.5.3 包的创建

Java 使用 package 语句创建包,在 Java 程序中,package 语句必须在程序首行,package 语句在任何一个类中只能出现一次。其语法格式如下:

```
//package 语句放在程序的第一行
package 包.{子包};
//以下是类的声明
```

使用 package 声明包之后,表明程序编译成功后,生成的 class 字节码文件将存放在相应的包内。其他类如果引用该类,使用如下格式引用:

```
//类的完整名称
包.{子包}.类名
```

1.5.4 包的导入

在 Java 应用开发中,如果要使用 Java API 或者非当前包中的类,需要在当前类使用 import 语句导入需要使用引用的类库。

import 导入某个包的类或接口,语法格式如下,其中,"|"表示或者,本书下同。

```
//import 语句导入包
import 包.{子包}.类 | 接口 | *;
```

关于 import 语句,需要注意如下几点:

- 一个源文件可以有 0 个或多个 import 语句;
- import 语句必须声明在 package 语句后、类声明之前;
- java.lang 语言包默认自动导入,无须手动导入该包。

小结

Java 是一种面向对象的编程语言,具有面向对象的三个重要特征:继承、封装和多态。与其他编程语言相比,Java 还具有平台无关性和较好的安全性、支持多线程等特点,这使 Java 风靡全世界,经久不衰。本章介绍了 Java 的发展历史,JDK 的安装及环境变量的配置和 IntelliJ IDEA 的基本使用方法,通过一个 Java 程序认识 Java 程序的结构特点、编译和运行过程;同时,介绍了 Java 程序的运行机制,以此了解 Java 虚拟机的工作原理。最后,本章介绍了 Java 包的概念,以及包的创建、导入和 Java API 常用包。

第2章

Java语法基础

Java语言作为一种面向对象编程语言,继承了C++语言的基本语法规则,并在此基础上去繁化简,舍弃了全局变量、全局函数、goto语句、指针、虚函数、宏替换、结构、联合等内容,降低了Java语言的学习门槛。

本章主要介绍Java语言的基本语法规则,包括标识符、变量、基本数据类型、运算符、表达式、流程控制语句、方法、数组等。

本章要点

- 标识符和关键字;
- 基本数据类型;
- 变量与常量;
- 运算符;
- 表达式、语句和程序块;
- 流程控制语句;
- 数组与方法;
- 简单的人机交互。

2.1 标识符和关键字

2.1.1 注释

Java注释分为3类:单行注释(//)、多行注释(/*…*/)和文档注释(/**…*/)。注释语句不参与编译。

使用单行注释时,把注释内容放在单行注释符(//)的后面,不能跨行;多行注释(/*…*/)的中间省略符位置可以放置一行或多行注释内容,但多行注释不能嵌套。

【例2.1】 Example2_01.java

```
public class Example2_01 {
    //这是一个单行注释的例子,本行不会被编译器编译及运行。如果要换行,
    //每行前面也要加上"//"
    public static void main(String[] args) {
    //System.out.println("同样,本行也不会被执行!");
```

```
    /*  这里是多行注释,也不会被编译和运行;
        多行注释可以跨行
        System.out.println("这里也不会被执行的");
     */
        System.out.println("这是一个使用单行注释和多行注释的例子,本行可以执行");
    }
}
```

文档注释是Java特有的一种注释方式,通常放在属性、方法、接口及类本身前。使用javadoc命令,可以将具有文档注释的类生成HTML格式的API文档,相应的文档注释具有特定作用。文档注释提供@标记符号,其作用见表2.1。

表2.1 常用的@标记符号

标 记 语 法	作　　　用	适 用 范 围
@author 作者名	标明开发该类的作者	类
@deprecated 不推荐说明	标明此类或者方法不再推荐使用	类、方法、属性
@exception 异常类名 说明	描述方法可能抛出的异常	方法
@param 参数名 描述	描述方法中的参数	方法
@return 描述	描述方法的返回值	方法
@see 参见处	相关主题的参见处	类、方法、属性
@throws 类名 描述	描述方法可能抛出的异常	方法
@version 版本号	标明当前该类的版本	类
@since 版本号	标明起始版本	类、方法、属性

【例2.2】 Example2_02.java

```
/**
 * 本类是一个文档注释的例子,主要用来说明Java文档注释的用法,特别是@标记符号的用法。
 * 一名合格的开发人员,编写代码必须提供足够的代码注释和文档注释,以提升程序的可读性,
 * 便于代码的后期维护。
 * <br/>本类功能主要包括:
 * <ul>
 * <li>文档注释的基本用法
 * <li>"@"标记符号的用法
 * <li>javadoc命令的使用
 * <li>文档注释支持HTML标签
 * </ul>
 * <p>
 * 以下"@"标记符号放在类定义前。
 * @author LIANG SHENGBIN
 * @version 1.0
 * @since 1.0
 */
public abstract class Example2_02 {
    /**
     * 该文档注释放在方法前,主要对该方法的功能、返回值、参数类型等进行说明
     * <p>
     * @param x 介绍形参x,整型
     * @param y 介绍形参y,整型
     * @param str 介绍形参str
     * @return 介绍返回值。返回值为boolean类型,如正常显示str,返回true;
     * 否则,返回false。
```

```
 * @see java.lang.String
 * @since 1.0
 */
public abstract boolean getString(int x, int y, String str);
}
```

使用javadoc命令,执行Example2_02.java:

javadoc - private - d DocFiles Example2_02.java

执行成功后,在DocFiles目录下生成Example2_02类的API文档,如图2.1所示。

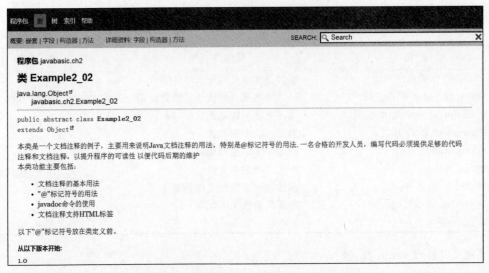

图2.1　Example2_02类的API文档

现代软件项目的开发过程中,开发团队一般由多个工程师组成。一名合格的软件工程师在代码编写过程中应提供清晰准确的注释,以提升代码的可读性,降低代码后期维护的成本。注释可以起到隐藏代码复杂细节的作用,可以帮助开发者快速了解代码的功能和用法,甚至可以说,如果注释写得足够好,还能改善系统的设计。

注意:如何写好代码注释？初学者应注意如下几个细节。
- 利用好注释模板。主流的开发工具如IDEA、Eclipse都对注释模板有很好的支持,开发人员根据模板填写内容即可;
- 不要与代码重复。代码与注释高度重复则是为一些代码添加了不必要的注释;
- 注释描述应注重解释原因。注释应向读者说明代码实现什么功能,为什么这样设计,而不是描述如何实现;
- 注释也要分层。在进行系统设计时,常常会采用分层架构,每一层负责不同功能。系统的顶层(high-level)往往会更抽象一点,为功能调用者隐藏了很多细节;底层(low-level)往往会更具体一些,实现系统的具体功能。在代码注释时,也要学会对注释进行分层。high-level的注释要提供比代码更抽象的信息,比如代码的设计思路;low-level的注释要提供比代码更细节的信息,比如表示一个变量取值说明;同时,要避免注释重复代码。

2.1.2 标识符与关键字

Java 的标识符相当于赋给变量、方法、类、接口和对象的名称。标识符由 Unicode 编码组成，必须符合如下命名规则。

- 标识符可以由字符(包括汉字等)、数字、下画线(_)或美元符号($)组成,但不能包含空格(Space)等其他符号。
- 标识符不能是保留字或者关键字,但可以包含保留字或关键字。
- 标识符中不能以数字打头。
- 标识符严格区别大小写,例如,Hello 和 HeLLo 是两个不同的标识符。
- 标识符命名时最好有实际意义、易拼写。

下面列出的是一些合法的标识符。

count、student_name、$ var $ 、_变量、pwd2

而下列则是非法的标识符。

2var、Hello World、123、temp%、abc&、student - name

注意：为了便于阅读代码和提升开发效率,通常建议同一开发团队使用统一标识符命名规则。Java 标识符的命名建议使用驼峰命名法(Camel-Case),即使用混合大小写字母来构成变量、方法和类的名称。驼峰命名法又包括小驼峰法和大驼峰法,变量和方法名一般用小驼峰法标识。小驼峰法的意思是：除第一个单词之外,其他单词首字母大写。例如：

int myStudentCount;

大驼峰法第一个单词也大写,常用于类名、属性、命名空间等,例如：

public class HelloWorld { }

有一些单词由于被定义为特殊用途而不能用作标识符,这些单词称为关键字(keyword),在程序中不能作为标识符使用。Java 语言中目前共有 50 个关键字,如表 2.2 所示。

表 2.2　Java 关键字

关 键 字	关 键 字	关 键 字	关 键 字	关 键 字
abstract	assert	boolean	break	byte
case	catch	char	class	const
continue	default	do	double	else
enum	extends	final	finally	float
for	goto	if	implements	import
instanceof	int	interface	long	native
new	package	private	protected	public
return	short	static	strictfp	super
switch	synchronized	this	throw	throws
transient	try	void	volatile	while

另外还有 3 个特殊的单词 true、false 和 null,在 Java 语言中称为直接量(literal),也不能作为标识符使用。

2.1.3 分隔符

分隔符用于分开两个语法成分。花括号({})、分号(;)、逗号(,)、冒号(:)、方括号([ ])、圆括号(( ))、圆点(.)、空白符都具有特殊的分隔作用。

1. 花括号

Java 语言的类体、方法体、程序块等都需要放在一对花括号({})中间,构成完整的程序段,表示这些程序段是一个完整的实体。

2. 分号

Java 语言每条语句用分号(;)结束,作为语句的分隔。尽管 Java 语言允许多条语句放在一行,但是为了增加程序可读性,推荐一行只放一条语句。不推荐如下代码编写风格。

```
//字符串如果要跨行,需要将其分隔为多个子串并使用"+"连接
String Demo = "你好!" +
    "这是一个跨多行的例子。";
//为给整型变量 a 赋值,也可以跨行
int a =
    3;
//标识符、关键字等不能跨行写
String te
st = "keywords";
```

3. 逗号

逗号使用场合主要有两种情形:

(1) 多个同类型的变量声明,变量之间用逗号隔开;

(2) 方法形参列表,各个形参之间用逗号隔开。

关于逗号的使用方法,参见下面的代码块:

```
//声明两个整型变量 a,b,中间用逗号隔开
int a = 3,b = 2;
//声明方法,形参列表 a 与 b 之间使用逗号隔开
int add(int a, int b){}
```

4. 冒号

冒号(:)用在标签后面,多用于流程控制语句中,如 switch-case 分支语句中的 case 子句。

5. 方括号

方括号主要适用于数组,用于声明数组或访问数组的元素。

```
//声明数组
int[] arr = new int[6];
//访问数组的第 1 个元素
arr[0] = 2;
```

6. 圆括号

圆括号使用的场合比较多,主要有以下 3 种用法。

(1) 方法中用圆括号包含形参列表,或者调用方法时,传入的实参也用圆括号包含。

(2) 数据类型强制转换时,可以用圆括号包含要强制转换的数据类型。

(3) 表达式中使用圆括号,以提升圆括号包括部分的优先级。

7. 圆点

圆点用于调用类或对象的成员（包括方法或属性）。一般的格式为

实例名.成员

8. 空白符

Java 的空白符包括空格（Space）、制表符（Tab）和空行等。其中，空格主要用于声明变量，用来隔开类头、方法头定义中的各个关键字、类名、方法名等，在这些场合下，空格是必不可少的，但是标识符中不能含有空格；否则，程序将会出错。

Java 程序编译时，对多余的空白符忽略不计不会产生任何影响。推荐在程序中适当加入空行以示分隔，不同层次的语句使用空白符缩进，使代码具有层次感，增加程序的可读性。

【例 2.3】 Example2_03.java

```java
public class Example2_03 {
    public static void main(String[] args) {
        //字符串可以跨行,用" + "连接
        String Demo = "你好!" +
                "这是一个跨多行的例子。";
        //下面给整型变量 a 赋值,也可以跨行,但不推荐
        int a =
                3;
        //标识符、关键字等不能跨行写
        //String te
        //st = "keywords";
        //声明两个整型变量 c,b,中间用逗号隔开
        int c = 3,b = 2;
        //声明两个布尔型变量 b1,b2,中间用逗号隔开
        boolean b1 = true,
                b2 = false;
        //声明数组
        int[] arr = new int[6];
        //访问数组的第 1 个元素
        arr[0] = 2;
    }
}
```

2.2 基本数据类型

2.2.1 基本数据类型概述

Java 是一门强类型的编程语言，对数据类型有严格的限定。Java 数据类型分为两类：基本数据类型（Primitive Type）和引用数据类型（Reference Type）。基本数据类型分为数值类型、字符类型、布尔类型 3 类；引用数据类型包括类、接口和数组。本章重点介绍基本数据类型。

基本数据类型的具体分类如图 2.2 所示。

基本数据类型共有 8 种类型，每种数据类型都有相应的取值范围和默认值，具体的情况见表 2.3。

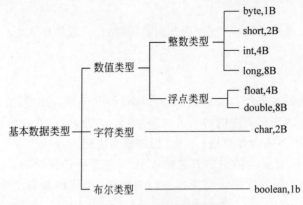

图 2.2　基本数据类型分类

表 2.3　Java 基本数据类型

基本数据类型名称	大小/b	取值范围	默认值
boolean	1	true | false	false
char	16	0~65 535	0
byte	8	$-2^7 \sim 2^7-1$	0
short	16	$-2^{15} \sim 2^{15}-1$	0
int	32	$-2^{31} \sim 2^{31}-1$	0
long	64	$-2^{63} \sim 2^{63}-1$	0
float	32	3.4E-38~3.4E38	0.0F
double	64	1.7E-308~1.7E308	0.0D

注意：在以下几种情况下取默认值。
- 对象实例化时，若成员变量没有显式赋值，则取值为对应数据类型的默认值。
- 数组声明后如没有显式赋值，数组各元素取声明数据类型的默认值。
- 引用数据类型的默认值为 null。

2.2.2　整型

整数类型用于表示整型数据，包括 4 种：字节型(byte)占 8 位，短整型(short)占 16 位，整型(int)占 32 位，长整型(long)占 64 位。

整型支持十进制数、八进制数或十六进制数等数值表示。若某个整数以 0 开头则表示此数为八进制数；同理，若某个整数以 0X 或 0x 开头则表示此数为十六进制数。

int 类型是默认的整数类型，对于整数常量如果无特殊说明，Java 默认为 int 类型。如果声明一个整数常量为 long 类型，该整数常量后需加上字母 l 或 L。

注意：声明变量时，变量为何种数据类型主要取决于该变量值的大小，变量值必须在声明数据类型的取值范围内。如果变量值超过声明数据类型的取值范围，将导致越界。

下面是整型变量声明的例子：

```
//声明 byte 类型变量
byte b = 1;
//声明 short 类型变量
short s = 2;
//声明 int 类型变量,且赋初始值为八进制数 023
```

```
int i = 023;
//声明 long 类型变量,且赋初始值为十六进制数 0X4FL
long l = 0x4FL;
//65535×65535 超出了 int 类型的取值范围,越界
int data = 65535 * 65535;
```

2.2.3 布尔型

布尔型只有一种,即 boolean 类型,用于表示逻辑上的"真"或"假"。用 true 表示逻辑真值,用 false 表示逻辑假值。与 C 语言不同,Java 不能用 0 或非 0 数值表示逻辑假值或真值,boolean 类型也不能与其他数据类型相互转换。布尔类型主要适用于以下几种情形:

- 分支控制语句,如 if 语句;
- 循环控制语句,如 while、for 等语句;
- 参与逻辑运算符和条件运算符(?:)的运算。

布尔型变量赋值示例如下:

```
//声明 boolean 类型变量,且赋初始值为 true
boolean b1 = true;
//可以将 b1 直接输出,输出结果为 true
System.out.println(b1);
```

2.2.4 字符型

字符类型也仅有一种类型,即 char 类型,用来表示单个字符,字符常量必须使用单引号(' ')将字符常量括起来。Java 语言采用 Unicode 字符集作为编码方式,Unicode 编码支持所有国家语言的字符,包括英文字符、中文字符和标点符号。Unicode 编码方式表示字符时,采用十六进制,取值范围为'\u0000'~'\uFFFF',共有 65 536 个字符,其中前 256 个('\u0000'~'\u00FF')与 ASCII 码中的字符完全相同。char 类型的数值可以作为整型数值使用,取值范围为 0~65 535 的无符号数。char 类型可以与整型数值进行算术运算和位运算,并且 Java 会首先将 char 类型自动转换为 int 类型,然后再进行算术运算。

Java 中也提供了转义字符,转义字符是一种特殊字符型常量。转义字符以"\"为前缀,后跟一个或多个相关字符,转义字符具有特定的含义,通常表示一些普通字符难以表示的控制代码,表 2.4 列出了一些常用的转义字符。

表 2.4 Java 中常用的转义字符及含义

转义字符	含义	转义字符	含义
'\n'	回车换行	'\''	单引号(')
'\t'	制表符,相当于 Tab 键	'\"'	双引号(")
'\b'	退格,相当于 BackSpace 键	'\\'	反斜线符(\)
'\r'	回车,相当于 Enter 键	'\ddd'	用八进制表示的字符
'\f'	走纸换页	'\xdd'	用十六进制表示的字符

注意:由于 Java 采用 Unicode 编码,表示字符时,须以"\u"为前缀,后跟 4 位十六进制的编码,例如,'\u0045'表示字符'E','\u000a'表示转义字符'\n'。

字符型变量示例:

```
//声明变量 ch,并赋值为'c'
char ch = 'c';
//声明变量 ch1,并将 ASCII 值 97 赋给 ch1
char ch1 = 97;
//声明变量 ch2,并将 ch 的值减 1 赋给 ch2
char ch2 = 'c' - 1;
//同理,字符类型也支持汉字等多国字符编码
char Chinese = '中';
//使用 printf 格式化输出,输出结果为:abc,中!
System.out.printf("%c%c%c,%c!",ch1,ch2,ch,Chinese);
```

2.2.5 浮点型

浮点型数据类型包括两种:32 位的单精度(float)浮点数和 64 位的双精度(double)浮点数。double 类型比 float 类型更加精确。Java 默认浮点数类型为 double 类型,如果要将一个浮点型常量定义为 float 类型,该常量后应加上字母 f 或 F 作为后缀,否则,Java 将认为该常量为 double 类型。浮点数的表示方法有两种:十进制表示法和科学记数法。

十进制表示法是最常见的浮点数表示方法,如 3.14、.314 等。科学记数法由小数、e(或 E)和指数组成,且指数必须为整数,e(或 E)之前必须有数字,如 3.14e2(相当于 3.14×10^2)。

```
//声明 double 类型变量 d,并以科学记数法表示浮点数
double d = 3.14e2;
//声明 float 类型变量 f,并以十进制数表示浮点数
float f = 3.14f;
//越界!float 类型不能超过 3.4028234663852886e38
float f1 = 3.14e40f;
//输出结果为 314.0
System.out.println(d);
```

下面给出本节的完整示例。

【例 2.4】 Example2_04.java

```
public class Example2_04 {
    public static void main(String[] args) {
        //声明 byte 类型变量
        byte b = 1;
        //声明 short 类型变量
        short s = 2;
        //声明 int 类型变量,且赋初始值为八进制数 023
        int i = 023;
        //声明 long 类型变量,且赋初始值为十六进制数 0X4FL;
        long l = 0x4FL;
        //下面声明变量错误,因为 Java 默认 65535 * 65535 这一常量为 int 类型
        //65535 * 65535 超出了 int 类型的取值范围,需声明为 long 类型
        long data = 65535 * 65535;
        //声明 boolean 类型变量,且赋初始值为 true
        boolean b1 = true;
        //输出 true
        System.out.println(b1);
        //声明变量 ch,并赋值为'c';
        char ch = 'c';
        //声明变量 ch1,并将 ASCII 值 97 赋给 ch1
```

```
        char ch1 = 97;
        //声明变量 ch2,并将 ch 的值减 1 赋给 ch2
        char ch2 = 'c' - 1;
        //同理,字符类型也支持汉字等多国家字符编码
        char Chinese = '中';
        //格式化输出,输出结果为: abc,中!
        System.out.printf("%c%c%c,%c!\n",ch1,ch2,ch,Chinese);
        //声明 double 类型变量 d,并以科学记数法表示浮点数
        double d = 3.14e2;
        //声明 float 类型变量 f,并以十进制数表示浮点数
        float f = 3.14f;
        //错误!float 类型不能超过 3.40282e+38
        //float f1 = 3.14e40f;
        //输出结果为 314.0
        System.out.println(d);
    }
}
```

运行结果:

true
abc,中!314.0

2.3 变量和常量

变量和常量用于存储程序执行过程中的数据,如果数值可以改变,则声明为变量,数值不能改变的声明为常量。

2.3.1 变量

变量的使用必须遵循"先声明,后使用"的规则,声明变量包说明该变量的数据类型、变量名称以及访问权限等,声明时也可以直接给该变量赋值。具体格式如下。

[修饰符] 数据类型 变量名1 [= 值1],变量名2 [= 值2];

变量的修饰符是可选的,常见的修饰符有 public、private、protected、static、final 等。变量按作用域分为成员变量(包括实例变量和类变量)和局部变量(包括形参、方法中的局部变量、程序块中的局部变量等)。成员变量在整个类中可见,作用范围最广,同时占用内存的时间也最长。局部变量定义在程序块中,与全局变量相比,局部变量作用域较小,生存周期短。

【例 2.5】 Example2_05.java

```
public class Example2_05 {
    //声明成员变量
    int fieldVar;
    //声明静态成员变量(类变量)
    static float staticVar;
    public static void main(String[] args)
    {
        //声明 int 型局部变量 intValue 和 intVal,并将 intValue 赋值
        int intValue = 32768,intVal;
        //声明 char 型局部变量,并赋值
        char charValue = 'J';
```

```java
            //声明 boolean 型局部变量,并赋值
            boolean booleanValue = true;
            //声明 byte 型局部变量,并赋值
            byte byteValue = 127;
            //声明 short 型局部变量,并赋值
            short shortValue = 32767;
            //声明 float 型局部变量,并赋值
            float floatValue = 3.1415926f;
            //声明 double 型局部变量,并赋值
            double doubleValue = 2.78;
            //声明 long 型局部变量,并赋值
            long longValue = -98;
            //声明字符串局部变量,并赋值
            String stringValue = "I Like Java!";
            //实例化
            Example2_05 example = new Example2_05();
            //输出全局变量的值
            System.out.println("fieldVar = " + example.fieldVar);
            System.out.println("staticVar = " + staticVar);
            System.out.println("intValue = " + intValue);
            //下面一行代码错误,局部变量使用时必须初始化!
            //System.out.println("intVal = " + intVal);
            System.out.println("charValue = " + charValue);
            System.out.println("booleanValue = " + booleanValue);
            System.out.println("byteValue = " + byteValue);
            System.out.println("shortValue = " + shortValue);
            System.out.println("floatValue = " + floatValue);
            System.out.println("doubleValue = " + doubleValue);
            System.out.println("longValue = " + longValue);
            System.out.println("stringValue = " + stringValue);
    }
}
```

运行结果:

```
memberVariable = 0
STATICVARIABLE = 0.0
intValue = 32768
charValue = J
booleanValue = true
byteValue = 127
shortValue = 32767
floatValue = 3.1415925
doubleValue = 2.78
longValue = -98
stringValue = I Like Java!
```

从例 2.5 可以得出以下几点结论:

- 变量的数据类型可以是 8 种基本数据类型,也可以是引用数据类型;
- 声明变量的同时,可以直接将变量初始化,给变量初始化的值必须符合声明的数据类型;
- 局部变量声明之后并不能使用,必须初始化后才能使用;
- 成员变量声明之后可以立即投入使用,如没有初始化,将取声明数据类型的默认值,关于变量的默认值请参阅表 2.3。

2.3.2 常量

常量,即固定不变的数值。常量也包含不同的数据类型,如字符型常量'C'、布尔型常量 true、整型常量 100、浮点型常量 3.14 等,还可以是字符串类型,如"I love China!",Java 使用 String 类来表示字符串,字符串由 0 个或多个字符组成,并用双引号(" ")括起来。

另外,Java 语言还提供了 final 关键字定义常量,例如:

```
final double E = 2.7182818;
```

该行代码声明一个 double 类型的常量 E。建议使用大写字母表示常量名,用 final 关键字定义的常量一旦初始化,其值不允许再改变。

字符常量与字符串常量的区别如下。

- 字符常量由单引号括起来,且单引号中间只含有一个字符。
- 字符串常量由双引号括起来,字符串可以由 0 个或多个字符序列组成,字符串常量对象也可以有自己的引用和实体,也可以把字符串常量的引用赋给一个 String 类型变量。
- 字符常量可以参与算术运算,字符串则不能。String 类提供了一些字符串的常见操作,如取子串等,还可以用"+"连接两个字符串。

由此可知,'a'和"a"是两个完全不同的概念,'a'是字符常量,而"a"是含有一个字符的字符串常量。

2.4 数据类型转换

在编程过程中,当把某种数据类型的值赋给其他数据类型的变量时,需要进行类型转换,以保证赋值符号(=)两端数据类型一致。根据转换方式的不同,数据类型转换可分为自动类型转换、强制类型转换和包装类转换。

2.4.1 自动类型转换

自动类型转换指表达式中操作数数据类型不一致时,Java 语言会自动将数据类型比较低级的变量,转换为较为高级的数据类型。而数据类型的级别主要是指占用存储空间的大小,占用存储空间越大,级别就越高。7 种基本数据类型从低级到高级的次序为

byte,short,char→int→long→float→double

表 2.5 给出两个不同数据类型的操作数运算时自动类型转换后的类型。

表 2.5 Java 语言自动类型转换后的数据类型

操作数 1 的数据类型	操作数 2 的数据类型	自动转换后的数据类型
byte、short、char	byte、short、char	int
byte、short、char、int	int	int
byte、short、char、int、long	long	long
byte、short、char、int、long、float	float	float
byte、short、char、int、long、float、double	double	double

【例 2.6】 Example2_06.java

```java
public class Example2_06 {
    public static void main(String[] args) {
        byte b = 36;
        short s = 97;
        char c = 'A';
        int i = 123;
        long l = 234L;
        float f = 12.0f;
        double d = 3.14;
        //byte,short,char,int 类型变量运算,自动转换为 int 类型
        int iCast = b + s + c + i;
        //byte,short,char,int,long 类型变量运算,自动转换为 long 类型
        long lCast = b + s + c + i + l;
        //byte,short,char,int,long,float 类型变量运算,自动转换为 float 类型
        float fCast = b + s +c + i + l + f;
        /* byte,short,char,int,long,float,double
        类型变量运算,自动转换为 double 类型 */
        double dCast = b + s +c + i + l + f + d;
        //输出结果
        System.out.println(iCast);
        System.out.println(lCast);
        System.out.println(fCast);
        //表达式也是以 double 类型输出
        System.out.println(b + s +c + i + l + f + d);
    }
}
```

运行结果:

321
555
567.0
570.14

从例 2.6 可知,一个表达式若包括多种数据类型,Java 会自动先把精度低、级别低的类型转换为高精度、级别高的类型,以达到整个表达式数据类型的一致。

2.4.2 强制类型转换

自动类型转换只能将低级的数据类型转换为高级的数据类型,但自动类型转换不能解决将高级的数据类型转换为低级的数据类型。强制类型转换借助于"( )"运算符能把高级数据类型转换为低级数据类型,强制类型转换的语法格式为

(数据类型) 表达式;

下面是使用"( )"运算符的例子。

```java
long data = 123L;
int i;
//强制类型转换,使用()运算符,()中的数据类型名称是目标数据类型
i = (int)data;
```

强制类型转换不但可以对基本数据类型(boolean 类型除外)进行相互转换,还可以转

换引用数据类型。

注意：把高级数据类型强制转换为低级数据类型时，高级数据类型的数值可能会超出目标数据类型的取值范围，高级数据类型的数值将被强制截短。将浮点型数据强制转换为整型数据时，小数点后的数据将被截掉，导致数值精度下降。

【例 2.7】 Example2_07.java

```java
public class Example2_07 {
    public static void main(String[] args) {
        byte b;
        long data = 306L;
        float f = 3.14F;
        int i, j;
        /* 强制类型转换，使用()运算符,()中的数据类型是目标数据类型
           306L 在 int 类型的取值范围内,数据不会丢失 */
        i = (int) data;
        //将浮点型数据转换为整型,小数点后的数值将丢失
        j = (int) f;
        //将 long 转换为 byte,数据溢出
        b = (byte) i;
        //输出结果:306
        System.out.println(i);
        //输出结果:3
        System.out.println(j);
        //输出结果: 50
        System.out.println(b);
    }
}
```

运行结果：

```
306
3
50
```

常量 306L 的存储如图 2.3 所示。

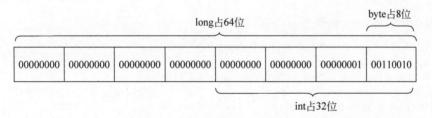

图 2.3　306L 在内存中的表示

由图 2.3 可知，long 类型 306L 占 64 位，int 类型占 32 位，byte 类型占 8 位。在程序 Example2_07.java 中，306L 强制转换为 int 类型时，只取 306L 在内存中的低 32 位即 00000000000000000000000100011010，转换成十进制数仍为 306。同理，306L 强制转换为 byte 类型时，只取 306L 在内存中的低 8 位即 00110010，转换成十进制数为 50，数据溢出！把浮点型数 3.14F 转换成整型数时，小数点后的数值被截掉，因此只保留浮点型数的整数部分 3，数值的精度降低了。

2.4.3 包装类转换

Java作为一种面向对象的编程语言,其提供的8种基本数据类型并不符合面向对象的编程机制,因为基本数据类型并不具有对象所具有的属性、方法、构造方法等特征。Java之所以提供8种基本数据类型,主要是为了保持和C等其他语言的延续性。

为了对基本数据类型进行更多、更方便的操作,Java针对每一种基本数据类型提供了对应的包装类(Wrapper Class),包装类符合对象的特征,对基本数据类型进行了封装,提供了一些必要的属性和方法,进而符合面向对象编程的要求。表2.6描述了基本数据类型和包装类的对应关系。

表2.6 基本数据类型和包装类的对应关系

基本数据类型	包 装 类	基本数据类型	包 装 类
boolean	Boolean	int	Integer
byte	Byte	long	Long
short	Short	float	Float
char	Character	double	Double

下面使用new关键字实例化Integer类的两个变量n1和n2。如果要实例化一个包装类,采用如下格式:

包装类 类变量 = new 包装类(初始化值);

以创建一个Integer实例加以说明:

```
int i = 6;
//通过Integer的构造方法创建n1,不推荐使用这种方式
Integer n1 = new Integer(i);
//n2初始化值为i,推荐使用这种方式
Integer n2 = Integer.valueOf(i);
```

注意:自Java SE 9之后,Java不推荐使用包装类的构造方法创建包装类对象,推荐使用Integer类的类方法valueOf()创建Integer实例。对于Float、Double、Character等其他包装类也是如此。

再如,创建Character和Float实例如下:

```
//通过Character构造方法构建并初始化值'c',不推荐
Character c = new Character('c');
//使用Character类的valueOf()方法创建Character对象,推荐
Character c = Character.valueOf('c');
//创建Float实例,并初始化值3.14
Float f = Float.valueOf("3.14");
```

如果要获得包装类的基本数据类型值,可以使用包装类提供的xxxValue()方法取得,例如Integer类提供了intValue()方法获取Integer类中的基本类型值。

```
i = n1.intValue();
```

由此可知,基本数据类型数值和包装类对象之间是可以相互转换的,具体关系如图2.4所示。

注意:包装类属于引用类型的范畴,而基本数据类型只是表征简单数值的数据类型。

- Java是面向对象的程序设计语言,但8种基本数据类型却不是对象。

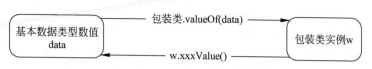

注：xxxValue 中的 xxx 代表数据类型名称，如 intValue。

图 2.4 基本数据类型与包装类的关系

- 声明方式不同，基本数据类型可直接赋值，而包装类对象是通过 new 创建。
- 存储方式及位置不同，基本类型是直接存储变量的值保存在栈中能高效地存取，包装类型需要通过引用指向实例，具体的实例保存在堆中。
- 初始值不同，包装类对象的初始值为 null，基本数据类型的初始值视具体类型而定，如 int 类型的初始值为 0。

1. 自动装箱与自动拆箱

如图 2.4 所示，基本数据类型与包装类之间的转换有点烦琐，从 JDK 5.0 之后，Java 提供了自动装箱（Auto Boxing）和自动拆箱（Auto Unboxing）功能。自动装箱和自动拆箱提供了一种简化机制，使基本数据类型与对应的包装类之间能够直接转换。自动装箱能够使一个基本数据类型数值直接赋给对应的包装类实例变量；自动拆箱与之相反，允许把一个包装类实例变量直接赋给一个对应的基本数据类型变量。

```
//创建 Integer 对象
Integer n1 = Integer.valueOf(100);
int i = n1.intValue();

//自动装箱，将整型常量 6 直接赋给 Integer 类的实例变量 n2
Integer n2 = 6;
//自动拆箱，将 Integer 实例赋给 int 类型变量
int j = n2;
```

注意：自动装箱和自动拆箱发生在程序编译阶段，目的是简化代码实现。但自动装箱和自动拆箱会影响代码的执行效率，因为字节码文件是严格区分数据类型的，且自动拆箱可能会产生空指针异常。

```
//自动拆箱，将 null 赋给 int 类型变量将产生 NullPointException
Integer n3 = null;
int k = n3;
```

2. 包装类转换

包装类主要提供了基本数据类型数值和字符串之间的转换，除了 Character 类之外的其他包装类都提供了 parseXxx(String s) 的方法，用于将一个特定字符串转换成基本数据类型的数值。

```
String s1 = "20220121";
//使用 Integer 类的 parseInt()方法将字符串转换为 int 类型
int i = Integer.parseInt(s1);
String s2 = "3.14";
//使用 Float 类的 parseFloat()方法将字符串转换为 float 类型
float f = Float.parseFloat(s2);
```

反过来，把一个基本数据类型转换为字符串也非常简单，可使用 String 类的 valueOf() 方法，看下面的示例。

```
double d = 3.1415926;
//将 double 类型转换为 String 类型
String s3 = String.valueOf(d);
```

例 2.8 是包装类转换的完整实例。

【例 2.8】 Example2_08.java

```java
public class Example2_08 {
    public static void main(String[] args) {
        int i = 100;
        //创建 Integer 对象 n1
        Integer n1 = Integer.valueOf(100);
        //创建 Integer 对象 n2
        Integer n2 = Integer.valueOf(i);
        //创建 Character 对象,并初始化值'c'
        Character c = Character.valueOf('c');
        //创建 Float 对象,并初始化值 3.14
        Float f = Float.valueOf("3.14");
        //声明 Double 包装类
        Double doubleVal;
        double d = 2.71828;
        doubleVal = d;
        //通过 xxxValue()方法取得包装类包含的基本数据类型值
        i = n1.intValue();
        //自动装箱
        Integer n3 = i;
        //下行错误,自动装箱类型不一致
        //doubleVal = i;
        //自动拆箱
        int j = n3;
        d = doubleVal;
        System.out.println(doubleVal);
        System.out.println(n1);
        System.out.println(f);
        String s1 = "20220121";
        //字符串转换为 int 类型
        int m = Integer.parseInt(s1);
        System.out.println("m = " + m);
        String s2 = "3.14";
        //字符串转换为 float 类型
        float f2 = Float.parseFloat(s2);
        System.out.println("f2 = " + f2);
        d = 3.1415926;
        //使用 String 类的 valueOf()方法将 double 类型转换为 String 类型
        String s3 = String.valueOf(d);
        System.out.println(s3);
    }
}
```

运行结果:

2.71828
100
3.14
m = 20220121
f2 = 3.14
3.1415926

2.5 运算符

Java 提供丰富的运算符,包括算术运算符、关系运算符、逻辑运算符、赋值运算符和位运算符。

2.5.1 操作数和表达式

参与各种运算的数值称为操作数(operand),操作数既可以是变量,也可以是常量,操作数的数据类型与运算符的类型密切相关,操作数依据运算符选取合适的数据类型。操作数、运算符和方法调用等结合在一起组成了表达式(expression)。表达式是程序的基本组成部分,表达式有两个基本作用:计算并赋值给变量;控制语句用于流程控制。下面是一些表达式的例子。

```
a + b * c
str = "Java Programming"
Math.abs(a)
```

运算符指明了对操作数进行何种运算,运算符按其操作数的个数分为 3 种:单目运算符(unary operator),如++、--等;双目运算符(binary operator),如+、%、*等;三目运算符(ternary operator),如?:。

2.5.2 优先级和结合方向

和其他编程语言一样,Java 中各种运算也有优先级,优先级的高低决定了表达式中不同运算符执行的先后顺序。如果一个表达式中两个运算符的优先级相同,那么运算符的结合方向决定运算的先后顺序。Java 运算符的优先级和结合方向见表 2.7。

表 2.7 Java 运算符的优先级和结合方向

优先级	运算符	结合方向
1	.、[]、()、{}、,、;	从左向右
2	~、!、++、--	从右向左
3	new、(type)	从左向右
4	*、/、%	从左向右
5	+、-	从左向右
6	>>、<<、>>>	从左向右
7	<、>、<=、>=、instanceof	从左向右
8	==、!=	从左向右
9	&	从左向右
10	^	从左向右
11	|	从左向右
12	&&	从左向右
13	||	从左向右
14	?:	从右向左
15	=、+=、-=、*=、/=、%=、&=、|=、^=、>>=、<<=、>>>=	从右向左

注意：关于表达式的运算，应该遵循以下几点。

- 对于++、--和?:运算符，结合方向是从右向左的。
- 对于二元运算符，优先计算运算符左边的操作数，再计算运算符右边的操作数。
- 如果方法中有多个参数，各参数的计算顺序按从左到右的顺序计算。

2.5.3 算术运算符

算术运算是最常见的运算，按操作数的个数进行分类，算术运算符分为单目算术运算符和双目算术运算符两种。参与算术运算的操作数只能是整型或者浮点型，也可以是能够转换为整型或浮点型的数值，如字符型等。

1. 单目算术运算符

单目算术运算符只涉及一个操作数，单目算术运算符与一个操作数就组成了一个简单的算术表达式，Java 提供了 4 种单目算术运算符，见表 2.8。

表 2.8　单目算术运算符

单目算术运算符	名　称	作　用	用　法
+	正号	取操作数的正值	+opt
-	负号	取操作数的负值	-opt
++	自加运算符	操作数自加1	++opt 或 opt++
--	自减运算符	操作数自减1	--opt 或 opt--

正号(+)和负号(-)作为操作数的前缀，仅表示某个操作数的符号，表明该操作数是正值或负值。使用自加运算符能够让操作数自加1，例如，++a 相当于 a=a+1；同理，自减运算符使操作数自减1。

++与操作数的位置有很大关系，在一个表达式中，如果++放在操作数的左边，那么操作数先进行自加1运算，然后再取操作数的值参与表达式中的其他运算；如果++放在操作数的右边，则先取操作数的值参与表达式的其他运算，然后再对操作数进行自加1运算。同理，--放在操作数的左边时，先进行自减1运算，再取操作数的值参与表达式的其他运算；--放在操作数的右边时，先取操作数的值参与表达式的其他运算，再对操作数进行自减1运算。请看下面的代码。

```
int i = 1;
int j = 2;
int x = i + j++;
System.out.println("j=" + j);
System.out.println("x=" + x);
```

执行结果为

```
j = 3
x = 3
```

上述表达式 x=i+j++，由于++在变量i的右边，因此，先取变量j的值(j的值是2)，然后与变量i相加后赋给变量x，然后再对变量j执行自加1运算。

同理，--运算符的用法和自加运算符的用法基本相似，只是将操作数的值自减1，此处不再举例。

注意：++和－－运算符只能应用于变量，不能对常量进行自加或自减运算，如－－6是错误的。如果将一个浮点型操作数进行自加运算，相当于将操作数自加1.0；同理，对浮点型操作数自减运算，相当于将操作数自减1.0。++和－－运算符常用于循环语句中。

2．双目算术运算符

双目算术运算符要求两个操作数参与运算，用于执行基本的加、减、乘、除和求余数学运算。双目算术运算符要求两个操作数须是整型（byte，short，int，long）或者浮点型数据（float，double），或者可以转换为二者的数据，如字符型。表2.9列出了Java中的双目算术运算符。

表2.9 双目算术运算符

双目算术运算符	名称	作用	用法
＋	加法运算符	加法运算	opt1＋opt2
－	减法运算符	减法运算	opt1－opt2
＊	乘法运算符	乘法运算	opt1 * opt2
/	除法运算符	除法运算	opt1/opt2
％	求余（取模）法运算符	求余运算	opt1％opt2

小强从a时b分开始在足球场踢球，在当天的c时d分结束，请编写一个程序计算小强踢球持续多长时间，以x小时y分钟格式表示持续时间。

【例2.9】 Example2_09.java

```
import java.util.Scanner;
public class Example2_09 {
    public static void main(String[] args) {
        int a,b,c,d,x,y;
        //使用Scanner对象输入数据
        Scanner scanner = new Scanner(System.in);
        System.out.println("输入踢球开始时间");
        a = scanner.nextInt();
        b = scanner.nextInt();
        System.out.println("输入踢球结束时间");
        c = scanner.nextInt();
        d = scanner.nextInt();
        //计算持续时间,以分钟为单位
        int during = (60*c+d) - (60*a+b);
        //转换为x小时y分钟形式
        x = during/60;
        y = during%60;
        System.out.println("小强踢球持续了"+x+"小时"+y+"分钟");
    }
}
```

运行结果：

输入踢球开始时间
3 50
输入踢球结束时间
5 20
小强踢球持续了1小时30分钟

针对算术运算，表达式中操作数的数据类型不一致时，作以下说明。

• 若操作数全为整型，其中一个操作数为long类型，则表达式的结果也为long类型。

- 若操作数为char,byte,short,int类型,则表达式的结果为int类型。
- 若操作数中有一个为double类型,则表达式的结果也为double类型。
- 若操作数中有一个为整型,另一个是float类型,则表达式的结果为float类型。

注意:
- 两个操作数数据类型不一致时,首先进行自动数据类型转换,基本原则是将低级的数据类型自动提升为高级的数据类型,然后再进行算术运算。
- 使用括号可以提高表达式中某些项的优先级,如果嵌套括号,计算的顺序为先内括号后外括号。
- 对于"+"而言,若一个操作数为字符串,则可以把+作为字符串连接符使用,例如,"abc"+100,则表达式值为"abc100"。
- 算术运算中操作数不能为boolean类型。

2.5.4 关系运算符

关系运算符是双目运算符,用于比较两个数值的大小关系,运算结果为布尔值(true或false),用关系运算符连接两个操作数就组成一个基本的关系表达式,参与关系运算的两个操作数可以是整型(byte,short,int,long)、字符型、浮点型(float,double)。Java提供的关系运算符如表2.10所示。

表2.10 关系运算符

关系运算符	名 称	用 法	说 明
>	大于	opt1>opt2	opt1 大于 opt2
>=	大于或等于	opt1>=opt2	opt1 大于或等于 opt2
<	小于	opt1<opt2	opt1 小于 opt2
<=	小于或等于	opt1<=opt2	opt1 小于或等于 opt2
==	等于	opt1==opt2	opt1 等于 opt2
!=	不等于	opt1!=opt2	opt1 不等于 opt2

【例2.10】 Example2_10.java

```
public class Example2_10 {
    public static void main(String[] args) {
        int i = 99;
        float f = 99.1f;
        double d = 99.1;
        char ch = 'c';
        //两个不同数据类型的操作数也可以运算
        System.out.println("i>f:" + (i>f));
        System.out.println("i>=ch:" + (i>=ch));
        System.out.println("i<ch:" + (i<ch));
        System.out.println("f<=ch:" + (f<=ch));
        System.out.println("i==ch:" + (i==ch));
        System.out.println("f!=ch:" + (f!=ch));
        System.out.println("d==f:" + (d==f)); //精度不同,结果为false!
    }
}
```

运行结果:

```
i > f:false
i >= ch:true
i < ch:false
f <= ch:false
i == ch:true
f != ch:true
d == f:false
```

注意：

- 当两个操作数的数据类型不一致时，Java 会自动将低级数据类型的操作数转换为高级的数据类型；
- 如果两个操作数精度不同，＝＝运算的结果为 false，如 99.1f 和 99.1 是不相等的；
- 注意区分＝＝与＝，＝＝用于比较两个操作数是否相等，＝用于赋值。

2.5.5 逻辑运算符

逻辑运算符对布尔型的数据进行操作，Java 提供 6 种逻辑运算符，详见表 2.11。

表 2.11 逻辑运算符

逻辑运算符	名称	用法	结合方法	说明
&&	逻辑与	opt1&&opt2	从左到右	两个操作数均为 true 时，表达式为 true；否则为 false
&	不短路与	opt1&opt2	从左到右	作用同&&，但不会短路
||	逻辑或	opt1||opt2	从左到右	两个操作数均为 false 时，表达式为 false；否则为 true
|	不短路或	opt1|opt2	从左到右	作用同||，但不会短路
!	逻辑非	!opt1	从右到左	取操作数的非值
^	异或	opt1^opt2	从左到右	两个操作数值不同时，表达式为 true；否则为 false

&& 和 ‖ 运算符在计算时都有可能发生短路情况，所谓短路现象，以表达式 opt1&&opt2 为例，按照由左向右的结合方向计算，首先判断 opt1 的值，当 opt1 为 false 时，整个表达式显然也为 false，故不再计算 opt2 的值，这种情况称为短路。因为无论 opt2 是 true 还是 false，都不影响整个表达式为 false 的判断结果。图 2.5 给出 && 的计算流程。

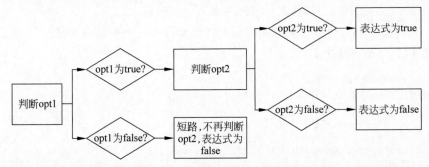

图 2.5 opt1&&opt2 计算流程

而 & 运算符和 && 作用相同，但 & 不会发生短路现象。无论 opt1 为 true 还是 false，都会继续判断 opt2 的情况，最后返回整个表达式的值。

‖和│运算符的计算流程与 && 和 & 运算符类似,当 opt1 为 true 时‖运算符发生短路,但│运算符不会短路。

【例 2.11】 Example2_11.java

```java
public class Example2_11 {
    public static void main(String[] args) {
        int a = 6, b = 9;
        int i = 6, j = 9;
        System.out.println(99 > 98.99&&'c' == 99);   //true
        System.out.println(99 < 98.99||'c'!= 99);    //false
        System.out.println(1 >= 3^'c'>'a');          //true
        //|运算符不会发生短路,b++ >= 10 会执行
        if(a > 5 | b++ >= 10)
            System.out.println("a = " + a + ", b = " + b);
        //发生短路,j++ >= 10 不会被执行
        if(i > 5 || j++ >= 10)
            System.out.println("i = " + i + ", j = " + j);
    }
}
```

运行结果:

```
true
false
true
a = 6, b = 10
i = 6, j = 9
```

注意:

- && 和‖会发生短路现象,而 & 和│则不会;
- && 的优先级比‖高,两个运算符的结合方向都是从左到右;
- !是单目运算符,且!的优先级比其他逻辑运算符高,结合方向是从右到左。

2.5.6 条件运算符

条件运算符是唯一的三目运算符。条件运算表达式的一般格式为

expression?true - statement:false - statement

条件运算符的运算规则是:先计算表达式 expression 的值,如果 expression 为 true,则返回 true-statement 的值;否则,返回 false-statement 的值。

例 2.12 定义的 max()方法为使用嵌套条件运算符求三个数的最大值。

【例 2.12】 Example2_12.java

```java
public class Example2_12 {
    public static void main(String[] args) {
        double x = 3.0, y = 2.0, z = 3.6;
        System.out.println(max(x,y,z));
    }
    public static double max(double x, double y, double z){
        double a;
        //条件运算符嵌套,先比较 x,y,较大者赋给 a
        return z >(a = x > y?x:y)?z:a;
    }
}
```

运行结果：

i = 3

注意：从某种程度上讲，条件运算表达式是 if-else 语句的简化计算方式。

2.5.7 位运算符

位运算符是以比特位为单位进行运算，除位反（~）运算符是单目运算符外，其他位运算符都是双目运算符，需要两个操作数，由位运算符和操作数组成的表达式称为位运算表达式。位运算符要求操作数必须都是整型数据（byte，short，int，long）或者是可以转换为整型的数据类型如 char 类型，其结果也为整型。Java 提供了 7 种位运算符，详见表 2.12。

表 2.12 位运算符

位运算符	名称	用法	说明
~	位反	~opt1	将 opt1 按位取反
&	位与	opt1 & opt2	opt1 和 opt2 按位与运算
|	位或	opt1 | opt2	opt1 和 opt2 按位或运算
^	位异或	opt1 ^ opt2	opt1 和 opt2 按位异或运算
>>	右移	opt1 >> opt2	opt1 按位右移 opt2 位
<<	左移	opt1 << opt2	opt1 按位左移 opt2 位
>>>	无符号右移	opt1 >>> opt2	opt1 按位右移 opt2 位，左边空位补 0

位与、位或和位异或的运算法则如表 2.13 所示。

表 2.13 位与、位或和位异或的运算法则

opt1	opt2	位与	位或	位异或
0	0	0	0	0
1	0	0	1	1
0	1	0	1	1
1	1	1	1	0

【例 2.13】 Example2_13.java

```
public class Example2_13 {
    public static void main(String[] args) {
        int a = -12;
        int b = 3;
        int c = 24;
        //(1)位反
        System.out.println("~a = " + ~a);
        //(2)a 和 b 按位与运算，注意 & 运算符没有 + 运算符优先级高，要用括号将 a&b 括住
        System.out.println("a&b = " + (a&b));
        //(3)a 和 b 按位或运算
        System.out.println("a|b = " + (a|b));
        //(4)按位异或运算
        System.out.println("a^b = " + (a^b));
        //(5)右移运算
        System.out.println("a >> b = " + (a >> b));
        //(6)左移运算
        System.out.println("a << b = " + (a << b));
        //(7)负数的无符号右移运算
```

```
            System.out.println("a >>> b = " + (a >>> b));
            //(8)正数的无符号右移运算
            System.out.println("c >>> b = " + (c >>> b));
    }
}
```

运行结果：

~a = 11
a&b = 0
a|b = -9
a^b = -9
a >> b = -2
a << b = -96
a >>> b = 536870910
c >>> b = 3

针对二进制数先引入几个概念：原码、反码和补码。原码是一个十进制数转换为二进制数时的原始形态，例如，int 类型变量 a 的值为 -12，转换为 32 位二进制数如图 2.6 所示。

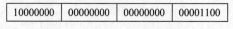

图 2.6　-12 的二进制数表示

其中，最高位是符号位，若符号位为 0 代表该二进制数为正数，若符号位为 1 则代表该二进制数为负数。为了便于计算减法运算，引入补码，即负数以补码的方式参与运算。而反码是为了方便计算补码，负数的反码是符号位保持不变，对原码的其他位取反，例如，图 2.7 是 -12 的反码。正数的反码、补码和原码相同。负数的补码是在反码基础上加 1 计算得出的，图 2.8 给出了 -12 的补码。引入补码有以下优点。

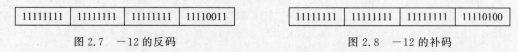

图 2.7　-12 的反码　　　　　　　图 2.8　-12 的补码

- 使符号位能与有效值部分一起参加运算，从而简化运算规则。
- 使减法运算转换为加法运算，简化 CPU 运算器的线路设计。

掌握原码、反码和补码的知识，就容易解释例 2.13 的计算过程。当执行 ~a 时，即对 a 的补码按位求反，结果为 11，如图 2.9 所示。

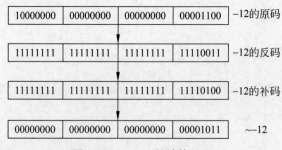

图 2.9　~-12 的计算过程

a&b 的计算如图 2.10 所示。
很明显，结果为 0。a|b 的计算过程如图 2.11 所示。
a^b 的计算过程如图 2.12 所示。

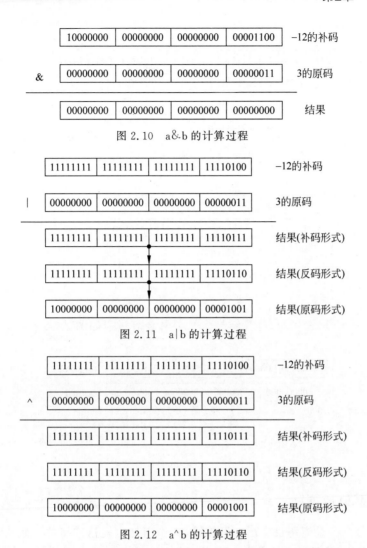

图 2.10 a&b 的计算过程

图 2.11 a|b 的计算过程

图 2.12 a^b 的计算过程

a<<b 是将 a 中的二进制数整体左移 b 位，右边空出来的位以 0 来填充，如图 2.13 所示。

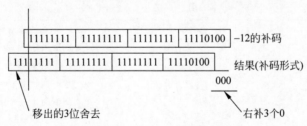

图 2.13 a<<b 的计算过程

a>>b，把 a 中的二进制数整体右移 b 位，左边空出来的位以原来的符号位来填充。即如果 a 为正数，则左边补 0；如果 a 为负数，则左边补 1。具体如图 2.14 所示。

>>>是无符号右移运算符，它把第一个操作数的二进制数右移指定位数后，无论第一个操作数是正数还是负数，左边空出来的位总是补 0。在表达式 a>>>b 中，由于 a 为－12，那么计算过程如图 2.15 所示，最终结果为 536870910。

图 2.14　a >> b 的计算过程

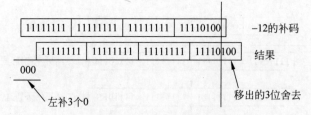

图 2.15　a >>> b 的计算过程

而表达式 c >>> b，c 为 24，计算结果为 3，具体计算过程如图 2.16 所示。

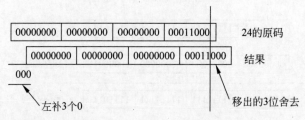

图 2.16　c >>> b 的计算过程

2.5.8　赋值运算符

赋值运算符(=)是应用最广泛的运算符，其作用是为表达式赋值。赋值表达式两端的数据类型应一致，否则需要类型转换。赋值运算符见表 2.14。

表 2.14　赋值运算符

赋值运算符	用法	作用
=	a=a+b	将表达式 a+b 的值赋给变量 a
+=	a+=b	相当于 a=a+b
-=	a-=b	相当于 a=a-b
*=	a*=b	相当于 a=a*b
/=	a/=b	相当于 a=a/b
%=	a%=b	相当于 a=a%b
&=	a&=b	相当于 a=a&b
|=	a|=b	相当于 a=a|b
^=	a^=b	相当于 a=a^b
>>=	a>>=b	相当于 a=a>>b
<<=	a<<=b	相当于 a=a<<b
>>>=	a>>>=b	相当于 a=a>>>b

Java语言支持通过一个赋值语句为多个变量赋值,如例2.14所示。

【例2.14】 Example2_14.java

```
public class Example2_14 {
    public static void main(String[] args) {
        int a = 12, b = 2, c;
        a = b = c = 10;              //为a,b,c同时赋值10
        c += 2;
        System.out.println("a = " + a + ",b = " + b + ",c = " + c);
    }
}
```

运行结果:

a = 10,b = 10,c = 12

2.5.9 其他运算符

Java还提供了一些其他运算符,如new运算符创建对象或数组、instanceof实例运算符、()方法调用运算符、.分量运算符以及[]取数组元素运算符等,本书后续章节进行介绍,此处不再赘述。

2.6 语句和程序块

2.6.1 语句

语句(Statement)是程序中的基本执行单元,一般来说,在表达式后跟上分号(;)称为语句,语句可以分为以下三种。
- 声明语句。
- 表达式语句。
- 流程控制语句。

下面是语句使用的例子。

```
//声明语句
int rc = i++;
//表达式语句
j--;
//方法调用
System.out.println("执行++j之后,j = " + j);
```

2.6.2 程序块

一对花括号({})把0个或多个语句括起来组成的代码段称为程序块(Block),程序块在程序中广泛应用,特别是在控制语句中。下列代码中if和else后各有一个程序块。

```
if(x <= z){
    i = x * z;
}
else{
    i = y * z;
}
```

注意：如果一个程序块中只有一条语句时，{}可以省去。加上{}有以下优点。
- 条理清楚，便于阅读。
- 方便维护代码，程序不易出错。

2.7 流程控制语句

任何一种编程语言都支持三种流程控制结构：顺序结构、分支结构、循环结构。顺序结构执行程序时总是按照从上到下的顺序执行。顺序结构也是程序中最常见的一种流程控制结构，实质上，在分支语句和循环语句的语句块内也是以顺序结构方式执行的；分支结构是根据条件选择性地执行某一个或多个语句块，Java中有两种分支语句：if-else分支语句和switch-case分支语句；循环结构则是依据循环条件重复性地执行一个语句块，Java中的循环语句有for循环语句、while循环语句、do-while循环语句以及foreach循环语句。此外，Java中也提供了break、continue、return三个跳转语句，跳转语句用来实现程序执行过程中流程的转移。Java语言不支持goto语句。

2.7.1 if-else 语句

if-else 语句有以下三种形式。

第一种形式：

if(条件表达式)
    语句块;   //if 分支

第二种形式：

if(条件表达式)
    语句块;   //if 分支
else
    语句块;   //else 分支

第三种形式：

if(条件表达式)
    语句块;
else if(条件表达式)
    语句块;
else
    语句块;

在上面的三种形式中，if 后面的条件表达式必须放在()内，依据条件表达式的结果选择相应的语句块：如果条件表达式结果为 true，则选择 if 分支的语句块；如果为 false，则执行 else 分支的语句块（如果没有 else 分支，则退出 if-else 分支语句）。下面是 if-else 分支语句的例子，将百分制成绩转换为等级制成绩。

【例 2.15】 Example2_15.java

```
//导入 Scanner 类
import java.util.Scanner;
public class Example2_15 {
    public static void main(String[] args) {
```

```java
        int score = 0;
        char grade;
        //实例化一个 Scanner 对象实例
        Scanner scan = new Scanner(System.in);
        System.out.print("请输入成绩(分值范围 0 - 100): ");
        //使用 Scanner 的 nextInt()方法从键盘上接收一个整型数字,并赋给变量 score
        score = scan.nextInt();
        if(score >= 90) {                  //(1)
            grade = 'A';
        }
        else if(score >= 80) {             //(2)
            grade = 'B';
        }
        else if(score >= 70) {             //(3)
            grade = 'C';
        }
        else if(score >= 60) {             //(4)
            grade = 'D';
        }
        else {
            grade = 'E';
        }
        System.out.println(score + "的等级成绩为: " + grade);
    }
}
```

运行结果:

请输入成绩(分值范围 0 - 100): 87
87 的等级成绩为: B

分析上述程序,输入成绩后执行的顺序:首先判断条件表达式(1),如果为 true 执行该分支的程序块,否则判断条件表达式(2),如果为 true 执行该分支的程序块,否则判断条件表达式(3),依次类推,如果都没有符合条件的,则执行最后一个 else 分支程序块。

设计程序时,应考虑各分支的顺序,把最可能执行的分支放在最前面,执行概率最低的分支设置为 else 分支。仍以例 2.15 说明,学生的成绩一般呈正态分布,成绩在 90 分以上的学生是比较少的,而不及格的同学也比较少,成绩一般都分布在 70～89 分这个范围。例 2.15 执行时每次都要首先判断条件表达式(1),无疑增加了判断次数,可做如下改进。

【例 2.16】 Example2_16.java

```java
import java.util.Scanner;
public class Example2_16 {
    public static void main(String[] args) {
        int score = 0;
        char grade;
        //实例化一个 Scanner 对象实例
        Scanner scan = new Scanner(System.in);
        System.out.print("请输入成绩(分值范围 0 - 100): ");
        while (scan.hasNextInt()) {
            score = scan.nextInt();
            if (score >= 70 && score < 80) {
                grade = 'C';
```

```
            } else if (score >= 80 && score < 90) {
                grade = 'B';
            } else if (score >= 90) {
                grade = 'A';
            } else if (score >= 60 && score < 70) {
                grade = 'D';
            } else {
                grade = 'E';
            }
            System.out.println(score + "的等级成绩为: " + grade);
            System.out.print("请输入成绩(分值范围 0 - 100): ");
        }
    }
}
```

程序改进后,当判断一定规模的学生成绩时,总体执行效率将有所提升。这也给开发人员提出了要求:设计程序时,总应从全局考虑问题,在保证算法正确的前提下,不断优化算法,尽可能提升程序的性能,这对于大数据时代处理海量数据显得尤为重要。

注意:对于 if-else 分支语句来说,要注意以下几点。
- if-else 各分支语句按顺序执行,且根据条件只执行其中一个分支程序块;
- if-else 分支语句可以嵌套,要特别注意各层嵌套关系;
- 一般按执行概率高低依次设置分支,将执行概率最低的分支设置为 else 分支。

2.7.2 switch-case 语句

switch-case 语句由一个 switch 及表达式、若干 case 分支及 default 程序块组成。switch 语句后表达式的值可以是整型、字符型、String 类型和 enum 枚举类型。switch-case 语句的语法格式如下:

```
switch(表达式){
    case 标签 1:
        程序块 1
    case 标签 2:
        程序块 2
    ...
    case 标签 n:
        程序块 n
    default:
        程序块 n+1
}
```

switch-case 语句的执行顺序为:先求 switch 后的表达式,然后按照从上到下的顺序依次匹配 case 分支的标签值,如果与某个标签值相等,则执行该 case 分支的程序块。

【例 2.17】 Example2_17.java

```java
import java.util.Scanner;
public class Example2_17 {
    public static void main(String[] args) {
        String week = null;
        //实例化一个 Scanner 对象,System.in 代表标准输入(键盘)
        Scanner scanner = new Scanner(System.in);
```

```java
        System.out.println("输入星期: ");
        //从键盘上接受一行字符串
        week = scanner.nextLine();
        //switch 后表达式的值, 可以是 int,char 类型, 也可以是 String 类型
        switch (week){
            case "星期一":
                System.out.println("Monday");
                break;
            case "星期二":
                System.out.println("Tuesday");
                break;
            case "星期三":
                System.out.println("Wednesday");
                break;
            case "星期四":
                System.out.println("Thursday");
                break;
            case "星期五":
                System.out.println("Friday");
                break;
            case "星期六":
                System.out.println("Saturday");
                break;
            case "星期日":
                System.out.println("Sunday");
                break;
            default:
                System.out.println("请输入正确的星期");
        }
    }
}
```

运行结果：

输入星期:
星期五
Friday

执行 case 分支时，如果该分支有 break 语句，那么程序执行该 case 分支后将退出 switch 语句。如果某个 case 分支没有 break 语句，那么程序执行该 case 分支后继续执行后续分支，直至遇到 break 或 default 语句结束。开发人员可以灵活地运用 break 语句，使程序更加简洁。请看例 2.18，该例将一周中的七天分为工作日和休息日两类。

【例 2.18】 Example2_18.java

```java
public class Example2_18 {
    public static void main(String[] args) {
        String week = "";
        Scanner scanner = new Scanner(System.in);
        System.out.println("输入星期: ");
        week = scanner.nextLine();          //接收一行字符串
        switch (week){
            case "星期一":
            case "星期二":
            case "星期三":
```

```
            case "星期四":
            case "星期五":
                System.out.println("工作日");
                break;
            case "星期六":
            case "星期日":
                System.out.println("休息日");
                break;
            default:
                System.out.println("请输入正确的星期");
        }
    }
}
```

运行结果：

输入星期：
星期二
工作日

注意：

- switch 表达式的值可以为整型、字符型、字符串、enum 类型；
- case 分支的程序块要合理运用 break 语句；
- 注意标签的用法，标签命名遵循标识符的命名规则，且标签后面加要冒号(:)；
- 在 switch 语句内，每个 case 分支要么通过 break/return 终止，要么注释说明程序将继续执行到哪一个 case 分支为止；在一个 switch 语句内，都必须包含一个 default 语句并放在最后。

2.7.3 while 循环语句

循环语句一般包括4个要素：迭代变量、循环条件、循环体和迭代语句。循环条件成立时，执行循环体并且改变迭代变量值，直至迭代变量不满足循环条件而退出循环。如果循环条件永远成立，那么循环体将一直执行下去，成为死循环。

循环语句主要应用于重复性的计算工作，使用循环语句时要设计好以上4个环节：为迭代变量赋恰当的初始值和迭代量，定义循环条件，设计可重复执行的循环体。

while 循环语句的语法格式如下：

```
[迭代变量的初始化;]
while(循环条件){
    循环体;
    迭代语句;
}
```

while 循环的执行流程如图 2.17 所示。while 循环语句每次执行循环体之前先判断循环条件，如果为 true，执行一次循环体，然后再次判断循环条件，直至循环条件不成立，退出while 循环。如果 while 后的循环条件永远为 true，那么 while 循环语句将成为死循环。

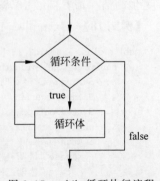

图 2.17 while 循环执行流程

【例 2.19】 Example2_19.java

```java
//用 while 循环求从 1 加到 100 的和
public class Example2_19 {
    public static void main(String[] args) {
        //初始化迭代变量
        int initValue = 1;
        int sum = 0;
        //循环条件
        while(initValue <= 100) {
            //循环体
            sum += initValue;
            //迭代语句
            initValue++;
        }
        System.out.println("1 + 2 + 3 + … + 100 = " + sum);
    }
}
```

运行结果：

1 + 2 + 3 + … + 100 = 5050

2.7.4 do-while 循环语句

do-while 循环语句的语法格式如下：

```
[迭代变量初始化]
do
{
    循环体;
    迭代语句;
}while(循环条件);
```

图 2.18 是 do-while 循环语句的执行流程。do-while 循环语句首先执行一次循环体，然后再判断循环条件，如果循环条件为 true 则继续执行循环体，如果为 false，则退出 do-while 循环语句。do-while 循环语句和 while 循环相似，在一定条件下可以相互转换。但是 do-while 循环语句无论循环条件是否成立，将至少执行一次循环体。

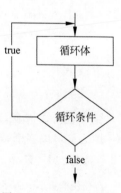

图 2.18 do-while 循环执行流程

【例 2.20】 Example2_20.java

```java
//用 do-while 循环语句实现求从 1 加到 100 的和
public class Example2_20 {
    public static void main(String[] args) {
        int initValue = 1;
        int sum = 0;
        //先使用 do 执行一次循环体,无论循环条件是否为 true
        do{
            sum += initValue;
            initValue++;
        }while(initValue <= 100);
        System.out.println("1 + 2 + 3 + … + 100 = " + sum);
    }
}
```

运行结果：

1 + 2 + 3 + … + 100 = 5050

2.7.5 for 循环语句

for 循环语句也是一种常用的循环语句，其语法格式为

```
for(迭代变量1初始化[,迭代变量2初始化,…];循环条件;迭代语句){
    循环体；
}
```

执行 for 循环语句时，先执行循环的迭代变量初始化，然后判断循环条件，如果循环条件为 true，则执行一次循环体和迭代语句；如果循环条件为 false，则退出 for 循环语句。如果 for 之后的括号内迭代变量初始化、循环条件和迭代语句全部省去，只保留两个分号(;)，那么将成为死循环。

for 循环语句还可以同时给多个迭代变量初始化，迭代变量初始化语句之间用逗号(,)隔开，执行时按照从左到右的顺序执行。下面利用 for 循环语句实现求从 1 加到 100 的和。

【例 2.21】 Example2_21.java

```java
//利用for循环语句实现求从1加到100的和
public class Example2_21 {
    public static void main(String[] args) {
        int sum = 0;
        //在for后括号内做3个工作：初始化迭代变量、设置循环条件、迭代语句
        for (int initVal = 0; initVal <= 100; initVal++) {
            sum += initVal;
        }
        System.out.println("1 + 2 + 3 + … + 100 = " + sum);
    }
}
```

运行结果：

1 + 2 + 3 + … + 100 = 5050

循环也可以嵌套，是指在一个循环语句的循环体中再定义一个循环语句。while、for、do-while 都可以嵌套，下面是使用嵌套 for 循环打印乘法口诀表的实例。

【例 2.22】 Example2_22.java

```java
//使用嵌套for循环打印乘法口诀表
public class Example2_22 {
    public static void main(String[] args) {
        //外层循环,打印9行
        for(int i = 1;i < 10; i++){
            //内层循环,注意循环条件的设置,内层循环控制每行的列数
            for(int j = 1; j <= i; j++){
                //打印
                System.out.print(i + "*" + j + "=" + i*j + "  ");
                //如果i==j,换行
                if(i == j){
                    System.out.print("\n");
                }
```

                }
            }
        }
    }

运行结果：

```
1*1=1
2*1=2    2*2=4
3*1=3    3*2=6    3*3=9
4*1=4    4*2=8    4*3=12   4*4=16
5*1=5    5*2=10   5*3=15   5*4=20   5*5=25
6*1=6    6*2=12   6*3=18   6*4=24   6*5=30   6*6=36
7*1=7    7*2=14   7*3=21   7*4=28   7*5=35   7*6=42   7*7=49
8*1=8    8*2=16   8*3=24   8*4=32   8*5=40   8*6=48   8*7=56   8*8=64
9*1=9    9*2=18   9*3=27   9*4=36   9*5=45   9*6=54   9*7=63   9*8=72   9*9=81
```

当执行嵌套循环时，如果外层循环的循环条件满足，则开始执行外层循环的循环体，实质上，外层的循环体就是整个内层循环。如果内层循环条件也满足，那么开始循环执行内层循环体，直至内层循环条件不满足，退出内层循环，此时外层循环成功地执行了一次循环。以此类推，外层循环的循环条件依然满足，则会像第一次一样执行，直至完成整个外层循环。由此可以得出一个结论：假设外层循环的循环次数为 m 次，内层循环的循环次数为 n 次，那么执行嵌套内循环总执行次数共有 $m \times n$ 次。

嵌套循环应用非常广泛，例如可以使用嵌套循环遍历一个二维数组。一般情况下，在访问一个二维对象时，往往需要用到嵌套循环。

2.7.6 break 语句

break 语句可以使程序从一个语句块内部或一个循环体中跳出，如利用 break 语句可以跳出 switch-case 分支语句。break 语句分为带标签和不带标签两种形式。break 语句的语法格式为

break [标签];

break 后如果省略标签，就是不带标签的形式。Java 标签由一个标识符并后跟一个英文冒号(:)组成，带标签的 break 语句使用在嵌套循环语句中。

【例 2.23】 Example2_23.java

```java
public class Example2_23 {
    public static void main(String[] args) {
        int i, j;
        //外层循环,并使用 outer 作为标签
        outer:
        for (int k = 0; k < 5; k++) {
            i = k + 2;
            j = 5 * i;
            //内层循环
            for (int m = 0; m < 5; m++) {
                if (j % 10 == 0) {
                    System.out.println("i=" + i + ",j=" + j);
                    //此时 break 语句跳出 outer 标签所在循环,即外层循环
                    break outer;
```

```
            }
          }
        }
        System.out.println("执行嵌套循环后才执行本行代码");
    }
}
```

运行结果：

i＝2,j＝10
执行嵌套循环后才执行本行代码

当程序执行由 outer 标签标识的外层循环时,k＝0,满足外层循环条件,执行外层循环的循环体,此时,i 等于 2,j 等于 10,成功执行内层循环,此时 if 语句的条件表达式成立,执行 if 语句,打印出 i 和 j 的值,并执行"break outer;"语句,该行代码使程序跳出 outer 标签所在循环即外层循环,执行程序的后续流程。

注意:
- break 语句用在循环语句时,可终止整个循环；
- 如使用带标签的 break 语句,标签必须在 break 所在循环的外层循环之前定义才有意义。

2.7.7　continue 语句

continue 语句只能用在循环语句中,且 continue 语句仅中止本次循环；如循环条件仍成立,接着还会执行下一次循环；而 break 语句则是终止整个循环语句。continue 语句的语法格式为

continue [标签];

其中,标签也是可以省略的,带标签的 continue 语句多用在嵌套循环语句中,而且标签应该定义在程序中外层循环语句的前面,用来标识这个循环结构,当执行带标签的 continue 语句时,会使程序的流程直接转入到标签标明的层次进行循环。

【例 2.24】　Example2_24.java

```java
public class Example2_24 {
    public static void main(String[] args) {
        int i, j;
        //外层循环,并使用 outer 作为标签
        outer:
        for (int k = 0; k < 5; k++) {
            i = k + 2;
            j = 5 * i;
            //内层循环
            for (int m = 0; m < 5; m++) {
                if (j % 10 == 0) {
                    System.out.println("i＝" + i + ",j＝" + j);
                    /*此时 continue 语句跳出 outer 标签所在循环,
                    即外层循环,但只是中止本次外层循环*/
                    continue outer;
                }
            }
```

```
            System.out.println("执行嵌套循环后才执行本行代码");
        }
    }
```

运行结果：

```
i = 2,j = 10
i = 4,j = 20
i = 6,j = 30
执行嵌套循环后才执行本行代码
```

本例程序与例 2.23 仅有一行代码不同，但是运行结果却大为不同。由此可以看出，"continue outer;"语句仅结束了外层循环的当次循环，然后又开始下一次循环。继续改进该例子，请读者留意运行结果的差别。

【例 2.25】 Example2_25.java

```java
public class Example2_25 {
    public static void main(String[] args) {
        int i, j;
        //外层循环
        for (int k = 0; k < 5; k++) {
            i = k + 2;
            j = 5 * i;
            //内层循环
            for (int m = 0; m < 5; m++) {
                if (j % 10 == 0) {
                    System.out.println("i = " + i + ",j = " + j);
                    /*此时continue语句跳出当前循环,即内层循环,
                      但只中止本次内层循环*/
                    continue;
                }
            }
        }
        System.out.println("执行嵌套循环后才执行本行代码");
    }
}
```

运行结果：

```
i = 2,j = 10
i = 2,j = 10
i = 2,j = 10
i = 2,j = 10
i = 2,j = 10
i = 4,j = 20
i = 4,j = 20
i = 4,j = 20
i = 4,j = 20
i = 4,j = 20
i = 6,j = 30
i = 6,j = 30
i = 6,j = 30
i = 6,j = 30
i = 6,j = 30
执行嵌套循环后才执行本行代码
```

2.7.8 return 语句

return 语句主要用在以下两种情形。
- 循环语句。结束循环所在方法的执行,此时省略 return 后的表达式。
- 方法。表明该方法结束并返回指定类型的结果。

return 语法格式为

return [表达式];

如果方法为 void 类型,return 语句可省略。return 负责将返回值送回到方法调用处。

【例 2.26】 Example2_26.java

```
//定义类方法 getArea(),求矩形面积
public class Example2_26 {
    public static void main(String[] args) {
        int width = 10;
        int length = 15;
        int area = 0;
        //调用 getArea(int x,int y)方法,返回值赋给 area
        area = getArea(width,length);
        System.out.println("矩形的长为: " + length + ",宽为: " +
                width + ",其面积为: " + area);
    }
    //定义类方法,并用 return 语句返回矩形的面积
    static int getArea(int x, int y) {
        return x * y;
    }
}
```

运行结果:

矩形的长为:15,宽为:10,其面积为:150

注意:return 与 continue、break 语句之间的区别:return 语句用在循环语句时,无论 return 语句位于嵌套循环哪一层,将直接终止整个循环所在方法的执行。

2.8 方法

方法(method)是一种代码封装的方式,利用方法可以重复调用一段代码,实现代码复用以提升开发效率。从面向对象的设计角度来看,方法是类的重要组成部分,它是对象行为的高度抽象,通过定义方法操作对象属性等数据,实现业务逻辑。

2.8.1 方法定义

方法必须在类内部定义,不能独立存在,定义方法的语法格式为

```
[修饰符] 返回值类型 方法名(参数类型 参数名1, 参数类型 参数名2, … ){
    执行语句
    …
    return [返回值];
}
```

对于方法的语法格式,说明如下。
- 修饰符:方法的修饰符比较多,如 public、static、abstract、final 等,不同修饰符表明该方法具有相应的特殊含义,注意有些修饰符是不能同时使用的,如 abstract 与 final;
- 返回值类型:用于限定方法返回值的数据类型;
- 参数类型:用于限定调用方法时传入参数的数据类型;
- 参数名:是一个变量,用于接收调用方法时传入的数据;
- 返回值:通过 return 将该值返回到方法的调用处,返回值的数据类型必须与声明的返回值类型一致,如果返回值类型为 void 类型,可以省略 return 语句。

下面通过一个实例说明方法的定义和调用。在该实例中,定义求矩形周长的方法。

【例 2.27】 Example2_27.java

```java
import java.util.Scanner;
/*
实现求序列和,输入两个正整数 a 和 n,求 a + aa + aaa + aa…a(n 个 a)的和。
例如,输入 2 和 3,输出 246(2 + 22 + 222)
*/
public class Example2_27 {
    public static void main(String[] args) {
        Scanner scanner = new Scanner(System.in);
        System.out.println("输入 a 和 n 的值: ");
        int a = scanner.nextInt();
        int n = scanner.nextInt();
        System.out.println(sum(a,n));
    }
    /**
     * 构造重叠数,
     * @param a 基数,如 2
     * @param n 重复次数,如 3
     * @return 重叠数,如 222
     */
    public static double getNumber(int a, int n){
        double number = 0;
        if(n >= 1){
            for (int i = 0; i < n; i++){
                number += a * Math.pow(10,i);
            }
        }
        else{
            System.out.println("输入的数据不规范!");
        }
        return number;
    }

    /**
     * 求和
     * @param a 基数,如 2
     * @param n 最大重复次数为 x,如 3
     * @return 重叠数序列的和,如 2 + 22 + 222 的和,结果为 246
     */
```

```java
        public static double sum(int a,int n){
            double sum = 0;
            for(int i = 1;i <= n;i++){
                sum += getNumber(a,i);
            }
            return sum;
        }
}
```

运行结果：

输入 a 和 n 的值：
2 3
246.0

本例定义 getNumber(int a,int n) 和 sum(int a,int n) 两个类方法。其中，getNumber() 方法的功能是构造一个基数为 a、位数为 n 的重叠数；而 sum() 方法则是累加基数为 a、最大长度为 n 的重叠数。

注意：static 修饰的方法称为类方法；没有使用 static 修饰的方法称为实例方法。两种方法在调用时有区别，为了便于方法调用，本章定义的方法仅限于类方法。

2.8.2 方法重载

在同一个类中，定义两个或以上的方法同名，但是这些方法的参数列表不相同，这种情形称为方法重载(overloading)。

注意：参数列表不同包括以下 3 种情形。
- 参数的数据类型不同；
- 参数的数量不同；
- 不同数据类型参数的顺序不同。

除上述情况之外，如参数名称不同、返回值类型不同，不是方法重载。

Java 编译器在编译时如何确定调用哪个方法呢？其依据是方法名和参数列表，针对重载方法，编译器依据参数的类型、顺序以及数量确定调用重载方法中的哪一个。例 2.28 是重载 add() 方法的例子。

【例 2.28】 Example2_28.java

```java
public class Example2_28 {
    /**
     * 求 a 和 b 的和
     * @param a   int 类型
     * @param b   int 类型
     */
    public static double add(int a, int b){
        return a + b;
    }
    /**
     * 重载 add() 方法
     * @param a double 类型
     * @param b double 类型
     */
```

```java
        public static double add(double a,double b){
            return a + b;
        }
        /**
         * 重载 add()方法
         * @param a int 类型
         * @param b double 类型
         */
        public static double add(int a,double b){
            return a + b;
        }
        /**
         * 重载 add()方法
         * @param a double 类型
         * @param b int 类型
         */
        public static double add(double a,int b){
            return a + b;
        }
        public static void main(String[] args) {
            int m = 3, n = 10;
            double x = 2.0, y = 8.0;
            //调用 add(int a,int b)方法
            System.out.println("add(m,n)的结果为:" + add(m,n));
            //调用 add(int a,double b)方法
            System.out.println("add(m,x)的结果为:" + add(m,x));
            //调用 add(double a,int b)方法
            System.out.println("add(y,n)的结果为:" + add(y,n));
            //调用 add(double a,double b)方法
            System.out.println("add(x,y)的结果为:" + add(x,y));
        }
    }
```

运行结果：

add(m,n)的结果为:13.0
add(m,x)的结果为:5.0
add(y,n)的结果为:18.0
add(x,y)的结果为:10.0

在本程序中,add()方法被重载了 4 次,且均有两个参数。主方法调用 add()方法时,究竟调用哪个 add()方法,主要取决于调用时实参的数据类型和顺序。具体而言,main()方法中 add(m,n)调用的是 add(int a,int b)方法；add(m,x)调用的是 add(int a,double b)方法；add(y,n)调用的是 add(double a,int b)方法；add(x,y)调用的是 add(double a,double b)方法。

Java 引入方法重载是实现多态机制的重要方式。我们从现实世界可以找到很多方法重载的例子,如两位同学见面寒暄,走,打球去！具体打什么球,这需要结合对话时的情境,若一位同学手里拿着篮球,那应该是打篮球。人类语言在不同语境下,同一词语具有不同含义；同理,Java 语言继承自然语言的精华,通过方法重载机制实现同名的方法完成相应行为。Java API 提供了大量的重载方法,如前面使用的 println()方法便是重载方法,println()方法的参数可以是字符、字符串、布尔值、整型等,无论 println()方法参数是什么类型,功能都是相

同的,即向控制台输出参数值。

注意:方法的返回值类型,以及方法修饰符不能作为区分方法重载的依据。例如,方法 public static void add(){}和 private static int add(){},若在同一个类中定义,编译器将直接报错。

2.8.3 递归方法

方法除了可以调用其他方法外,Java还支持方法直接或间接调用本身。这种方法称为递归方法。请看例2.29使用递归方法求数的阶乘。

【例2.29】 Example2_29.java

```java
import java.util.Scanner;
public class Example2_29 {
    /**
     * 求 n!
     * @param n int 类型
     * @return 返回 long 类型的整数
     */
    public static long getFactorial(int n) {
        if (n == 0 || n == 1)
            return 1L;
        if (n > 1)
            return n * getFactorial(n - 1);
        else
            return 0;
    }
    public static void main(String[] args) {
        //实例化一个 Scanner 对象实例 scan
        Scanner scan = new Scanner(System.in);
        System.out.print("请输入一个正整数: ");
        //利用 nextInt()方法获取从键盘输入的下一个 int 类型数值
        int n = scan.nextInt();
        //调用 getFactorial()方法,并将结果输出
        System.out.println(n + "!= " + getFactorial(n));
    }
}
```

运行结果:

请输入一个整数:5
5!= 120

本例的getFactorial()方法就是递归方法,其中,语句"return n * getFactorial(n-1);"就是调用自身方法。例如,在求5!时,首先求 5 * getFactorial(4),但是4!也未知,因此再求4!即 4 * getFactorial(3),以此类推,直到求1!,由于1!等于1,结果可知,因此再逆向求5!。

在使用递归方法时,当一个方法不断调用本身时,必须确定在某个状态下返回值是已知的。如求阶乘时0!和1!是递归结束条件,否则这种递归方法将成为无穷递归,相当于死循环。因此,在定义递归方法时,必须给递归方法设计一个出口点,让递归调用不断逼近出口点。

注意:递归是一种常用算法,在设计递归方法时,要注意以下两点。

- 给递归方法设计一个出口,即递归调用的结束条件,避免该方法成为无穷递归;
- 准确分析递归调用关系,合理利用递归达到求解目的。

2.9 数组

如果多个量（如矩阵）之间存在某种内在联系，使用多个变量表示它们则既麻烦又无法表示其内在联系。数组解决了数据批量表示和存储的问题，查找、排序等众多算法都是借助数组实现的。数组是一种引用数据类型，数组有两个重要特征：一是定长，二是数组中各元素的数据类型一致。数组分为一维数组和多维数组。

2.9.1 一维数组

一维数组的使用包括数组声明、初始化、访问三个过程。数组声明的语法格式如下：

数据类型[] 数组名;

例如，声明数据类型是 int 类型、名称为 data 的数组。

int[] data;

同时，Java 也支持类似 C/C++方式的数组声明：

int data[];

这种方式声明数组时，由于数组元素数量不确定，Java 此时并不会为数组的各元素分配空间。Java 在声明数组时仅在相应的栈内为这个引用变量分配空间。数组必须初始化才能使用，经过初始化 Java 才会真正地为数组的各元素分配内存空间。数组声明和初始化也可以同时进行，数组的初始化分为两种方式：静态初始化和动态初始化。

1. 静态初始化

静态初始化是在声明数组时直接对数组元素进行初始化，这种方式常用于定义数组元素数量有限的情况，其语法格式如下：

类型[] 数组名 = {元素 0,元素 1,元素 2,…};
类型[] 数组名 = new 类型[]{元素 0,元素 1,元素 2,…};

例如，使用静态初始化创建长度为 4（元素个数）的数组 data，长度为 2 的数组 greeting 和长度为 7 的数组 week。

```
//给一个 int 型数组静态初始化
int[] data = {1,2,3,4};
//给一个 String 类型的数组静态初始化
String greeting[] = {"Hello","World!"};
//另外一种静态初始化方式：
int week = new int[]{0,1,2,3,4,5,6};
```

静态初始化后，数组的长度也就确定了。例如，静态初始化时给数组 data 赋了 4 个值，那么数组的长度也为 4。

2. 动态初始化

数组也可使用 new 运算符动态地为数组各元素分配空间。对于基本数据类型的一维数组，动态初始化的语法格式如下：

数据类型[ ] 数组名 = new 数据类型[数组长度];

例如，声明一个 int 类型长度为 50 的数组 arr，并动态初始化。

```
int[] arr = new int[50];
```

或者

```
int arr[] = new int[50];
```

数组动态初始化时,Java 编译器在堆内存中开辟连续的存储空间以存储 arr 数组的 50 个元素,并为各元素赋 int 类型的默认值 0。对于引用类型数组的动态初始化,需要经过两步为元素分配内存空间,具体流程如下。

首先:

数据类型[] 数组名 = new 数据类型[数组长度];

然后:

数组名[0] = new 数据类型(参数列表);
…
数组名[数组长度 – 1] = new 数据类型(参数列表);

例如,使用下面的代码动态初始化一个字符串数组。

```
//定义一个 String 类型的数组 str
String str[];
//给数组 str 分配空间,初始化后每个元素值为 null
str = new String[3];
//为每个元素初始化
str[0] = new String("how");
str[1] = new String("are");
str[2] = new String("you");
```

2.9.2 数组常见操作

1. 数组访问与遍历

数组是一个容器,可以存储一定数量的数据。存储在数组中的每个元素都有一个编号,即下标。元素下标从 0 开始,最大值为数组长度 – 1。若要访问数组的元素,可以通过如下方式访问。

数组名[下标];

例如:

```
int[] data = {1,2,3,4,5};
data[0] = 50;
```

Java 数组提供了 length 属性,该属性表示数组的长度,即包含元素的个数。length 属性为遍历数组提供了极大便利。

【例 2.30】 Example2_30.java

```
public class Example2_30{
    public static void main(String[] args) {
        int a[] = {1,2,3,4,6,7,10};
        System.out.println(" ==== 使用 for 循环 ==== ");
        for(int i = 0;i < a.length;i++){
            System.out.print( a[i] + "   ");
        }
```

```
            System.out.println();
            System.out.println("==== 使用 foreach 循环 ====");
            for (int k: a) {
                System.out.print(k + "   ");
            }
        }
    }
```

运行结果：

```
==== 使用 for 循环 ====
1   2   3   4   6   7   10
==== 使用 foreach 循环 ====
1   2   3   4   6   7   10
```

例 2.30 提供了两种遍历数组的方法：for 循环和 foreach 循环。相对而言，foreach 语句遍历数组时更加简洁，其语法格式如下。

```
for (数据类型 迭代变量: 数组和集合对象){
    执行语句
}
```

仍以例 2.30 为例，foreach 循环的流程是先遍历数组 a，循环时依次将各元素的值赋给迭代变量 k，然后再输出 k 的值。

注意：尽管 foreach 语句遍历数组或集合时比较简洁，但 foreach 语句使用是有限制的。foreach 语句执行时只能依次访问数组或集合的各元素，但不能修改数组或集合的元素值。另外，foreach 语句只能遍历整个数组或集合，不能局部访问。

2. Arrays 工具类

java.util.Arrays 类包含一些类方法，用于数组的常用操作，如填充、复制、排序、查找等，表 2.15 列出 Arrays 类的主要方法。

表 2.15　java.util.Arrays 类的主要方法

方　法　名	说　　明
static int binarySearch(type[] a, type key)	使用该方法的前提条件是元素有序排列。二分法查找，返回一个有序数组 a 中值为 key 的索引值，如果 a 中未找到 key，则返回负值
static int binarySearch(type[] a, int from, int to, type key)	使用该方法的前提条件是元素有序排列。二分法查找，返回一个序数组 a 中指定范围内[from, to)值为 key 的索引值，如果未找到 key，则返回负值
static T[] copyOfRange(T[] original, int from, int to)	复制数组 original 指定范围内[from, to)的元素给新数组
static void fill(type a[], int from, int to, type val)	将数组 a 中指定范围内[from, to)的元素值填充为 val，注意包括 a[from]，但不包括 a[to]
static boolean equals(type a[], type a2[])	判断数组 a 与 a2 是否相等。数组相等的条件：两个数组的大小相等且每个对应元素也相等。如果两个数组均为 null，它们也是相等的
static void sort(type a[], int from, int to)	对数组 a 中指定索引范围[from, to)，包括 a[from]，但不包括 a[to] 内的元素值按升序排序
static String toString(type a[])	将数组 a 转换为字符串形式，如果参数 a 为 null，则返回 null

【例 2.31】 Example2_31.java

```java
//导入 java.util.Arrays
import java.util.Arrays;
public class Example2_31 {
    public static void main(String[] args) {
        //声明初始化数组 a
        int[] a = new int[]{12,2,63,4,59};
        //将数组 a 以字符串的形式输出：
        System.out.println("数组 a 的字符串形式为：" + Arrays.toString(a));
        //将数组 a 排序
        Arrays.sort(a);
        System.out.println("数组 a 排序后的字符串形式为：" + Arrays.toString(a));
        System.out.println("59 在数组 a 中索引值为：" + Arrays.binarySearch(a,59));
        //填充 a 中的各元素值为 100
        Arrays.fill(a, 100);
        System.out.println("数组 a 填充后的字符串形式为：" + Arrays.toString(a));
        //将数组 a 赋给数组 b,a 和 b 指向同一堆地址
        int[] b = a;
        System.out.println("数组 a 与 b 的是否相等" + Arrays.equals(a, b));
    }
}
```

运行结果：

数组 a 的字符串形式为：[12, 2, 63, 4, 59]
数组 a 排序后的字符串形式为：[2, 4, 12, 59, 63]
59 在数组 a 中索引值为：3
数组 a 填充后的字符串形式为：[100, 100, 100, 100, 100]
数组 a 与 b 的是否相等 true

2.9.3 多维数组

多维数组可以认为是数组的数组。例如，二维数组是特殊的一维数组，相当于二维数组的每行是一个元素，行元素又内嵌了一个数组。本节重点以二维数组为例说明多维数组的声明、访问和遍历。

二维数组的定义有多种方式，下面介绍几种常见的方式。

第一种方式：

数据类型　数组名[][] = **new** 数据类型[行数][列数];

例如，下面声明一个 2 行 3 列的 int 类型数组 arr。

int arr[][] = **new** int[2][3];

同时，Java 多维数组更加灵活，可以每行的列数不同。声明时可以不指定列数，但必须指定行数，举例如下：

int arr[][] = **new** int[2][];
arr[0] = new int[3];
arr[1] = new int[5];

在上述代码中，先是声明了一个 2 行的二维数组，但每行的长度未指定，接下来的两行代码，分别指定第 0 行长度为 3，第 1 行长度为 5。执行上述 3 行代码，该数组所有元素的值

均为0,其结构如图2.19所示。

图2.19 二维数组 arr[2][]

第二种方式：

数据类型 数组名[][] = {{第0行初始值},{第1行初始值},…,{第n行初始值}};

第二种方式在声明的同时直接为数组赋初始值,每行元素使用"{}"包括,同理,每行的长度也可以不相等。下面的代码是一个声明并初始化了的3行数组,其结构如图2.20所示。

int arr[][] = {{81,72,93},{64,55,96,87,78},{79,100}};

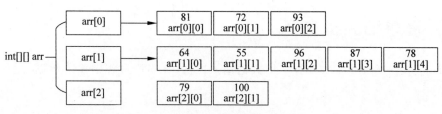

图2.20 二维数组 arr[3][]

下面通过一个完整的案例演示二维数据的声明、遍历和访问。假定有3个学习兴趣小组,每组人数不定,需要设计一个二维数组存储每人的成绩,并求每个小组的平均分。

【例2.32】 Example2_32.java

```java
public class Example2_32 {
    public static void main(String[] args) {
        //声明二维数组
        int[][] arr = {{81, 72, 93}, {64, 55, 96, 87, 78}, {79, 100}};
        //遍历数组,并求各行的平均值
        for (int i = 0; i < arr.length; i++) {
            int sum = 0;
            for (int j = 0; j < arr[i].length; j++) {
                sum += arr[i][j];
            }
            double average = 0;
            average = (sum / 1.0) / arr[i].length;
            System.out.println("第" + i + "组的平均成绩为：" + average);
        }
        System.out.println("====================");
        //使用foreach语句遍历二维数组
        int i = 0;
        //遍历行
        for (int[] temp : arr) {
            int sum = 0;
            //遍历列
            for (int k : temp) {
                sum += k;
```

```
            }
            double average = 0;
            average = (sum / 1.0) / temp.length;
            System.out.println("第" + i++ + "组的平均成绩为:" + average);
        }
    }
}
```

运行结果:

第0组的平均成绩为: 82.0
第1组的平均成绩为: 76.0
第2组的平均成绩为: 89.5
====================
第0组的平均成绩为: 82.0
第1组的平均成绩为: 76.0
第2组的平均成绩为: 89.5

2.10 简单的人机交互

本节将介绍Java开发中几种常用数据输入方法,在程序过程中输入数据,达到人机交互的目的。

2.10.1 Scanner类

java.util包提供了Scanner类,Scanner类是一个简单的文本扫描器,可以使用正则表达式解析基本类型和字符串。Scanner类使用分隔符模式将其输入分解为标记,默认情况下,该分隔符模式与空白符匹配。Scanner类提供的常见方法见表2.16。

表2.16 Scanner类的常见方法

方法名	作用
hasNext()	判断是否输入结束,返回值为boolean型
hasNextXXX()	获取输入信息的下一个标记可以解释为指定数据类型的数值,返回值为boolean型
useDelimiter()	将Scanner类的分隔模式设置为指定模式

注:其中,XXX代表某一种基本数据类型,如int、float等。

实例化Scanner对象的方式如下:

```
Scanner scanner = new Scanner(System.in);
```

其中,参数System.in表示标准输入,即从键盘输入。下面利用Scanner类从键盘上输入矩形的长和宽,并计算矩形的面积。

【例2.33】 Example2_33.java

```
//从键盘上接收两个整数作为矩形的长和宽,并求矩形面积
import java.util.Scanner;
public class Example2_33 {
    public static void main(String[] args) {
        int width, length, area;
        //实例化一个Scanner对象实例scan
        Scanner scan = new Scanner(System.in);
```

```
        System.out.print("请输入宽: ");
        //利用 nextInt()方法获取从键盘输入的下一个 int 类型数值
        width = scan.nextInt();
        System.out.print("请输入长: ");
        length = scan.nextInt();
        //调用类方法 getArea(),并将返回值赋给 area
        area = getArea(width, length);
        System.out.println("矩形的长为: " + length + ",宽为: " +
            width + ",面积为: " + area);
    }
    static int getArea(int x, int y) {
        return x * y;
    }
}
```

运行结果：

请输入宽: 25
请输入长: 86
矩形的长为: 86,宽为: 25,面积为: 2150

2.10.2 BufferedReader 类

BufferedReader 类是 Java I/O 流中提供的一个字符流，它可以是一个缓冲字符流对象，从键盘上接收数据。实例化一个 BufferedReader 对象方式如下。

```
BufferedReader br = new BufferedReader(new InputStreamReader(System.in));
```

BufferedReader 的 readLine()方法可以逐行读取键盘输入的字符串，利用包装类再将字符串转换为程序中需要的数据类型。修改例 2.33，利用 BufferedReader 类获取矩形的长和宽，并求矩形的面积。

【例 2.34】 Example2_34.java

```
//利用 BufferedReader 类从键盘上接收两个字符串,求矩形的面积
//导入相关类
import java.io.BufferedReader;
import java.io.IOException;
import java.io.InputStreamReader;
public class Example2_34 {
    public static void main(String[] args) {
        String x = null, y = null;
        int width, length, area;
        //使用 try-catch 语句捕获异常
        try {
            //实例化 BufferedReader 类
            BufferedReader br = new
                BufferedReader(new InputStreamReader(System.in));
            System.out.println("请输入长: ");
            //从键盘上读取一行字符串,赋给 x
            x = br.readLine();
            System.out.println("请输入宽: ");
            y = br.readLine();
        } catch (IOException ioe) { }
        //将字符串 x,y 类型转换后赋给 width,length
```

```
            width = Integer.parseInt(x);
            length = Integer.parseInt(y);
            area = getArea(width, length);
            System.out.println("矩形的长为：" + length + ",宽为：" + 
                    width + ",面积为：" + area);
    }
    //定义类方法,求矩形的面积
    static int getArea(int x, int y) {
        return x * y;
    }
}
```

运行结果：

请输入长：
68
请输入宽：
26
矩形的长为：26,宽为：68,面积为：1768

2.10.3 main()方法

main()方法是程序的入口点,main()方法提供了一个字符串类型的数组参数 args,main()方法由 Java 虚拟机调用,并为形参 args 赋值。Java 程序运行时,若为 main()方法的参数传值,其格式如下。

java 程序名 参数 1 参数 2 … 参数 n

下面是一个利用 main()方法的 args 参数求矩形面积的例子。

【例 2.35】 Example2_35.java

```
//通过 main()方法的 args 参数,向程序中传入数据,求矩形的面积
public class Example2_35 {
    public static void main(String[] args) {
        int width, length;
        int area = 0;
        //取得字符串数组 args 的第 1 个元素的值,并转换为 int 类型赋给 width
        width = Integer.parseInt(args[0]);
        //取得字符串数组 args 的第 2 个元素的值,并转换为 int 类型赋给 length
        length = Integer.parseInt(args[1]);
        area = getArea(width, length);
        System.out.println("矩形的长为：" + length + ",宽为：" + 
                width + ",面积为：" + area);
    }
    //定义方法,求矩形的面积
    static int getArea(int x, int y) {
        return x * y;
    }
}
```

运行本程序时,需要加上命令行参数,用 java 命令执行时,参数之间使用空格符隔开,见图 2.21。

```
PS D:\> java Example2_35 20 60
矩形的长为：60,宽为：20,面积为：1200
PS D:\>
```

图 2.21 执行带参数的 Java 程序

如果使用 IDEA 执行 main() 方法包含参数的程序时,需要在如图 2.22 所示的 Edit Run Configuration 对话框中的 Program arguments 项内输入参数值,多个参数值之间使用空格隔开。

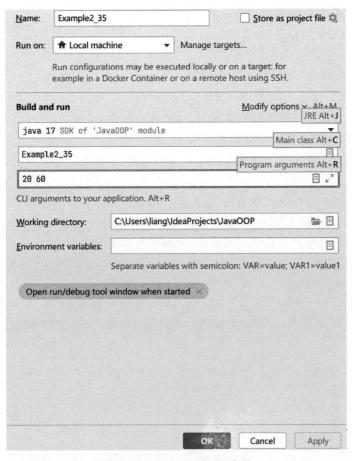

图 2.22　IDEA 设置运行参数

2.10.4　思政与拓展:代码规范

养成良好的代码书写习惯有助于提升代码的可读性,提升团队工作效率。基本的代码书写规范包括命名标识符,合理使用注释,良好的代码风格。

(1) 命名规则。
- 推荐使用驼峰命名法,使用可以准确说明变量、常量、类、接口、包等完整的英文描述符;采用大小写混合,提高名字的可读性。
- 采用该领域的术语;尽量少用缩写,如果一定要使用,应当使用公共缩写和习惯缩写等。
- 杜绝使用拼音、英文等方式混合命名。
- 避免使用相似或者仅在大小写上有区别的名字;除局部循环变量外,其他变量严禁使用单字符命名。
- 包名一律小写,不得将类直接定义在基本包下。

(2) 书写习惯。
- 每个源文件需注释版权声明、版本号、开发者姓名、功能描述以及创建、修改记录等。
- if、for、do、while 等语句的执行部分无论多少都要加括号"{}"。
- 尽量避免在循环中构造和释放对象。
- 使用局部变量的过程,按就近原则处理。不允许定义一个局部变量后在很远的地方才使用。
- 相同的功能不允许复制成 N 份代码。

(3) 代码风格。
- 缩进:程序块要采用缩进格式编写,方法体的开始、类的定义,以及 if、for、do、while、switch、case 语句的代码块都要采用缩进格式。
- 对齐:程序块的分界符左花括号"{"可与前述代码共占一行,右花括号"}"另起一行;一行只写一条语句。
- 换行:建议一行代码长度超过 80 个字符时就要换行。换行规则如下:在某个操作符前面断开,且新行要有缩进。
- 间隔:双目操作符前后建议加空格,单目操作符前后不加空格。
- 空白行:不同方法、程序块或相对独立的代码之间,可加空白行以提升可读性。

(4) 注释。
- 类、类属性、类方法的注释必须符合 javadoc 文档注释规范。
- 抽象方法要用 javadoc 文档注释,除了返回值、参数、异常说明外,还必须指出该方法的功能。
- 代码修改的同时,注释也要进行相应的修改,尤其是参数、返回值、异常、核心逻辑等的修改。
- 程序块内部的单行注释应另起一行放在被注释语句上方;多行注释就与代码对齐。

小结

　　本章介绍 Java 语言的基础语法:Java 语言的 3 种注释语法,特别是文档注释的各种标记以及使用 javadoc 命令生成帮助文档。标识符、常量和变量、数据类型等是 Java 语法的基石。Java 的数据类型包括基本数据类型和引用数据类型。数据类型转换包括自动类型转换、强制类型转换和包装类转换。Java 运算符按操作数个数分为 3 种:单目运算符、双目运算符和三目运算符,运算符要注意优先级和结合方向。表达式由操作数和运算符等组成,是程序组成的基本单元。控制结构分为顺序结构、分支结构和循环结构。Java 还提供了 3 种跳转语句:break 语句、continue 语句、return 语句。方法是实现代码复用和模块化程序设计的重要方式,也是算法实现的载体。Java 的数组使用更加灵活,通过 foreach 可以更快捷地遍历数组等对象。

第3章 面向对象基础

Java 是面向对象的程序设计语言,Java 提供了定义类、定义属性和方法等一些基本的功能,也提供了继承、多态、方法重载和访问控制等面向对象语言的其他特征,本章主要介绍用 Java 定义类和创建对象等基础知识。

本章要点

- 类和对象;
- 定义 Java 类;
- 创建对象;
- 成员变量;
- 构造方法;
- this 关键字;
- static 关键字;
- 访问控制;
- 对象清理。

3.1 类和对象

计算机科学中引入面向对象的程序设计方法,其思想是以模仿人类思考问题的方法解决现实问题,从现实世界中客观存在的对象出发来构建软件系统,将软件要解决的问题高度抽象化,并用相应的计算机语言去描述该问题的解决方法。

传统以 C 语言为代表的面向过程编程语言,数据和对数据的操作是分离的;而 Java 作为面向对象的程序设计语言,是用对象(Object,也称为实例,Instance)把数据和对数据的操作组合起来封装成一个整体,且抽象为类(Class)表示。类是对现实世界客观存在事物的一种统一的概括性描述。面向对象与面向过程的对比如表 3.1 所示。

表 3.1 面向对象与面向过程的对比

	面向对象	面向过程
核心思想	分门别类,高度归纳	自顶向下,逐步求精
操作方式	数据与其操作封装为一体	数据与对数据的操作分离

续表

	面向对象	面向过程
优势	可维护性好,耦合度低	模块化实现,效率高
缺点	开销大,性能较低	扩展性差,后期维护成本高

从面向对象的思想来讲,软件建模时首先要考虑问题涉及的对象以及它们之间的关系。例如,图书管理系统如果使用面向对象方法来解决,需要将图书管理分为以下四类对象。

(1) 图书:描述图书信息及其行为。

(2) 读者:描述读者信息及其行为。

(3) 管理员:描述管理员信息及其行为。

(4) 借还书规则:负责图书管理中的借还书规则设置等。

然后,对这些对象具有哪些性质和行为,通过使用面向对象的编程语言定义为类的方式进行抽象化描述。类中的数据称为对象的属性(Field),代表对象所具有的性质或者存在的状态,使用变量来表示。对数据的操作(即行为)称为类的方法(Method)。总而言之,类是对现实世界中的某种事物高度抽象化的描述,借助于面向对象程序语言(如 Java)的载体进行表示与实现。

为什么要使用类呢?原因在于采用简单数据类型表示现实世界一些概念存在局限性。例如,采用 int 类型数据表示一个日期概念,需要使用 3 个变量:

int day, month, year;

如果要表示 2 个人的生日,就要使用 6 个变量,如果描述更多人,那么将需要声明更多变量;并且在使用中必须时刻注意三者的联系和约束关系,同时在使用日期概念时要同时对三个变量进行访问。而使用类可以把现实问题中的对象映射为程序中的一个整体,那么像日期概念这种类似的问题就迎刃而解了。

注意:类和对象的关系可以理解成抽象和具体的关系。类是对现实世界中客观事物的高度抽象化描述,重点描述该类事物具有的属性和行为。一旦定义类,相当于工程项目多了一种引用数据类型。对象是按照类描述的规范生成的具体实例,对象是客观世界中具有唯一标识的逻辑单元,具有唯一性;一旦实例化一个对象,就会在内存的堆中分配相应的空间存储该对象,并且该对象具有一个唯一的 ID,用于区分其他对象。对象的思维导图如图 3.1 所示。

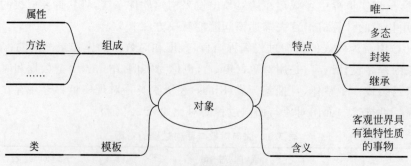

图 3.1 对象的思维导图

3.2 定义 Java 类

Java 中类的定义使用 class 关键字来实现。Java 中的类包括两部分：类首说明和类体。类定义的语法格式：

```
[修饰符] class 类名 [extends 父类名   implements 接口名1,接口名2,…]{
            声明属性；
            声明方法；
            声明构造方法；
}
```

定义类时需要注意以下几点。

- 修饰符。定义类时可使用修饰符限定,表示该类具有特定的含义,如当修饰符为 abstract 时,表示该类为抽象类,抽象类不能直接实例化对象,它只能被继承。注意有些修饰符不能同时使用,如 abstract 和 final 是相互矛盾的,这两个关键字不能同时修饰一个类。定义类时也可省略修饰符。
- 类名的命名遵循标识符的命名规则,推荐使用驼峰法命名类。类名后面还可以使用 extends 关键字继承一个父类(注意,只能继承一个父类),也可以使用 implements 关键字实现一个或多个接口,当然 extends 和 implements 可以同时使用,也可以都不使用。
- 类体可以由五种成员组成：属性、方法、构造方法、程序块以及内部类,这些成员可以是 0 个或多个。

1. 属性

类的属性也称为成员变量(Member Variables),声明属性的格式和声明变量的格式基本一致。下面是声明属性的格式：

```
[修饰符] 数据类型 属性名 = [值];
```

声明属性时需要注意以下几点。

- 修饰符可以是 public、private、protected、final、static,也可以省略。同理,public、private、protected 不能同时使用,但可以与 final、static 结合使用。若 final 修饰属性时,表明该属性相当于一个常量,其值不能改变；若 static 修饰属性时,该属性又称为类变量。
- 数据类型可以是基本数据类型,也可以是引用数据类型。
- 定义属性时可以直接赋值,如未赋值,实例化时编译器根据该属性的数据类型赋给它一个默认值。

请看一个声明属性的代码段：

```
public static final double PI = 3.1415926;
```

上述代码声明一个成员变量 PI,其中,public、static 和 final 为修饰词,double 指明该成员变量的数据类型为 double 类型。

注意：在面向对象的程序设计中,使用"属性"一词表达了对象的特征,在定义 Java 类时,属性基于成员变量来实现,成员变量的值表示该属性的状态。一般情况下,属性和成员变量两个概念是等价的。

2. 方法

方法在类中是描述行为的重要载体,是为完成对数据的操作而组合在一起的语句组。可以重复调用定义的方法,提升了编程效率。第 2 章已经介绍了定义方法的语法格式,此处不再赘述。

【例 3.1】 Student.java

```
public class Student {
    //声明成员变量 name,age,gender
    String name;
    int age;
    String gender;
    //定义方法
    public void info(){
        System.out.println("Name:" + name + ", Age:" +
            age + ", Gender:" + gender);
    }
}
```

例 3.1 定义了学生类 Student,该类包括 3 个成员变量 name、age 和 gender,以及 1 个方法 info()。Student 类描述了学生这一类群体的基本特征。

注意:定义 Java 类时,类体中只能包括以下五种成员。

- 成员变量;
- 方法;
- 构造方法;
- 程序块;
- 内部类。

3.3 创建对象

3.3.1 创建对象概述

定义一个类,就像制定了一个产品规范,如中国的瓶装饮用纯净水卫生标准是 GB/T 17324—2003,那么瓶装饮用水厂商就必须按照此标准或规范生产饮用水。同样,在项目中定义了一个 Java 类,编译器将按照类的定义规范去实例化相应对象,该过程称为对象的创建。

Java 使用 new 运算符实例化对象,具体的格式如下。

类名 实例名称 = new 构造方法([参数]);

其中,实例名称表示实例化后的对象,实例名称遵循标识符的命名规范;new 运算符调用类的构造方法,如下代码创建一个 Student 类的实例 liming。

```
Student liming;
liming = new Student();
//上述两行代码等价于 Student liming = new Student();
```

上述代码首先声明一个 Student 类型的变量 liming,此时系统为变量 liming 在栈内存中分配空间。使用 new 运算符调用构造方法 Student()，从而创建 Student 的实例对象 liming，并把该对象放在堆内存，为成员变量 name、age 和 gender 分配空间。变量 liming 并不存储该对象的数据，仅存储堆内存地址，与 C/C++中的指针类似，栈内存中 liming 指向堆内存地址，显而易见，变量 liming 为引用类型。此时的内存状态如图 3.2 所示。

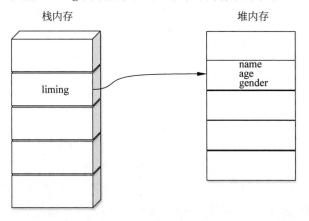

图 3.2　对象的内存状态

注意：Java 中堆和栈的区别如下。

栈与堆都是内存用于存放数据的区域。Java 自动管理栈和堆，程序开发人员不能直接设置栈或堆。堆是一个运行时数据区，类的对象在堆中分配空间，这些对象通过 new 运算符创建，并由 Java 垃圾回收器负责管理。堆的优势在于可以动态地分配内存大小，生存期也不必事先告诉编译器。缺点是要在运行时动态分配内存，存取速度较慢。

栈的优势在于存取速度比堆快，仅次于寄存器，栈数据可以共享。缺点是存在栈中的数据大小与生存期必须是确定的，缺乏灵活性。栈中主要存放一些基本数据类型的变量和对象句柄。

3.3.2　访问成员

对象创建之后，可以使用点(.)运算符访问对象的成员变量和方法。语法格式如下：

对象.成员变量|方法

但是，如果使用 static 关键字修饰成员变量或方法时，其语法格式如下：

类名.类变量|类方法

例如，要访问对象 liming 的成员变量 name，可以用下面的代码实现：

```
//为对象 liming 的成员变量 name 赋值
liming.name = "Li Ming";
//调用对象 liming 的 info()方法
liming.info();
```

需要注意的是，用 static 修饰的成员变量称为类变量，相应的方法称为类方法(Class Method)。可以用类名来调用，也可以通过实例来调用；而没有 static 修饰的成员变量和方法称为实例变量和实例方法，只能用对象调用。

注意：为什么可以使用类名访问类变量和类方法？原因在于类变量和类方法属于类所

有,该类的所有对象共享使用类变量和类方法;而实例变量和实例方法属于特定对象所有,该类创建的各对象之间实例变量和实例方法是相互独立的,因此只能通过对象来访问。

综上所述,类是对现实世界中某种事物的高度抽象法描述,通过使用成员变量表示该类事物的特征,使用方法描述该类事物具有的行为。类是使用程序语言的方式制定了一种事物规范,以便重复性地按照这种规范创建对象。单纯地定义一个类而不去实例化,是没有任何意义的,从这个方面讲,对象复用是面向对象的程序设计的优势之一。

3.4 成员变量

3.4.1 变量及其分类

成员变量是类的重要组成部分之一。成员变量直接在类体中声明,其作用范围为整个类。除此之外,程序块内声明的变量、方法形参等称为局部变量。局部变量和成员变量的区别在于作用域的范围不同,成员变量的作用域为整个类,而局部变量作用域只在声明的程序块内有效,一般局部变量的作用域由花括号({})组成的程序块区域决定。

按照变量作用域将Java变量进行分类,如图3.3所示。

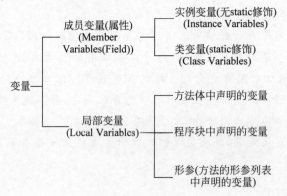

图3.3 变量分类

注意:如无特殊说明,对下面的几组术语本书认为是等价的,不作区分:实例与对象,成员变量与属性,创建对象与实例化对象。

成员变量包括两种:实例变量和类变量。二者的区别如下:

- 从修饰符讲,实例变量无 static 修饰,而类变量则需要 static 修饰;
- 从生存期讲,实例变量的生存期从执行 new 运算后创建对象开始存在,直到 Java 垃圾回收器销毁这个对象结束,实例变量的生存期与对象的生存期一致;类变量的生存期从定义类开始存在,直到该类所在的程序停止执行为止,很明显,类变量的生存期要大于或等于实例变量的生存期。
- 从访问方式讲,实例变量属于相应的实例,只能通过"实例名.实例变量"的方式来访问,而类变量面向该类所有的对象共享使用,访问时使用"类名.类变量"或"实例名.类变量"两种方式访问。在类方法中,不能直接访问该类的实例变量,而类变量则不受限制。

注意:所谓类方法(Class Method)和实例方法形式上的区别是类方法有 static 修饰,类方法的访问方式和类变量一样,可以使用"实例名.类方法"和"类名.类方法"两种访问方式。

在方法、构造方法或者程序块中声明的变量称为局部变量,局部变量的声明和初始化都是在方法等相应的花括号({})内。其作用域也在这对花括号内,花括号执行结束后,局部变量就会自动销毁。

局部变量在声明的同时需要显式地为该变量初始化,但成员变量声明时如未赋值,则程序编译时根据变量类型会赋给它一个默认值。下面是一个有关成员变量和局部变量使用的例子。

【例 3.2】 Example3_02.java

```java
public class Example3_02 {
    //声明类变量 a
    static int a;
    public static void main(String[] args) {
        //声明局部变量 b,注意 b 并未显式赋值!
        int b;
        //在 for 循环语句中声明局部变量 i,并显式赋值
        for (int i = 0; i < 3; i++) {
            //尽管变量 a 未显式赋值,赋给 a 默认值
            System.out.println("a = " + a);
            //下行代码错误,错误原因在于 b 未显式赋值,需要给变量 b 赋值
            //System.out.println("b = " + b);
        }
        //下行代码错误,超出了声明变量 i 的作用域
        //System.out.println("i = " + i);
    }
}
```

在例 3.2 程序中声明 3 个变量,其中,a 是类变量,作用域最大,在整个类范围内有效;b 和 i 是局部变量,变量 b 的作用域为 main()方法范围内有效,而变量 i 的作用域最小,只在 for 循环语句块范围内有效。同时,若成员变量没有显式赋值,则取该成员变量数据类型的默认值,如 int 类型为 0,double 类型为 0.0,引用数据类型为 null 等。因此,例 3.2 是有错误的,请读者尝试改正本例中的错误。

3.4.2 成员变量和局部变量的区别

成员变量和局部变量有很大的区别,具体有以下 3 点。
- 作用域:成员变量的作用域较局部变量的作用域更大,成员变量作用于整个类、局部变量仅在声明的范围内有效;成员变量的生存期也相对来说较长一些。
- 变量的初始值:成员变量可以显式地赋值,如未赋值,则编译取它的默认值。但是局部变量必须显式地赋值后才能访问。
- 存储位置:成员变量中的实例变量存储在堆内存中,由 Java 垃圾回收机制回收其占用的空间。局部变量和类变量存储在栈内存,随着程序块运行结束而释放空间。

3.4.3 变量选择标准

在实际开发过程中,选择何种情况下声明为实例变量,何时又使用类变量,何种情况下又声明为局部变量呢?如果在程序中选取变量类型不适当,将会导致变量的作用域扩大,造

成变量命名冲突,不利于程序的内聚;另外,还会导致变量的生存期无意识地扩展,浪费内存空间,甚至导致系统崩溃。

请看对例 3.2 改进后的 3 个程序。

【例 3.3】 Example3_03.java

```java
public class Example3_03 {
    //声明类变量 a
    static int a;
    public static void main(String[] args) {
        //在 while 循环语句中使用 a 为迭代变量
        for (a = 0; a < 5; a++) {
            System.out.println("a = " + a);
            a++;
        }
        //对 a 再加 2
        a = a + 2;
        System.out.println("最后: a = " + a);
    }
}
```

运行结果:

a = 0
a = 2
a = 4
最后: a = 8

【例 3.4】 Example3_04.java

```java
public class Example3_04 {
    //声明类变量 a,但在整个程序中并没有用到 a,建议注释下行代码
    static int a;
    public static void main(String[] args) {
        int b = 0;
        //在 while 循环语句中使用 b 为迭代变量
        for (b = 0; b < 5; b++) {
            System.out.println("b = " + b);
            b++;
        }
        //对 b 加 2
        b = b + 2;
        System.out.println("最后: b = " + b);
    }
}
```

运行结果:

b = 0
b = 2
b = 4
最后: b = 8

【例 3.5】 Example3_05.java

```java
public class Example3_05 {
    //声明类变量 a,但在整个程序中并没有用到 a,建议注释下行代码
```

```
        static int a;
        public static void main(String[] args) {
            //声明类变量 b,但在整个程序中并没有用到 b,建议注释下行代码
            int b = 0;
            //在 while 循环语句中使用 i 为迭代变量
            for (int i = 0; i < 5; i++) {
                System.out.println("i = " + i);
                i++;
            }
            //下面这两行将无法执行,因为超出了 i 的作用域
            //    i = i + 2;
            //    System.out.println("最后: i = " + i);
        }
    }
```

运行结果：

```
i = 0
i = 2
i = 4
```

对比这 3 个程序：例 3.3 使用类变量作为迭代变量,例 3.4 使用 main()方法中声明的局部变量作为迭代变量,例 3.5 使用 for 循环语句中声明局部变量作为迭代变量。它们基本上都可以完成程序的循环语句,但又有所不同,针对这 3 个程序而言,例 3.4 是较好的选择,因为例 3.3 无疑扩大了迭代变量的作用域和生存期,增加内存开销,而例 3.5 则过度缩小变量 i 的生存期,从而 main()方法范围内无法对 i 进行操作。

针对变量作用域,总结以下几点。

- 能用局部变量实现,应尽量避免使用成员变量。尽可能地减小变量的生存期,以节省内存开销。
- 对于局部变量,在不影响功能的情形下,要尽可能缩小变量的作用域。
- 声明成员变量时,选择使用类变量还是实例变量,主要考虑该类的实例是否共享该变量值,如果多个实例共享使用该变量,那么应声明为类变量；如果该变量为实例独立使用,那么应声明为实例变量。

3.5 再论方法

方法是对行为的抽象化描述,它是类的重要组成部分。方法必须定义在类体内部,不能独立地存在。定义方法时应从以下几方面考虑。

- 方法的功能。方法是操纵数据的主要方式,除了从系统责任、问题域等方面重点考虑,还要分析对象的状态及追踪服务的执行路线等方面研究,从而确定如何定义方法。
- 考虑方法的类型。一般应从系统行为和对象自身的行为两方面考虑,研究对象的状态和转换图,确定方法的类型。
- 方法的必要性。定义方法要检查是否真正有用,以及方法的可见性如何设定,方法是否具有较强的内聚性,否则应调整类的方法,使代码保持简洁、安全、高效。

方法可以分为两种类型：实例方法和类方法。使用 static 修饰的方法称为类方法；反

之没有使用 static 修饰的方法称为实例方法。方法调用时应注意以下几点。
- 访问类方法时,可以用"类名.方法名(参数列表)"方式访问,不需要实例化对象就可以访问类方法。
- 类方法不能直接访问类的实例方法和实例变量。由于类方法无须实例化即可访问,而实例变量则必须实例化之后才分配堆内存,因此类方法不能直接访问实例方法和实例变量。
- 访问实例方法时,必须先实例化对象,然后通过"对象名.实例方法(参数列表)"的方式调用该实例方法。

【例 3.6】 Example3_06.java

```java
public class Example3_06 {
    public static void main(String[] args) {
        Circle circle = new Circle(6.0);
        //实例名.类方法名访问类方法
        System.out.println("实例名.类方法名访问类方法,半径为6.0的圆周长为:" +
            circle.getCircumference(6.0));
        //类名.类方法名访问类方法
        System.out.println("类名.类方法名访问类方法,半径为6.0的圆周长为:" +
            Circle.getCircumference(6.0));
        //实例名.实例方法
        System.out.println("半径为6.0的圆面积为:" + circle.getArea());
        //下行代码错误
        //Circle.getArea();
    }
}

class Circle {
    //声明成员变量 radius
    private double radius;
    //声明类变量 PI,并赋初始值
    public static final double PI = 3.1415926;

    /**
     * 该方法求圆的面积
     * 方法的修饰符为 public,static; 返回值为 double 类型
     *
     * @return 返回值为 double 类型
     */
    public double getArea() {
        //返回表达式 length * width 的值
        return PI * radius * radius;
    }

    /**
     * 求圆周的面积
     *
     * @param r 半径
     * @return double 类型,返回圆的周长
     */
    public static double getCircumference(double r) {
        //下面这行代码错误,类方法不能直接访问实例变量 radius
        //return 2 * PI * radius;
```

```
        //下面这行可以执行
        return 2 * PI * r;
    }

    /**
     * 构造方法
     *
     * @param r 初始化半径 radius
     */
    public Circle(double r) {
        radius = r;
    }
}
```

运行结果：

实例名.类方法名访问类方法,半径为 6.0 的圆周长为：37.699111200000004
类名.类方法名访问类方法,半径为 6.0 的圆周长为：37.699111200000004
半径为 6.0 的圆面积为：113.09733360000001

例 3.6 验证了类方法不能直接访问本类的实例方法以及实例变量,而实例方法则可以。类方法既支持"类名.方法(参数列表)",又支持"对象名.方法(参数列表)",共有两种调用方式,而实例方法只能实例化后采用"对象名.实例方法(参数列表)"的方式访问。

3.6 构造方法

构造方法是一种特殊的方法,它和一般方法具有以下区别。
- 构造方法不能有返回值类型声明,即使是 void 类型也不行。
- 构造方法体不能使用 return 语句返回值。
- 构造方法名称必须与类名完全相同。
- 一个类中可以声明 0 个或多个构造方法,如果没有显式地声明构造方法,则 Java 编译器提供一个形参列表为空的默认构造方法,且构造方法体为空。
- 构造方法通过 new 运算符调用,而普通方法使用点(.)运算符调用。

【例 3.7】 Example3_07.java

```
class Student{
    String name;
    int age;
    //构造方法(1)
    public Student(String n, int a){
        name = n;
        age = a;
    }
    //构造方法(2)
    public Student(String n){
        name = n;
    }
}
public class Example3_07 {
    public static void main(String[] args) {
        //实例化对象 s1
        Student s1 = new Student("Melon");
```

```
        //实例化对象 s2
        Student s2 = new Student("Megan",12);
        System.out.println("s1.name = " + s1.name + ", s1.age = " + s1.age);
        System.out.println("s2.name = " + s2.name + ", s2.age = " + s2.age);
    }
}
```

运行结果：

s1.name = Melon, s1.age = 0
s2.name = Megan, s2.age = 12

本例中声明了两个构造方法,构造方法(1)初始化成员变量 name 和 age,在构造方法(2)中仅初始化成员变量 name。调用构造方法(2)实例化对象时,成员变量 age 由于没有显式初始化,那么将赋给 age 默认值 0。

注意：构造方法的主要作用：一是为创建对象分配存储空间,二是为成员变量初始化,如果构造方法没有显式初始化,则按成员变量的数据类型赋默认值。

任何一个类至少有一个构造方法,如果定义类时没有定义构造方法,那么 Java 编译器将提供一个默认构造方法,形式如下。

```
public 类名(){}
```

如果已显式定义构造方法,那么编译器将不再提供默认构造方法。

3.7 this 关键字

在介绍 this 关键字之前,请读者先看例 3.8。

【例 3.8】 Example3_08.java

```
public class Example3_08 {
    public static void main(String[] args) {
        Student s = new Student("Melon", 19);
        System.out.println("name:" + s.name + ", age:" + s.age);
    }
}

class Student {
    String name;
    int age;

    public Student(String name, int age) {
        name = name;
        age = age;
    }
}
```

运行结果：

name:null, age:0

本例与例 3.7 非常相似,但运行结果却不同。在本例中,构造方法的参数列表中有两个形参 name 和 age,局部变量与成员变量重名时,根据变量使用的就近原则,构造方法体中的如下代码,等号两端的变量是同一局部变量,没有为成员变量 name 和 age 赋值。

```
    name = name;
    age = age;
```

注意：如果类中的属性和方法或程序块中声明的局部变量重名，那么在这些方法或程序块中对同名变量的操作将只针对局部变量有效，根据变量的就近原则，局部变量的作用域屏蔽了外面的成员变量。

Java 引入了 this 关键字，this 相当于"第一人称"代词，指代本类中的成员，如成员变量、方法和构造方法。this 关键字语法比较灵活，其主要作用如下。

- 使用 this 关键字调用本类的成员变量。
- 使用 this 关键字调用本类的方法。
- 使用 this 关键字调用本类的构造方法。

this 调用本类的成员变量或方法的语法格式如下。

this.成员;

针对例 3.8，可以使用 this 关键字调用成员变量解决该问题，改进后的程序如下。

【例 3.9】 Example3_09.java

```java
public class Example3_09 {
    public static void main(String[] args) {
        Student2 s = new Student2("Melon", 19);
        System.out.println("name:" + s.name + ", age:" + s.age);
    }
}

class Student2 {
    String name;
    int age;
    public Student2(String name, int age) {
        this.name = name;
        this.age = age;
    }
}
```

运行结果：

name:Melon, age:19

本例构造方法为成员变量 name 和 age 赋值时，前面加上 this 指代成员变量，以示区分形参。使用 this 关键字调用构造方法的语法格式如下。

this(参数列表);

【例 3.10】 Example3_10.java

```java
public class Example3_10 {
    public static void main(String[] args) {
        Student s1 = new Student("Melon");
        Student s2 = new Student(12);
    }
}

class Student {
    String name;
    int age;
```

```java
        /**
         * 构造方法(1),初始化属性 name
         * @param name String 类型
         */
        public Student(String name)                    //构造方法(1)
        {
            this.name = name;
        }

        /**
         * 构造方法(2),初始化属性 age,并且使用 this 关键字调用构造方法(1)
         * @param age
         */
        public Student(int age)                        //构造方法(2)
        {
            //this 调用构造方法,该语句必须放在构造方法体的第一行
            this("Melon");
            //初始化 age 属性
            this.age = age;
            //调用 print()方法
            this.print(this.name);
            this.print(this.age);
        }
        public void print(String str) {
            System.out.println("My name is " + str);
        }
        /**
         * 重载 print()方法,打印一个整型数值
         * @param i int 类型
         */
        public void print(int i) {
            System.out.println("My age is " + i);
        }
    }
```

运行结果:

```
My name is Melon
My age is 12
```

构造方法(2)的第一行代码 this("melon");表示调用 Student 类的构造方法(1),它可以在构造方法体内调用本类的其他构造方法。使用 this 构造方法时,必须放在构造方法体的第一行。同时,this.print(this.name)表示调用本类的 print()方法打印成员变量 name。

注意:综上所述,this 关键字有以下两个基本用法。
- this 表示类的当前实例,可调用当前实例的成员变量和方法。
- 在构造方法中,使用 this(参数列表)可以调用同一类的其他构造方法,并且"this(参数列表);"语句必须放在构造方法的第一行。

3.8 static 关键字

static 可以修饰变量、方法、程序块,乃至内部类。当 static 修饰类的成员变量时,该成员变量称为类变量(Class Variables),也称为静态变量;相反,没有 static 修饰的成员变量

称为实例变量(Instance Variables)。同理,当 static 修饰方法时,该方法称为类方法(Class Method),没有 static 修饰的方法则称为实例方法(Instance Method)。另外,static 还可以修饰程序块、内部类。

3.8.1 static 修饰成员变量

使用 static 关键字修饰的成员变量称为类变量,类变量和实例变量最大的不同之处在于类变量属于类的所有实例共享,而实例变量属于某个对象。类变量占用的栈内存在类定义时分配,并且该类的所有对象共享使用类变量,任何对类变量的操作都会影响其他对象的使用。类变量从类定义开始生效到该类被卸载结束,因此类变量的生存期几乎与该类的生存期是一致的。

类变量的访问方式有两种:"类名.类变量"方式和类的"对象名.类变量"方式。推荐使用"类名.类变量"方式。

3.8.2 static 修饰方法

使用 static 修饰的方法称为类方法,类方法也是属于类的,而不是像实例方法那样属于某一个对象。像类变量一样,类方法的访问方式也有两种:"类名.类方法(参数列表)"和"对象名.类方法(参数列表)"。在类的内部调用类方法时,也可以把类名省去。

类方法不能直接访问本类的实例方法和实例变量,同样,this 关键字不能在类方法中使用。

【例 3.11】 Example3_11.java

```java
class Student {
    String name;
    int age;
    static String school;                    //类变量

    //实例方法,可以直接访问本类中的成员变量和方法
    public void read() {
        System.out.println("Name:" + name + ",age:" + age + ",
            school:" + school);
    }

    //类方法,在类方法中不能直接访问本类的实例变量和实例方法
    public static void write() {
    //    name = "zhangsan";
        school = "HENU";
    }
}

public class Example3_11 {
    public static void main(String[] args) {
        Student s1 = new Student();
        Student s2 = new Student();
        s1.name = "Megan";
        s1.age = 12;
        Student.write();
        s1.read();
        s2.read();
    }
}
```

运行结果：

```
Name:Megan,age:12,school:HENU
Name:null,age:0,school:HENU
```

Student 类的实例方法 read()可以直接访问该类的任何成员，但在类方法 write()中只能访问类变量和类方法。对于类变量 school，当通过 Student.write()修改 school 时，Student 类的实例 s1、s2 都受影响。

3.8.3　static 修饰程序块

程序块是由一对花括号({})包括的语句块，从形式上看是一个相对独立的模块。程序块也分为两类：成员程序块和静态程序块。使用 static 修饰的程序块称为静态程序块。

Java 程序通常使用程序块为成员变量初始化，程序块执行的顺序与它在源程序内的位置无关。例 3.12 是一个使用程序块的例子。

【例 3.12】 Example3_12.java

```java
public class Example3_12 {
    //声明实例变量 name 和类变量 age
    String name;
    static int age;

    //成员程序块
    {
        name = "Eric";
        System.out.println("2. name:" + name);
    }

    //静态程序块
    static {
        //静态程序块无法直接访问实例变量 name
        //name = "Melon";
        age = 18;
        //声明一个局部变量 name,仅在该静态程序块中有效
        String name = "Melon";
        System.out.println("1. name:" + name + ", age:" + age);
    }

    public static void main(String[] args) {
        Example12 example = new Example3_12();
        System.out.println("3. name:" + example.name + ", age:" + age);
    }
}
```

运行结果：

```
1. name:Melon, age:18
2. name:Eric
3. name:Eric, age:18
```

本例声明了一个成员程序块和静态程序块。可以看到静态程序块首先被执行，然后是成员程序块。静态程序块在类加载时自动调用，而成员程序块则是在 new 运算符调用构造方法时执行。特别指出，静态程序块不能直接访问本类的实例变量和实例方法，而成员程序块则不受此限制。成员程序块只有在实例化对象时才被执行。

注意：成员程序块和静态程序块有以下区别。
- 执行的顺序不同，静态程序块在类加载时执行且整个生命周期仅执行一次，而成员程序块在使用 new 运算符实例化时执行，每次实例化对象时均会被执行一次；
- 静态程序块只能访问类成员，而成员程序块既可以访问实例成员，也可以访问类成员。

3.9 访问控制

Java 具有很好的安全性，如 Java 的访问控制机制有效地实现了信息隐藏和数据封装，从而避免了非法访问类成员的可能。package 和 import 关键字是 Java 实现访问控制的重要支撑。

3.9.1 访问控制修饰符

Java 提供了 private、protected、public 三种访问控制修饰符来控制对类、成员变量和方法的访问，另外还可省略访问控制修饰符（称为 default），相当于 Java 类有四种对成员的访问控制方法。访问控制是实现封装的重要手段，这四种访问权限说明如下。
- private：它的访问权限最为严格，当指定类成员为 private 类型时，该成员只能在本类内部可见，其他任何类都无权访问。
- default：如果类或类成员没有使用任何访问控制修饰符时，则为默认类型，即 default 类型。默认类型可以被同一个包中的其他类访问，但不在同一包时则无权访问。
- protected：受保护的访问权限。protected 修饰的类成员，说明它可以被同一个包中的其他类访问，也可以被不在同一包中的子类访问。
- public：public 访问权限最为宽松，当类或类成员为 public 类型时，它可以在所有类中被访问，不管是否在同一个包。

表 3.2 列出了 4 种访问控制级别对比情况。

表 3.2 访问控制修饰符的访问级别

	同一个类	同一包中的类	不同包的子类	任意范围
private	★			
default(默认)	★	★		
protected	★	★	★	
public	★	★	★	★

请看一个有关访问控制修饰符的例子。

【例 3.13】 Example3_13.java

```
package chapter3;
public class Example3_13 {
    public static void main(String[] args) {
        //主类可以访问 Student 类
        Student stu = new Student();
        //不能访问 stu 的私有成员 name 和 age
        //stu.name = "Lisi";
        //stu.age = 20;
        //通过公有的 setter 方法为 name 和 age 赋值
```

```java
            stu.setName("ZhangSan");
            stu.setAge(18);
            //使用getter方法获取name和age的值
            System.out.println(stu.getName());
            System.out.println(stu.getAge());
        }
    }

    //Student类为default类型
    class Student {
        private String name;
        private int age;
        //name属性的getter方法
        public String getName() {
            return this.name;
        }
        //name属性的setter方法
        public void setName(String name) {
            this.name = name;
        }
        //age属性的getter方法
        public int getAge() {
            return this.age;
        }
        //age属性的setter方法
        public void setAge(int age) {
            if (age > 0)
                this.age = age;
            else
                System.out.println("年龄必须大于0!");
        }
    }
```

运行结果：

ZhangSan
18

本例成员变量name和age都是private类型，但为之提供了public类型的setter和getter方法。因此主类Example3_13无法直接访问Student类的私有成员，但可以通过setter和getter方法来访问它们。同时，setAge()方法提供赋值校验，避免非法访问带来的问题。成员变量的setter和getter方法必须是public类型，否则setter和getter方法就没有存在的价值。

注意：只有public和默认修饰符能够修饰类，当类指定为public类型时，可以通过import语句对该类进行复用。如果类省略访问控制修饰符，那么该类是default类型，只能被同一包内的其他类访问，不能使用private和protected修饰类。

3.9.2 隐藏实现

封装的主要目标是实现访问控制，达到隐藏类的具体实现细节，只提供给外部适当的接口，通过这些接口实现类的相关操作，限制某些外部程序非法操作或破坏类的结构。

【例3.14】 Example3_14.java

```java
public class Example3_14 {
```

```java
    public static void main(String[] args) {
        Person person = new Person();
        person.name = "zhangsan";
        //直接暴露一些属性,导致所赋的属性值不合法
        person.age = -5;
        person.info();
    }
}
class Person {
    public String name;
    public int age;
    public void info() {
        System.out.println("Name:" + name + ",Age:" + age);
    }
}
```

本例 Person 类的两个成员变量均为 public 类型,意味着其他类可以访问两个成员变量 name 和 age。很显然,这样将带来一些负面问题,如为 age 属性赋一个负数,违反了基本常识。

为避免非法访问问题,对类的成员访问权限加以控制是非常有必要的。通常将类的属性定义为 private 类型,然后为其提供相应的公有 setter 和 getter 方法,getter 和 setter 方法对访问属性加以限制,从而变相地为外部类访问类属性提供了途径,从而保证数据的安全。通过这样的方式把类中的数据封装起来,只对使用者开放特定的接口(如 setter 和 getter 方法),从而阻止了外部类直接操作类中脆弱的部分,该过程称为隐藏实现。

对上述例子的 Person 类做如下改进。

【例 3.15】 Person.java

```java
public class Person {
    //声明成员变量并且为 private 类型
    private String name;
    private int age;
    //使用 setter 方法来给成员变量赋值
    public void setName(String name) {
        this.name = name;
    }
    //使用 getter 方法访问成员变量
    public String getName() {
        return this.name;
    }
    public void setAge(int age) {
        if(age > 0)
            this.age = age;
        else
            this.age = 0;
    }
    public int getAge() {
        return this.age;
    }
    public void info() {
        System.out.println("Name:" + name + ",age:" + age);
    }
}
```

本例将成员变量声明为 private 类型,避免其他类对 Person 类的成员变量随意地修改,同时提供 setter 和 getter 方法让其他类访问 Person 类的成员变量,setter 和 getter 方法提供了访问规则。注意声明的 setter 和 getter 方法必须为 public 类型。

隐藏实现是面向对象的程序设计中一个非常重要的概念,通过使用访问控制修饰符,把不需要公开的成员变量及方法封装起来,隐藏了类的具体实现细节,通过给对象发送相应的消息来为外部的类提供相应的服务,把类的功能与类的使用分离。另外,即使改变类的功能时也不会影响类的使用,提高了程序的安全性和可维护性。

3.10 对象清理

Java 无须依赖开发人员手动释放内存,而是由 Java 虚拟机的垃圾回收器自动管理内存。本节主要介绍 Java 的垃圾回收机制。

我们知道使用 new 运算符创建一个对象,当执行 new 运算时,调用类的构造方法并在堆中动态地为实例变量分配空间。new 运算是一个运行时(Running Time)概念,程序在运行时才会为类的实例变量分配空间。下面结合前面讲过的 Person 类,通过例 3.16 来讨论 Java 的垃圾回收机制。

【例 3.16】 Example3_16.java

```java
public class Example3_16 {
    public static void main(String[] args) {
        Person jack = new Person();
        jack.setName("Jack");
        jack.setAge(18);
        Person tom = new Person();
        tom.setName("Tom");
        tom.setAge(20);
        //tom 和 jack 同时指向原来 jack 的堆地址
        tom = jack;
        System.out.println(tom.getName() + ", " + tom.getAge());
    }
}
```

运行结果:

```
Jack, 18
```

在本例中,实例化两个 Person 类型的对象 jack 和 tom。当程序运行时会为这两个对象在堆中开辟存储空间,具体如图 3.4 所示。

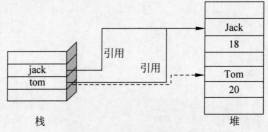

图 3.4 堆的分配与回收

当执行两个 new 运算后,在堆中为 jack 和 tom 两个实例分配了空间以存储其成员变量。栈中的变量 jack 和 tom 引用所指向的堆地址,当执行"tom=jack;"代码时,表示 tom 也指向了 jack 的引用地址,不再指向原有的引用地址,也就意味着有变量对原有引用地址,那么此时"Tom"及 18 所占用的空间成为垃圾,因此 Java 虚拟机在适当的时候自动调用垃圾回收器清除实例 tom 原来所占用的空间,这种机制称为 Java 的自动垃圾回收机制。通过垃圾自动回收机制释放无用对象的内存空间,减轻了程序开发人员的负担,程序开发人员不必担心什么时候回收空间,垃圾回收器会监控堆中的对象,对那些没有被引用的对象,垃圾回收器会在适当的时候自动释放这部分对象所占用的空间。一般来说,对于 Java 虚拟机,在内存资源不够用时垃圾回收器才会开始工作,回收那些没有被引用的地址空间。

尽管一般情况下程序开发人员无须手动地强制垃圾回收,但是由于我们无法精确地控制究竟何时 Java 虚拟机会调用垃圾回收器,我们仍然可以强制系统进行垃圾回收,尽管这种手段并不推荐使用,但作为学习可以了解一些强制垃圾回收方法。

- 调用 System 类的 gc()方法强制回收无引用的堆空间,如 System.gc()。
- 调用 Runtime 对象的 gc()方法,如 Runtime.getRuntime.gc()。

而 finalize()方法在垃圾回收器工作之前调用,用来验证回收条件是否已经成熟,如对象可能还与其他对象存在某种联系(如继承关系),这时可在 finalize()方法中设定条件,阻止垃圾回收,使垃圾对象重新复活,从而导致垃圾回收器取消回收该垃圾对象。

注意:finalize()方法有以下几个特点。

- 不要主动调用 finalize()方法而是交给垃圾回收器调用。
- finalize()方法并一定被调用,以及何时被调用都无法确定。
- Java 虚拟机调用 finalize()方法时出现异常,垃圾回收器并不会报告异常,而是继续执行。
- Java 虚拟机调用 finalize()方法时,有可能取消垃圾回收,使垃圾对象可能重新复活。

3.11 思政案例:弘扬中华优秀文化——节气

中华优秀文化是中华民族的精神家园和优良传统,是团结中华儿女强大的纽带,是创造中华文明的不竭动力。中华民族有着五千多年连续不断的文明历史,创造了博大精神的中华文明。在 2022 年北京冬季奥运会开幕式上,创造性地以中国传统历法的时光轮转作为倒计时开场,从 24 倒数到 1,冬去春来,四季更替。开幕式当天 2 月 4 日恰逢第一个节气"立春",诗意的偶然,浪漫的邂逅,巧妙的融合,将中华传统文化与国际体育盛会完美结合,再配上一首首中国古典诗篇,一重又一重的意境汇成全世界人民都看得懂的美好,让全世界观众领略了中华优秀传统文化的魅力。

春雨惊春清谷天,夏满芒夏暑相连。秋处露秋寒霜降,冬雪雪冬小大寒。两千多年前,我们的祖先通过观天时万物总结的二十四节气,蕴含了劳动人民的勤劳智慧与生命哲学。二十四节气,表示自然节律变化,指导农耕生产的时节体系,更包含丰富的民俗事象的民俗系统,例如,清明时节缅怀先烈,冬至日吃饺子。二十四节气蕴含着悠久的文化内涵和历史积淀,是中华民族悠久历史文化的重要组成部分。现行的"二十四节气"是依据太阳在回归黄道上的位置制定,即把太阳周年运动轨迹划分为 24 等份,每 15°为 1 等份,每 1 等份为一个节气,始于立春,终于大寒。经历史发展,农历吸收了干支历的节气成分作为历法补充,并通过"置闰法"调整使其符合回归年,形成阴阳合历,"二十四节气"也就成为农历的一个重要部分。在国际气象界,二十四节气被誉为"中国的第五大发明"。2016年11月30日,二十四节气被正式列入联合国教育、科学及文化组织、人类非物质文化遗产代表作名录。

太阳从黄经零度起,沿黄经每运行15°所经历的时日称为"一个节气"。每年运行360°,共经历24个节气,每月2个。其中,每月第一个节气为"节气",即:立春、惊蛰、清明、立夏、芒种、小暑、立秋、白露、寒露、立冬、大雪和小寒等12个节气;每月的第二个节气为"中气",即:雨水、春分、谷雨、小满、夏至、大暑、处暑、秋分、霜降、小雪、冬至和大寒等12个节气。"节气"和"中气"交替出现,各历时15天,现在人们已经把"节气"和"中气"统称为"节气"。二十四节气计算公式:

$$[Y \times D + C] - L$$

其中,Y=年份的后2位,D=0.2422,L=闰年数,C取决于节气和年份。例如,21世纪立春的C值为3.87,21世纪清明的C值为4.81。

举例说明:

2022年立春日期的计算:$[22 \times 0.2422 + 3.87] - [(22-1)/4] = 4$,则2月4日立春。

2022年清明日期的计算:$[22 \times 0.2422 + 4.81] - [(22-1)/4] = 5$,则4月5日清明。

本章案例使用Java定义一个节气类SolarTerms,该类实现计算一个指定年份二十四节气对应的日期。通过用户输入年份,计算该年的二十四节气分布情况。

【例3.17】 Example3_17.java

```java
class SolarTerms{
    //年
    int year;
    //月
    int month;
    //日
    int day;
    //节气(每月的第一个节气)
    String majorSolar;
    //中气(每月的第一个节气)
    String minarSolor;
    int dayOfMajor;
    int dayOfMinor;
    //所有的节气数组
    String[] majorSolarArr = {"","小寒","立春","惊蛰","清明","立夏",
"芒种","小暑","立秋","白露","寒露","立冬","大雪"};
    //所有的中气数组
    String[] minorSolarArr = {"","大寒","雨水","春分","谷雨","小满",
"夏至","大暑","处暑","秋分","霜降","小雪","冬至"};
    //getter, setter
    public int getYear() {
        return year;
    }
    public void setYear(int year) {
        this.year = year;
    }
    public int getMonth() {
```

```java
        return month;
    }
    public void setMonth(int month) {
        this.month = month;
    }
    public int getDay() {
        return day;
    }
    public void setDay(int day) {
        this.day = day;
    }
    //构造方法
    public SolarTerms(){ }
    public SolarTerms(int year){
        this.year = year;
        int month = 1;
        setYearOfThousand();
        while (true){
            this.month = month;
            setDay();
            if(month < 10) {
                System.out.print(getYear() + "年 0" + getMonth() + "月" +
                        getDayOfMajor() + "日为" + getMajorSolars() + " ");
                System.out.println(getYear() + "年 0" + getMonth() + "月" +
                        getDayOfMinor() + "日为" + getMinorSolars());
            }
            else {
                System.out.print(getYear() + "年" + getMonth() + "月" +
                        getDayOfMajor() + "日为" + getMajorSolars() + " ");
                System.out.println(getYear() + "年" + getMonth() + "月" +
                        getDayOfMinor() + "日为" + getMinorSolars());
            }
            month ++;
            if(month > 12)
                break;
        }
    }
    public SolarTerms(int year,int month){
        this(year);
        this.month = month;
    }
    public SolarTerms(int year,int month,int day){
        this(year,month);
        this.day = day;
    }
    //年份的千位
    int yearOfThousand = 0;
    //年份的百位
    int yearOfHundred = 0;
    //年份的十位
    int yearOfTen = 0;
    //年份的个位
    int yearOfBit = 0;
    //临时变量
```

```java
            int yearOfTemp;
            public void setYearOfBit(){
                yearOfTemp = getYear();
                yearOfBit = getYear() % 10;
                yearOfTemp /= 10;
            }
            public void setYearOfTen(){
                setYearOfBit();
                yearOfTen = yearOfTemp % 10;
                yearOfTemp /= 10;
            }
            public void setYearOfHundred(){
                setYearOfTen();
                yearOfHundred = yearOfTemp % 10;
                yearOfTemp /= 10;
            }
            public void setYearOfThousand(){
                setYearOfHundred();;
                yearOfThousand = yearOfTemp % 10;
                yearOfTemp /= 10;
            }
            public int getYearOfThousand(){
                return yearOfThousand;
            }
            public int getYearOfHundred(){
                return yearOfHundred;
            }
            public int getYearOfTen(){
                return yearOfTen;
            }
            public int getYearOfBit(){
                return yearOfBit;
            }
            public int getYearOfTemp(){
                return yearOfTemp;
            }

            public void setDay() {
                //[Y×D+C]-L,Y=年代数的后2位、D=0.2422、L=闰年数、C取决于节气和年份
                double c = 0;
                double d = 0.2422;
                int l = 0;
                //得到年份后两位
                int y = getYearOfTen() * 10 + getYearOfBit();
                //此处只计算21世纪的二十四节气,设定月份对应节气的C值
                double majorSolarValues[] = {0.0, 5.4055, 3.87, 5.63, 4.81, 5.52, 5.678, 7.108, 7.5, 7.646, 8.318, 7.438, 7.18};
                c = majorSolarValues[month];
                //1月,2月农历属于上一年
                if(month < 3) {
                    l = (int) ((y - 1) / 4);
                }
                else {
                    l = (int) (y / 4);
```

```java
        }
        dayOfMajor = (int) (y * d + c) - l;
        if (getMonth() == 1 && y == 19)
            dayOfMajor -= 1;
        if (getMonth() == 7 && y == 16)
            dayOfMajor += 1;
        if (getMonth() == 8 && y == 02)
            dayOfMajor += 1;
        if (getMonth() == 11 && y == 89)
            dayOfMajor += 1;
        //此处只计算21世纪的二十四节气,设定月份对应中气的C值
        double minorSolarValues[] = {0.0, 20.12, 18.73, 20.646, 20.1, 21.04, 21.37, 22.83,
23.13, 23.042, 23.438, 22.36, 21.94};
        c = minorSolarValues[month];
        //1月,2月农历属于上一年
        if(month < 3) {
            l = (int) ((y - 1) / 4);
        }
        else {
            l = (int) (y / 4);
        }
        dayOfMinor = (int) (y * d + c) - l;
        if (getMonth() == 1 && y == 82)
            dayOfMinor += 1;
        if (getMonth() == 2 && y == 26)
            dayOfMinor -= 1;
        if (getMonth() == 5 && y == 8)
            dayOfMinor += 1;
        if (getMonth() == 10 && y == 89)
            dayOfMinor += 1;
    }
    public int getDayOfMajor(){
        return dayOfMajor;
    }
    public int getDayOfMinor(){
        return dayOfMinor;
    }

    public String getMajorSolars(){
        majorSolar = majorSolarArr[month];
        return majorSolar;
    }
    public String getMinorSolars(){
        minarSolor = minorSolarArr[month];
        return minarSolor;
    }
}

public class Example3_17 {
    public static void main(String[] args) {
        SolarTerms solarTerms = new SolarTerms(2022);
    }
}
```

运行结果：

2022 年 01 月 5 日为小寒 2022 年 01 月 20 日为大寒
2022 年 02 月 4 日为立春 2022 年 02 月 19 日为雨水
2022 年 03 月 5 日为惊蛰 2022 年 03 月 20 日为春分
2022 年 04 月 5 日为清明 2022 年 04 月 20 日为谷雨
2022 年 05 月 5 日为立夏 2022 年 05 月 21 日为小满
2022 年 06 月 6 日为芒种 2022 年 06 月 21 日为夏至
2022 年 07 月 7 日为小暑 2022 年 07 月 23 日为大暑
2022 年 08 月 7 日为立秋 2022 年 08 月 23 日为处暑
2022 年 09 月 7 日为白露 2022 年 09 月 23 日为秋分
2022 年 10 月 8 日为寒露 2022 年 10 月 23 日为霜降
2022 年 11 月 7 日为立冬 2022 年 11 月 22 日为小雪
2022 年 12 月 7 日为大雪 2022 年 12 月 22 日为冬至

小结

本章介绍面向对象的程序设计方法，面向对象的方法学是我们分析、设计和实现一个系统尽可能地接近认识一个系统的方法。面向对象的程序设计围绕对象、类、继承、多态、封装等概念来阐述。类是描述对象的"基本原型"，它定义一类对象所能拥有的数据和能完成的操作，类是程序的基本组成单元。成员变量用于表示对象的属性或者具有的状态；方法实现对数据的操作，是对象的功能单元；消息是软件对象通过相互间传递消息来相互作用和通信，消息一般通过方法的参数来传递。一个类可以由 5 部分组成：变量、方法、构造方法、程序块以及内部类，但这 5 部分都可以是 0 个或多个。

对象的具体隐藏实现是指隐藏类的成员变量及实现细节，仅提供一些公用方法，外部的类只能通过公用方法访问类的成员变量，从而保障类中数据的安全和避免外部的非法操作。本章还介绍了 Java 对象的清理、垃圾回收机制及 static、this 等关键字的使用方法。

第4章

面向对象高级技术

继承、多态以及封装是面向对象的重要特征,而抽象类和接口是继承的表现形式。内部类是一个类嵌套于另外一个类内部,此时内部类相当于类的成员,内部类也可以直接访问类的其他成员,等于变相地实现了多重继承。

本章要点
- 继承;
- 方法重写;
- super 关键字;
- Object 类;
- final 关键字;
- 多态;
- 抽象类;
- 接口;
- 内部类。

4.1 继承基础

面向对象的一个重要优势在于代码复用,继承是实现代码复用的重要手段。Java 的继承采用单继承机制,即每个子类只能继承一个父类。被继承的类称为父类(Superclass),而实现继承的类称为子类(Subclass),子类和父类是一种特殊与一般的关系。通过继承,子类继承父类的非私有属性与方法,子类也可以新增一些属性和方法。当然父类也具有主动权,可以限制子类继承父类的哪些属性和方法。

现实世界有很多事物之间存在继承关系,如汽车和轿车的关系,轿车属于汽车的一个子集,具有汽车的特性,可以作为汽车的一个子类。由此可以断定:子类是一种特殊的父类,或者说父类包含的范围要比子类包含的范围更大。

Java 使用 extends 关键字实现继承,具体语法格式如下。

```
修饰符 class 子类名称 [extends 父类名称 implements 接口列表]{
    类体
}
```

例 4.1 是一个有关继承的例子。

【例 4.1】 Example4_01.java

```
class Person {
    String name;
    int age;

    public void work() {
        System.out.println("Happiness comes from struggle!");
    }

    public void info() {
        System.out.println("Name:" + name + ",age:" + age);
    }
}

class Student extends Person {
    String grade;

    public void study() {
        System.out.println("以梦为马,不负韶华!");
    }
}

public class Example4_01 {
    public static void main(String[] args) {
        Student s = new Student();
        //从父类中继承了 name 和 age 属性
        s.name = "Megan";
        s.age = 12;
        s.grade = "六年级";
        //从父类中继承 info()方法
        s.info();
        s.study();
    }
}
```

运行结果:

Name:Megan,age:12
以梦为马,不负韶华!

在本例中,定义了 Person 类和 Student 类,Student 作为子类继承 Person 类,二者的成员及其关系如图 4.1 所示。Student 类继承 Person 类的成员,即成员变量 name、age 以及

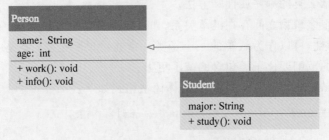

图 4.1　Person 类与 Student 类的继承关系

work()和 info()方法。同时,Student 类又进行了扩展,新增 grade 属性和 study()方法。因此在测试类 Example4_01 的 main()方法中,Student 类的实例 s 均可以访问这些成员。但是,对于子类 Student 新增的成员变量或者方法,父类是无法访问的,任何试图从父类访问子类中新增的成员变量和方法都是错误的。

由例 4.1 可以总结继承的优势:子类继承父类,子类就自动拥有父类的非私有类型成员,子类还可以通过添加新的成员变量和方法来扩展父类。继承实现了代码复用,有利于提升开发效率。

注意:使用继承时,应注意以下几个问题。

- Java 采用单继承机制,即任何一个类最多有一个直接父类,但是子类可以通过多个层次实现继承多个类;
- 子类可以继承父类中访问权限设定为 public、protected 和默认的成员变量和方法,但是不能继承访问权限为 private 的成员变量和方法;
- 子类可以扩充新的成员变量和方法,子类也可以重写父类的方法来更改自己的状态和功能。

4.1.1 何时采用继承

很多初学面向对象的读者都会产生这样的疑问,究竟何时采用继承呢?事实上,在客观世界存在很多继承的例子:子女继承了父辈的相貌、性格及财产,具有父辈的某些特征和行为;大学生和研究生都是学生,他们都继承了学生的基本特征和行为,等等。那么何时采用继承,这里有一个很好的经验:两个对象 A 和 B,如果想让 A 继承 B,那么我们判断 A 能否继承 B 的关键在于"A 是一个 B 吗",即 A 与 B 是一种"is-a"关系。如果 A 是 B,那么 A 可以继承 B,成为 B 的子类;反之 A 不能继承 B。很多时候一些读者容易犯的错误是"A 有一个 B 吗",如让汽车的轮子成为汽车的子类,很显然这是错误的,因为汽车与轮子是一种"has-a"关系。

总之,父类包含的范围要比子类包含的范围大,父类是一个范畴广泛相对笼统的概念,而子类则是一个比较具体的概念,子类是父类的子集。

4.1.2 访问控制

子类扩展父类时,子类可以扩展父类的成员变量和方法。同时,父类也具有决定权,决定哪些成员允许子类继承。如果父类的某些成员变量或方法不想让子类继承,可使用 private 修饰相应的成员变量和方法,那么子类就无法继承父类的 private 类型成员变量和方法。

【例 4.2】 Example4_02.java

```
public class Example4_02 {
    public static void main(String[] args) {
        Student s1 = new Student();
        //Student 类可以继承 protected 类型的父类成员
        s1.name = "zhangsan";
        s1.info();
    }
}
```

```java
class Person {
    //protected 类型
    protected String name;
    //private 类型
    private int age;

    public void work() {
        System.out.println("Happiness comes from struggle!");
    }

    public void info() {
        System.out.println("Name:" + name + ",age:" + age);
    }
}

class Student extends Person {
    String grade;
    public void study() {
        System.out.println("以梦为马,不负韶华!");
    }
}
```

运行结果:

Name:zhangsan,age:0

本例的 Person 类声明了两个成员变量,其中,age 是 private 类型,name 是 protected 类型,另外两个方法均是 public 类型。这三种访问控制类型代表不同的权限。

- 子类无法继承 private 修饰的父类成员,同时,任何子类试图访问父类 private 类型成员的语句都是错误的。
- 子类可以继承 public 修饰的父类成员。
- 若父类成员为 default 类型,且子类与父类在同一包,那么子类可以继承 default 类型的成员;若不在同一个包,则无法继承。
- 子类可以继承 protected 修饰的父类成员,无论子类和父类是否在同一个包中。

父类通过使用上述四种访问控制修饰符决定哪些成员变量和方法可以被子类继承和使用,从而实现父类数据和操作的良好封装,保证数据的安全。

4.1.3 继承与组合

尽管 Java 不支持多重继承机制,但 Java 可以通过增加继承的层次来间接地实现继承多个类。例如,本科生类(Undergraduate)继承于学生类(Student),而学生类又继承于 Person 类。

【例 4.3】 Undergraduate.java

```java
public class Undergraduate extends Student{
    String major;
    public void exam(){
        System.out.println("学生参加考试!");
    }
}
```

如图 4.2 所示，综合例 4.1 和例 4.3，Undergraduate 类通过两层继承，间接继承了 Person 类，相当于 Undergraduate 类既继承了 Student 类，又继承了 Person 类，从而达到多重继承的目的。

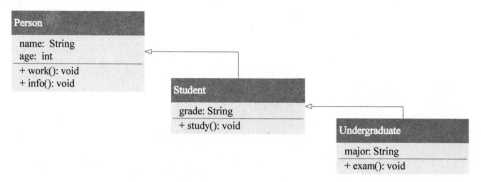

图 4.2 多层继承

注意：继承作为面向对象技术的重要特征，不但实现了代码复用，还表征了事物之间潜在的继承关系。然而，继承也存在一些弊端。

- 继承打破了类的封装，一旦父类的成员发生了改变，必将影响到子类的使用，增加了子类与父类的耦合，削弱了子类的独立性；
- 通过增加继承的层次尽管可以实现多重继承，但会增加子类的冗余。对于子类来说，可能仅有父类的部分成员是有用的，但是继承后，父类中所有非 private 类型的成员都会被继承到子类中，无疑增加了子类的冗余；
- 继承的层次不宜过多，就像使用数组一样，如果数组的维数过多，无疑增加了使用数组的难度。如果继承层次过多，会使得结构烦琐，而且层次之间的递增扩张很快，最底层的子类会继承大量的父类的成员，从而变得冗余、臃肿。一般来说，继承体系应该保持在 3 层以内。

通过上面的分析，继承固然可以复用父类的成员，但是继承层次过多，会导致子类冗余。如果需要复用一个类，可以把一个类作为父类继承之外，还可以把该类作为另一个类的组合成分，相当于类作为属性成员嵌入新类中，从而允许新类直接复用该类的公有方法。

【例 4.4】 Example4_04.java

```
public class Example4_04 {
    public static void main(String[] args) {
        //实例化 Swallow 对象，并且需要先实例化 Bird 类
        Swallow s = new Swallow(new Bird());
        s.breath();
        s.fly();
        //下行代码错误，私有方法不可见
        //s.sing();
    }
}
class Bird {
    private void sing() {
        System.out.println("It can sing...");
    }
    public void breath() {
```

```
            System.out.println("It can breath...");
        }
    }
    class Swallow {
        //Bird 对象 b 作为 Swallow 类的一个属性
        private Bird b;
        public Swallow(Bird b) {
            this.b = b;
        }
        public void breath() {
            //调用 Bird 类中的 breath()方法
            b.breath();
        }
        /**
         * 新增加一个 fly()方法
         */
        public void fly() {
            System.out.println("It can fly...");
        }
    }
```

运行结果：

```
It can breath...
It can fly...
```

Swallow 类并未继承 Bird 类，但声明了一个 Bird 类型的成员变量 b，同样可以在 Swallow 类中使用 Bird 类的相关成员。我们把这种方式称为组合，组合可以有效降低继承的层次。

注意：组合(Composition)是一种较弱的关系，体现的是整体与部分、拥有的关系，即 has-a 的关系。组合关系比继承具有更好的灵活性和可维护性，并且仍然可以重用代码。

4.2 方法重写

方法重写(Override)是子类对父类允许访问的方法进行重新定义，但要求方法名、参数列表、返回值必须与父类的方法保持一致。即方法的"外壳"不变，方法体重写。

重写的好处在于子类可以根据需要，定义特定于自己的行为，即子类能够根据需要实现父类的方法。注意，子类重写的方法不能比父类有更严格的访问控制权限。

【例 4.5】 Example4_05.java

```
public class Example4_05 {
    public static void main(String[] args) {
        Undergraduate liming = new Undergraduate();
        liming.study();          //执行 Undergraduate 的 study()方法
        liming.exam();
    }
}

class Student extends Person{
    String grade;
    public void study(){
```

```java
        System.out.println("以梦为马,不负韶华!");
    }
}

class Undergraduate extends Student{
    String major;
    //重写父类 study()方法
    @Override
    public void study(){
        System.out.println("业精于勤,荒于嬉;行成于思,毁于随。");
    }
    public void exam(){
        System.out.println("学生参加考试!");
    }
}
```

运行结果:

业精于勤,荒于嬉;行成于思,毁于随。
学生参加考试!

子类 Undergraduate 继承 Student 类,并重写了父类 Student 的 study()方法。从运行结果表明,子类对象 liming 调用 study()方法时,执行子类 Undergraduate 的 study()方法。子类重写父类的方法,对该方法赋予了新的含义,那么子类对象调用重写的方法时,将不再执行父类的方法。恰如本例,此时父类被重写的方法将被屏蔽。

注意:@Override 注解的使用。例 4.5 方法重写时使用了@Override 注解,该注解表明此方法为重写方法,提示开发者必须遵循方法重写的规则。如果没有重写或实现父类的方法声明,那么编译就会报错。使用@Override 注解有助于提示开发者是否违反了方法重写的相关语法规则。

@Override 注解只能用于标记方法,并且它只在编译期有效,不会保留在.class 文件中。

方法重写的规则如下:

- 参数列表与被重写方法的参数列表必须完全相同。
- 返回类型与被重写方法的返回类型可以不相同,但必须是父类返回值的子类。
- 访问权限不能比父类中被重写的方法的访问权限更低。例如,如果父类的一个方法被声明为 protected,那么在子类中重写该方法可以是 protected 或 public 类型,但不能省略或是 private 类型。
- 只有存在继承关系时才能方法重写。
- 父类声明为 final 的方法不能被子类重写。
- 声明为 static 的方法不能被重写,但是能够被再次声明。
- 重写的方法能够抛出任何非强制异常,无论被重写的方法是否抛出异常。但是,重写的方法不能抛出新的强制性异常,或者比被重写方法声明更广泛的强制性异常;反之则可以。

注意:方法重写与方法重载两个概念的区别如下。

方法重写发生在继承的场景下,子类重写父类中的方法,方法重写必须遵循上述规则。方法重载是一个类定义了若干同名方法,要求同名方法的参数列表必须不同。

方法重写和方法重载是实现多态的重要形式。

4.3 super 关键字

super 关键字与 this 关键字的使用方式类似,都相当于"代词"。super 指代父类的成员,如成员变量、方法和构造方法。

特别地,像例 4.5 的情形,当子类重写了父类方法,子类对象将无法访问父类被重写的方法。为解决该问题,可使用 super 关键字。使用 super 关键字访问父类成员变量和方法的语法格式如下。

```
super.成员变量;
super.方法(参数列表);
```

对例 4.5 使用 super 关键字改进后如下。

【例 4.6】 Example4_06.java

```java
public class Example4_06 {
    public static void main(String[] args) {
        Undergraduate liming = new Undergraduate();
        liming.exam();
    }
}

class Student extends Person{
    String grade;
    public void study(){
        System.out.println("以梦为马,不负韶华!");
    }
}

class Undergraduate extends Student{
    String major;
    //重写父类 study()方法
    @Override
    public void study(){
        System.out.println("业精于勤,荒于嬉; 行成于思,毁于随。");
    }
    public void exam(){
        //访问父类成员变量
        super.grade = "二年级";
        //访问父类的 study()方法
        super.study();
        //访问重写的方法 study()
        this.study();
        System.out.println("学生参加考试!");
    }
}
```

运行结果:

通过 super.study()访问父类方法
以梦为马,不负韶华!

通过this.study()访问本类的方法
业精于勤,荒于嬉;行成于思,毁于随。
学生参加考试!

子类 Undergraduate 重写了父类的方法 study(),然后在其 exam()方法中使用 super.study()访问父类方法,使用 this.study()访问本类重写的 study()方法。由此可见,通过使用 super 关键字访问父类的成员,其语法格式与 this 关键字的用法相同,区别在于 this 关键字访问本实例的成员。super 也可以调用父类的构造方法,其语法格式为

构造方法(参数列表);

下面通过例 4.7 认识 super 调用父类构造方法的用法和继承时构造方法的调用过程。

【例 4.7】 Example4_07.java

```java
public class Example4_07 extends Sharp{
    public int lines;
    public Example4_07(int size,String color,int lines) {
        //使用 super 关键字调用父类构造方法,必须放在子类构造方法的第一行
        super(size,color);
        this.lines = lines;
    }
    public static void main(String[] args) {
        Example4_07 scd =  new Example4_07(8,"red",3);
        System.out.println("size = " + scd.size + ",color = " + scd.color + ",
            lines = " + scd.lines);
    }
}
class Sharp {
    public int size;
    public String color;
    public Sharp(int size,String color) {
        this.size = size;
        this.color = color;
    }
}
```

运行结果:

size = 8,color = red,lines = 3

本例的父类 Sharp 显式地声明了一个构造方法,并且为两个成员变量赋值,子类 Example4_07 的构造方法中使用 super(size,color)调用父类的构造方法。与 this 调用构造方法一样,super 调用父类构造方法时,必须放在子类构造方法体的第一行。如果父类显式地声明了构造方法,子类也必须显式地声明构造方法,否则程序错误。

注意:使用 super 关键字在子类构造方法中调用父类构造方法时应注意以下几点。
- 子类对象实例化时,默认调用父类的无参构造方法。若父类中没有提供无参构造方法,子类必须在其构造方法中显式使用 super 调用父类的构造方法;
- 基于 this 和 super 关键字调用构造方法的规则,二者不能同时使用调用构造方法。

在例 4.7 中,若 Example4_07 类的构造方法删除语句 super(size,color);将导致程序报错。原因是子类对象实例化时,隐含一个默认操作:子类构造方法执行时先调用父类构造方法,且默认调用父类无参构造方法,然后再执行子类构造方法。如果父类没有提供无参构

造方法,就必须在子类构造方法体中明确指明调用父类的哪个构造方法,否则会因找不到父类构造方法而报错。了解子类构造方法的执行顺序,也就不难理解为什么super调用父类构造方法必须放在子类构造方法体的第一行了。

4.4 Object 类

java.lang包提供了Object类,Object类是一个非常特殊的类,它是所有类的直接或间接父类,包括自定义的类和JDK提供的类。定义一个类时,如果没有明确继承一个父类,那么它默认继承Object类,成为Object类的子类,此时可以省略extends关键字。

```
public class ClassName {
}
//上述方式等价于:
public class ClassName extends Object{
}
```

以上两种定义方式等价,如果一个类继承Object类,那么推荐第一种类定义方式,原因是Java采用单继承机制,所以一般不会显式地继承Object类。

Object类中提供的主要方法包括toString()、equals()、hashCode()、clone()、notify()、notifyAll()、wait()等,如表4.1所示。

表 4.1 Object 类的主要方法

方 法 名	说 明
Object()	构造一个新对象
Object clone()	创建并返回一个对象的副本
boolean equals(Object obj)	比较两个对象的地址是否相等
int hashCode()	返回对象的 hash 值
String toString()	返回对象的字符串表示形式
void notify()	唤醒在该对象上等待的某个线程
void notifyAll()	唤醒在该对象上等待的所有线程
void wait()	让当前线程进入等待状态。直到其他线程调用此对象的 notify() 或 notifyAll() 方法

4.4.1 toString()方法

Object类的toString()方法返回对象的字符串形式。在实际应用中,直接使用Object类提供的toString()方法可能会产生一些问题,请看例4.8。

【例 4.8】 Example4_08.java

```
public class Example4_08 {
    public static void main(String[] args) {
        Person p = new Person();
        p.name = "Megan";
        p.age = 12;
        //打印 Person 对象 p,等价于调用 p.toString()
        System.out.println(p);
        //调用对象 p 的 toString()方法
```

```
        System.out.println(p.toString());
    }
}
```

运行结果：

javabasic.ch4.Person@776ec8df
javabasic.ch4.Person@776ec8df

本例使用本章前面介绍的 Person 类，创建了一个 Person 对象 p，调用 toString()方法获取该对象的字符串描述，返回的字符串格式为：类名@十六进制的 hash 值。显然，它是该对象在内存中的地址。

若要使用 toString()返回对象的属性值信息，需重写该类的 toString()方法。例 4.9 对 Person 类进行了修改。

【例 4.9】 Person.java

```
public class Person {
    String name;
    int age;
    public void work(){
        System.out.println("Happiness comes from struggle!");
    }
    public void info(){
        System.out.println("Name:" + name + ",age:" + age);
    }
    //重写 toString()方法
    @Override
    public String toString() {
        return "[Person] Name: " + this.name + ", Age:" + this.age;
    }
}
```

重新运行例 4.8，运行结果：

[Person] Name: Megan, Age:12
[Person] Name: Megan, Age:12

注意：当使用 System.out.println()方法打印一个对象时，系统首先自动调用该对象的 toString()方法将该对象转换为字符串，然后再把该字符串打印出来。所以 System.out.println（对象）和 System.out.println(对象.toString())是等价的，运行结果也一致。

4.4.2 equals()方法

Object 类的 equals()方法用于比较两个对象的引用地址是否相等。"=="运算符比较两个基本数据类型的值是否相等，但比较两个引用数据类型是否相等时，"=="运算符也是比较两个引用对象的地址是否相等。

【例 4.10】 Example4_10.java

```
public class Example4_10 {
    public static void main(String[] args) {
        Person p1 = new Person();
        Person p2 = new Person();
        Person p3;
```

```
            p1.name = "Melon";
            p1.age = 12;
            p2.name = "Melon";
            p2.age = 12;
            //p3 也指向 p2 的引用地址
            p3 = p2;
            System.out.println("p1 == p2: " + (p1 == p2));
            System.out.println("p1.equals(p2): " + p1.equals(p2));
            System.out.println("p3 == p2: " + (p3 == p2));
            System.out.println("p3.equals(p2): " + (p3.equals(p2)));
        }
    }
```

运行结果：

```
p1 == p2: false
p1.equals(p2): false
p3 == p2: true
p3.equals(p2): true
```

本例仍然使用 Person 类创建了两个对象 p1 和 p2，同时声明 Person 类的变量 p3，p3 指向 p2 的引用地址。然后分别用"=="运算符和 equals()方法比较 p1 和 p2，以及 p2 和 p3。从运行结果可以看出，p1 和 p2 两个对象的引用地址是不相同的，因此，无论是使用"=="还是 equals()方法比较，二者都是不相等的；p2 和 p3 指向相同的引用地址，因此，"=="和 equals()方法得出的结果都是相等的。

如果要比较两个对象的内容是否相等，显然直接使用 Object 类提供的 equals()方法是不行的。以 Person 类为例，重写 equals()方法判断两个 Person 对象，若其 name 和 age 属性值相等，则两个对象相等。

【例 4.11】 Person.java

```java
public class Person {
    String name;
    int age;
    public void work(){
        System.out.println("Happiness comes from struggle!");
    }
    public void info(){
        System.out.println("Name:" + name + ",age:" + age);
    }
    //重写 toString()方法
    @Override
    public String toString() {
        return "[Person] Name: " + this.name + ", Age:" + this.age;
    }
    //重写 equals()方法，如果两个 Person 对象的 name 和 age 依次相等，则两个对象亦相等
    @Override
    public boolean equals(Object obj) {
        if (obj instanceof Person){
            Person p = (Person)obj;
            if(p.name.equals(this.name) && p.age == this.age)
                return true;
        }
```

```
            return false;
    }
}
```

重新执行例 4.10，运行结果如下：

p1 == p2: false
p1.equals(p2): true
p3 == p2: true
p3.equals(p2): true

从运行结果可以看到，在 Person 类重写 equals()方法之后，p1.equals(p2)的执行结果显然为 true。

4.5 final 关键字

有时我们定义的类并不想再让其他类继承，或者类中的某些成员(包括属性和方法)不想让其子类重写或修改，final 关键字能够完成这些要求，让父类具有更高的主动权。final 关键字可以修饰类、方法和成员变量。

4.5.1 final 变量

final 修饰变量时，表示该变量是一个常量，一旦赋予变量值，其值就是固定不变的。final 既可以修饰成员变量，也可以修饰局部变量。由于成员变量和局部变量在初始化时有所不同，因此 final 修饰成员变量和局部变量时也有所区别。

1. final 修饰成员变量

成员变量可以在以下三种情况下初始化。

- 声明时直接初始化。
- 在初始化程序块中初始化。
- 在构造方法中初始化。

如果成员变量在上述三种情况下没有显式地初始化，那么 Java 会依据成员变量的数据类型隐式地为成员变量赋默认值，如整型为 0、布尔型为 false、浮点型为 0.0、字符型为 '\u0000'、引用类型为 null。

那么当 final 修饰成员变量时，必须在这三种情形下给 final 修饰的成员变量初始化，如果错过了这三种情况，没有显式地为 final 修饰的成员变量初始化，或者在其他情况下再给 final 修饰的成员变量赋值都是错误的。

【例 4.12】 Example4_12.java

```
public class Example4_12 {
    //声明成员变量 i 时直接初始化
    final int i = 2;
    final String s;
    final static double d;
    //声明引用数据类型变量 ref
    final Integer ref;
    static {
        //在静态初始化块中初始化 d
```

```java
            d = 3.14;
        }
        /* final类型成员变量i已初始化,无法再次赋值。*/
//      {
//          i = 4;
//      }
        public Example4_12(String s) {
            //在构造方法中给成员变量s初始化
            this.s = s;
            //i在声明时已初始化,不能在构造方法中再次为i赋值
            //i = 4;
            //为ref初始化
            ref = 100;
        }
        public void setValue() {
            //下行错误,不能再改变final型变量s的值
            //s = "Java";
        }
        public static void main(String[] args) {
            Example4_12 example = new Example4_12("Hello,Java!");
            System.out.println("ref = " + example.ref);
            System.out.println("i = " + example.i);
            System.out.println("s = " + example.s);
            System.out.println("d = " + example.d);
        }
    }
```

运行结果:

```
ref = 100
i = 2
s = Hello,Java!
d = 3.14
```

本例声明了4个final修饰的成员变量,包括3个实例变量和1个类变量,类变量d在静态程序块中初始化,实例变量i在声明时直接初始化,而实例变量s和ref在构造方法中初始化。一旦final类型的成员变量初始化之后,就不能再为之赋值。

注意:针对final修饰的成员变量指定初始值的情况总结如下。

- 实例变量可在声明该实例变量时直接初始化、非静态程序块中初始化或者构造方法中对该实例变量初始化。
- 类变量可在声明该类变量时直接初始化或者在静态程序块中初始化,但不能在构造方法中初始化类变量。
- 无论是实例变量还是类变量,一旦初始化,那么就不能再次为初始化的final成员变量赋值。
- 定义成员级的常量时,一般final与static一起修饰常量,例如:

    public static final double PI = 3.14;

2. final修饰局部变量

局部变量和成员变量的不同之处有以下几点。

- 局部变量的作用域仅在声明该局部变量所在方法或程序块中有效,而成员变量作用于整个类。

- 局部变量必须显式初始化,而成员变量可以显式初始化,也可以由系统隐式地提供默认值。
- 局部变量的生存期要小于或等于成员变量的生存期。

如果 final 修饰的局部变量在定义时没有初始化,则可以在后面的代码中对该 final 修饰的变量赋初始值,但只能赋一次,不能多次赋值;如果 final 修饰的局部变量在声明时已经初始化,那么在后面的代码中就不能再次给它赋值,具体请见例 4.13。

【例 4.13】 Example4_13.java

```java
public class Example4_13 {
    public void testLocalVariables() {
        //变量 a 声明时没有赋值
        final int a;
        final double d = 3.14;
        a = 2;
        System.out.println("a = " + a);
        System.out.println("d = " + d);
        //一旦 final 修饰的局部变量初始化,不能再次赋值
        //   d = 2.37;
        //   a = 100;
    }
    public void testFinalParam(final int b) {
        //形参 b 被 final 修饰,因此也不能改变 b 的值
        //   b = 9;
        System.out.println("b = " + b);
    }
    public static void main(String[] args) {
        Example4_13 example = new Example4_13();
        example.testLocalVariables();
        example.testFinalParam(100);
    }
}
```

运行结果:

```
a = 2
d = 3.14
b = 100
```

从本例可以得出结论:final 修饰的局部变量一旦初始化,就不能再次赋值。

4.5.2 final 方法

如果父类中某些方法不想让子类重写,可以在声明方法时使用 final 关键字修饰。如前面介绍的 Object 类中的 wait()、getClass()、notify() 和 notifyAll() 方法都是 final 类型的,它们均不能被其他类重写,具体请参见例 4.14。

【例 4.14】 Example4_14.java

```java
public class Example4_14 extends TestFinal{
    //尝试重写父类的 final 方法,错误
    //public void finalMethod(){}
    //重写父类方法
    @Override
```

```
        public void method() {
            System.out.println("子类重写了父类的方法");
        }
        public static void main(String[] args) {
            Example4_14 example = new Example4_14();
            example.method();
            example.finalMethod();
        }
    }
    class TestFinal {
        /**
         * final 方法
         */
        public final void finalMethod() {
            System.out.println("父类中的 final 方法");
        }
        public void method() {
            System.out.println("父类中的一般方法");
        }
    }
```

运行结果：

子类重写了父类的方法
父类中的 final 方法

通过本实例可以看到，父类内被 final 修饰的 finalMethod() 方法不能被子类重写，否则程序将会报错。

4.5.3 final 类

使用 final 关键字修饰的类表明该类不可再被继承，即 final 类没有子类。

虽然继承有很多优势，但不可避免地也伴随一些副作用，如打破了类的封装，子类可以随意地修改父类成员，由此增加了不安全因素。幸运的是，Java 提供了 final 关键字来修饰类，final 类不能再被其他类继承。如下代码定义了一个 final 类。

```
//声明一个 final 类
final class FinalClass
{}
```

本节讨论了 final 关键字的作用，可归纳为以下 3 点：
- final 修饰类时，表示该类是最终类，不能再被继承；
- final 修饰方法时，表示该方法是最终方法，该方法不能被任何派生的子类重写；
- final 修饰变量时，表示变量的值一旦初始化就不能再改变；相当于定义一个常量。

4.6 多态

多态（Polymorphism）是面向对象思想的重要特征，多态表现为不同数据类型的实体提供统一的接口，或使用单一的符号表示多个不同的类型。方法重载和方法重写是多态的重要表现形式，即在同一个方法中，由于参数类型不同而导致执行效果不同的现象。在实际的应用中，多态还有两种特殊情形：向上转型和向下转型。

4.6.1 向上转型

所谓向上转型是声明父类变量后却在实例化时创建一个子类的实例,其基本格式如下。

父类类型 对象名称 = 子类实例;

对于向上转型,程序会自动完成类型转换。向上转型时对象具有两种时态:编译时和运行时。对象在编译时按照声明的类型即父类类型,具有父类的成员;而在运行时,如果子类重写了父类方法,执行子类相应的方法,具有子类的形态。

【例 4.15】 Example4_15.java

```java
public class Example4_15{
    public static void main(String[] args) {
        //向上转型: em 声明为父类 Employee 类型,实例化为子类 Manager 类型
        //编译时,em 具有 Employee 类型的成员,运行时按子类 Manager 相应的成员执行
        Employee em = new Manager();
        System.out.println(em.grade);
        em.job();   //
        em.run();
        //错误,em 不能访问 meeting()方法
        //em.meeting();
    }
}
class Employee {
    public int grade = 5;
    public void job(){
        System.out.println("我是一名普通的员工");
    }
    public void run(){
        System.out.println("我在工作");
    }
}
class Manager extends Employee {
    public int grade = 8;
    //重写父类 job()方法
    @Override
    public void job() {
        System.out.println("我是一名经理");
    }
    //新增 meeting()方法
    public void meeting() {
        System.out.println("我在开会");
    }
}
```

运行结果:

5
我是一名经理
我在工作

本例定义了一个 Employee 类及其子类 Manager,二者的关系如图 4.3 所示。Manager 类重写了 run()方法。在主类声明为 Employee 类型的 em 对象实例化时却成为 Manager

类型,那么 em 具有 Employee 类的成员,但执行时调用 run()方法却执行 Manager 的 run() 方法。另外,em 对象不能执行 meeting()方法,原因在于 Employee 类没有定义该方法。

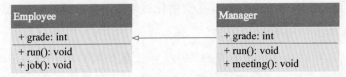

图 4.3 Employee 与 Manager 类图

在继承关系中,可以这样认为:子类是一种特殊的父类,Java 允许把一个子类对象直接赋给一个父类的引用变量,而无须类型转换,这种情形称为向上转型。

4.6.2 向下转型

向下转型与向上转型相反,由于 Java 只能访问编译时类型的成员,无法访问运行时类型的成员,如果需要让引用变量访问运行时类型的成员,则需要借助于向下转型,向下转型需要强制转换,并利用强制类型转换运算符实现。对象向下转型的语法格式如下。

```
父类类型 父类对象 = 子类实例;
子类类型 子类对象 = (子类)父类对象;
```

【例 4.16】 Example4_16.java

```java
public class Example4_16 {
    public static void main(String[] args) {
        //向上转型
        Employees em = new Managers();
        //向下转型,借助于强制类型转换,将引用变量 manager 指向 em 对象
        Managers manager = (Managers) em;
        //向下转型后,可以访问子类的所有成员
        manager.meeting();
        manager.work();
    }
}
class Employees{
    public void work(){
        System.out.println("I am working.");
    }
}
class Managers extends Employees{
    //重写父类方法 work()
    @Override
    public void work(){
        System.out.println("I am on official business.");
    }
    //新增方法
    public void meeting(){
        System.out.println("I am in a meeting.");
    }
}
```

运行结果:

```
I am in a meeting.
I am on official business.
```

向下转型可以让引用变量访问运行时类型的成员,但使用向下转型时必须进行强制类型转换,向下转型是把父类对象转为子类对象。注意,向下转型不能直接将父类实例强制转换为子类实例,否则程序会报错。例如,下面的代码是错误的。

```
Managers manager = (Managers)new Employees();
```

注意:向上转型由系统自动进行类型转换,向上转型表明子类是一种特殊的父类。向上转型的引用变量具有编译时类型的成员,但如果子类重写了父类的方法,运行时却访问子类重写的方法。把一个父类实例化为子类对象时,称为向下转型,它需要强制类型转换,这样就可以让引用变量访问子类的成员,向下转型运行时可能产生 ClassCastException 异常。为了避免产生异常,可以使用 instanceof 运算符先进行判断是否为目标类型,然后再转换。

4.6.3 instanceof 运算符

instanceof 运算符用来判断一个操作数是否属于某种数据类型,如果属于这种数据类型返回 true,否则返回 false。具体的语法格式如下。

变量 instanceof 数据类型

下面是一个有关 instanceof 运算符的例子。

【例 4.17】 Example4_17.java

```
public class Example4_17 {
    public static void main(String[] args) {
        Object obj1 = 4;
        Object obj2 = 3.2f;
        String s = "hello";
        if (obj1 instanceof Integer)
            System.out.println("obj1 是整型");
        if (s instanceof String)
            System.out.println("s 是字符串类型");
        if(obj2 instanceof Double)
            System.out.println("obj2 是 Double 型数据");
        if(obj2 instanceof Float)
            System.out.println("obj2 是 Float 型数据");
    }
}
```

运行结果:

obj1 是整型
s 是字符串类型
obj2 是 Float 型数据

本例声明了两个 Object 类型的引用变量 obj1 和 obj2,且它们编译时类型为 Object 类型,但实际上 obj1 的值为 4 是 Integer 类型,obj2 的值为 3.2f 是 Float 类型,因此通过 instanceof 运算符可以判断出其实际运行时的类型。

注意:instanceof 运算符常常与强制类型转换结合起来使用,通过 instanceof 运算符判断某个引用变量是否属于某种数据类型,如果返回 true,表示可以安全地使用强制类型转换运算符将该引用变量强制转换成相应的数据类型。

4.7 抽象类

在面向对象的概念里,继承的层次关系中父类到子类是一种从一般到具体,从概括到翔实的过程。对于在继承层次中位于顶层的父类,往往越概括越抽象越好,类的设计应该保证父类包含子类的共同特征,即顶层父类要尽量包含较少的信息,便于低层子类扩展,并力图对父类封装的破坏程度降到最低。因此,从这个角度来讲,可以认为父类是子类的良好抽象,将子类中本质相同的具体对象进行抽象并定义成一种类,这种类虽然没有包含足够的信息来描述一个具体的对象,但是可以对这类对象的本质加以归纳,从而制定出一个概括性的纲领,形成的概括性纲领称为抽象类(Abstract Class)。

4.7.1 抽象类与抽象方法

抽象类不能创建具体的实例,如果一个类含有抽象方法,那么必须将该类声明为抽象类。所谓抽象方法,是指对某类对象的共有方法,这些方法由于在不同的子类中有不同的实现内容(即方法的主体不同),因而可在顶层父类中定义为抽象方法,抽象方法没有方法体,其语法格式为

abstract 返回值类型 抽象方法名([参数列表]);

定义抽象方法时需要注意以下 3 点。
- 抽象方法必须使用 abstract 关键词修饰。
- 抽象方法不能使用 static、private 关键词修饰。
- 抽象方法需要子类继承时进行重写。

如是类含有抽象方法,那么该类必定是抽象类。抽象类声明时需要使用 abstract 关键字修饰,抽象类的语法格式为

[访问修饰符] **abstract** class 抽象类名{
　　类体
}

使用抽象类时需要注意以下几点:
- 抽象类必须使用 abstract 关键词修饰,访问修饰符可以是 public 或者省略,但不能为 private;
- 抽象类不能被实例化;
- 抽象类可以包含 0 个或多个抽象方法,抽象类可以没有抽象方法,也可以全部都是抽象方法;
- 抽象类只能被继承,其子类必须实现抽象类所有的抽象方法,否则该子类也是抽象类;
- 抽象类可以含有属性、方法、构造方法、程序块等。

【例 4.18】 Example4_18.java

```java
public class Example4_18 {
    public static void main(String[] args) {
        Cat cat = new Cat();
```

```java
        cat.eat();
        cat.shout();
        cat.run();
        //抽象类 Animal 不能实例化
        //Animal animal = new Animal();
    }
}
//Cat 类
class Cat extends Animal{
    //实现 Animal 类中的抽象方法 eat()
    @Override
    public void eat(){
        System.out.println("The cat eats fish");
    }
    //实现 Animal 类中的抽象方法 shout()
    @Override
    public void shout() {
        System.out.println("miao miao...");
    }
}

abstract class Animal{
    public abstract void eat();
    public abstract void shout();
    public void run(){
        System.out.println("Animal can run.");
    }
}
```

运行结果:

```
The cat eats fish
miao miao...
Animal can run.
```

4.7.2 何时使用抽象类

在什么场景下使用抽象类？这里有一个基本的常识，如果有多层继承关系时，并且每一层次的子类都要重写上层父类方法时，那么可考虑将顶层父类定义为抽象类，并且将父类被重写的方法定义为抽象方法。抽象类就像一个模板，要求继承抽象类的子类必须实现和包含抽象类中的方法，继续以 Animal 类为例介绍。

【例 4.19】 Animal.java

```java
abstract class Animal{
    public abstract void eat();
    public abstract void shout();
    public void run(){
        System.out.println("Animal can run.");
    }
}
class Cat extends Animal{
    //实现 Animal 类中的抽象方法 eat()
    @Override
```

```java
        public void eat(){
            System.out.println("The cat eats fish");
        }
        //实现Animal类中的抽象方法shout()
        @Override
        public void shout() {
            System.out.println("miao miao...");
        }
    }

class Dog extends Animal{
    @Override
    public void eat() {
        System.out.println("The dog eats bones.");
    }

    @Override
    public void shout() {
        System.out.println("wang wang...");
    }
}
class Sheep extends Animal{
    @Override
    public void eat() {
        System.out.println("The sheep eats grass.");
    }

    @Override
    public void shout() {
        System.out.println("mai mai...");
    }
}
```

在这个例子中,定义了抽象类Animal,该类定义了两个抽象方法shout()和eat(),然后又定义了三个类Cat、Dog和Sheep均继承Animal类。由于Cat、Dog和Sheep的吃(eat())、叫(shout())均不相同,所以在父类Animal中没有必要定义eat()和shout()的完整实现,交由子类对父类的抽象方法进行重写更为合适,可以使程序更简洁又表明了子类必须要具有的行为。

注意:
- 抽象类可以有0个或多个抽象方法,如果类中声明了抽象方法则必须将该类声明为抽象类;
- 抽象类只能被继承,不能被实例化,继承抽象类的子类必须实现抽象类中的抽象方法,若没有实现,那么该子类仍必须声明为抽象类;
- 抽象类可以为public或默认类型,但不能为private类型。

4.8 接口

如果一个抽象类没有成员变量,且方法都是抽象方法,此时抽象类相当于接口(interface)。

4.8.1 接口的定义

接口是一种抽象数据类型,是抽象方法的集合。可以这样认为:接口是一种更加纯粹的、完全的抽象类,它要求接口的所有方法都是抽象方法,并且接口不能实例化,它的抽象方法要求这个接口的实现类实现。接口相当于声明一种类型,一般作为继承层次中的顶层使用。

定义接口需要使用 interface 关键字,定义接口的基本语法格式:

```
[修饰符] interface 接口名 [extends 父接口1, 父接口2,…]
{
    0个或多个常量定义;
    0个或多个抽象方法定义;
}
```

关于接口的定义需要注意以下几点。

- 修饰符可以是 public 或默认类型,如果是默认类型表示只有在同一个包下的其他接口或类才能访问该接口。
- 接口可以使用 extends 关键字继承其他接口,并且一个接口可以同时继承一个或多个接口(即接口支持多重继承),但接口不能继承类。
- 接口可以声明变量,但是变量都是 static final 类型的,意味着接口中的变量相当于常量,声明变量时必须显式地初始化。
- 接口中定义的方法都是抽象类型,接口中的方法总是用 public abstract 修饰(即使没有显式地指定,系统也会按照 public abstract 类型修饰方法)。
- 接口中没有构造方法和初始化程序块,接口无法被实例化,但是可以被实现(implements),一个实现接口的类,必须实现接口内所描述的所有方法,否则就必须声明为抽象类。
- 一个 Java 源文件中可以定义多个接口,像类一样,也是最多只有一个接口是 public 类型,并且该源文件的名称要与 public 类型接口的名称一致,若源文件中的多个接口均不是 public 类型,则源文件的名称可以与其中任一个接口的名称一致。

【例 4.20】 UserAction.java

```
public interface UserAction {
    //接口中定义的变量相当于常量,隐含为 public static final 修饰
    int STATUS = 1;
    //定义抽象方法,隐含为 public abstract 修饰
    void login();
    void logout();
}
```

【例 4.21】 BasicAction.java

```
//接口可以继承0个或多个父接口
public interface BasicAction extends Comparable{
    void add();
    void delete();
}
```

上述两个程序分别定义了两个接口 UserAction 和 BasicAction,接口的源文件仍然以 "接口名.java"格式命名。一个源文件也可以定义多个接口,但最多只能有一个接口是

public 类型。BasicAction 接口还承继了 Comparable 接口。

注意：接口声明的常量默认都是 public static final 类型，无须显式地使用这些关键字声明。

接口的方法默认都是 public abstract 类型，即使在定义变量时没有显式声明，系统也会按照 public abstract 类型处理。

从类的层次结构讲，接口像一个模板，接口仅定义了一些抽象方法和常量，这些抽象方法具体要完成什么样的工作，依赖于接口的实现类如何去实现这些抽象方法。

注意：Java 8 接口支持默认方法，即接口也可以有实现方法，而且不需要实现类去实现其方法。接口的默认方法需要在定义方法时使用 default 关键字修饰。Java 8 还允许接口中有静态方法，静态方法使用 static 关键字修饰。

【例 4.22】 Logging.java

```java
public interface Logging {
    //定义默认方法
    default void logInfo(String message){
        //调用静态方法
        start();
        System.out.println("[INFO]:" + message);
        finished();
    }
    default void logWarn(String message){
        start();
        System.out.println("[WARN]:" + message);
        finished();
    }
    //定义静态方法
    static void start(){
        System.out.println("Log Started...");
    }
    static void finished(){
        System.out.println("Log Finished...");
    }
}
```

接口 Logging 内定义了两个默认方法 logInfo()和 logWarn()，两个静态方法 start()和 finished()。默认方法和静态方法都有方法体。

由于接口没有构造方法且接口内含有抽象方法，因此接口不能被实例化。接口通过类去实现，4.8.2 节介绍 Java 类如何实现接口。

4.8.2 接口的实现

鉴于接口不能被实例化，它的抽象方法必须借助类实现继续"完善"，一个类可以实现一个或多个接口，Java 中类使用 implements 关键字实现接口。

【例 4.23】 Example4_23.java

```java
public class Example4_23 implements UserAction,BasicAction,Logging{
    @Override
    public void add() {
```

```java
        System.out.println("Add a user");
    }
    @Override
    public void delete() {
        System.out.println("Delete a user");
    }
    @Override
    public int compareTo(Object o) {
        return 0;
    }
    @Override
    public void login() {
        logInfo("Login");
        System.out.println("User login successful");
    }
    @Override
    public void logout() {
        logWarn("Log out");
        System.out.println("User exit");
    }
    public static void main(String[] args) {
        Example4_23 example = new Example4_23();
        example.add();
        example.login();
        example.logout();
        example.delete();
    }
}
```

运行结果：

```
Add a user
Log Started...
[INFO]:Login
Log Finished...
User login successful
Log Started...
[WARN]:Log out
Log Finished...
User exit
Delete a user
```

注意：类重写接口的方法时，需要注意以下规则。

- 类在实现接口的方法时，不能抛出强制性异常，只能在接口或者继承接口的抽象类中抛出该强制性异常；
- 类在重写方法时要保持一致的方法名，并且应该保持相同或者相兼容的返回值类型；
- 如果实现接口的类是抽象类，那么就没必要实现该接口的方法。

类实现接口时，也要注意一些规则。

- 一个类可以同时实现多个接口；
- 一个类只能继承一个类，但是能实现多个接口；
- 一个接口可继承多个接口。

4.8.3 接口与抽象类

接口和抽象类有很多相似的地方,例如:
- 接口和抽象类都可以含有抽象方法,实现接口或者继承抽象类的子类必须实现这些抽象方法,否则子类也必须定义成抽象类;
- 接口和抽象类一般都用在继承层次结构中的顶层,二者都不能被实例化。

当然接口和抽象类也有很多不同之处。
- 接口支持多重继承,能够同时继承多个父接口,但抽象类是单重继承,只能同时继承一个父类;
- 接口中只能包含 static final 类型的成员变量和抽象方法,不能有构造方法。而抽象类中既可以包含所有类型的变量(成员变量和局部变量)以及方法,还可以包含构造方法;
- 一个类可以同时实现多个接口(即变相地支持多重继承),但是子类只能同时继承一个抽象类。

接口就像一本书的目录或者大纲,只给出了章节的名称,章节的具体内容在书的详细内容部分中给出,接口可以认为是程序结构中的"大纲",它制定了程序各模块应该遵循的规范,因此一个系统中的接口不应该经常改变,特别是不应随意增加接口的方法,因为一旦接口改变,将会影响程序的全局,导致大面积地修改程序。

抽象类一般作为程序中多个子类的顶层父类,如果所有子类中均需要覆盖父类的方法,可以考虑将此方法声明为顶层父类的抽象方法。抽象类是一个半成品,因为抽象类只能被继承不能被实例化,它既可有抽象方法,又可有实现了的方法,抽象方法必须被子类实现。

4.8.4 什么情况下使用接口

我们可以认为抽象类是一种"半成品",它包含一些具体方法,也包含一些抽象方法,抽象类也因此不能被实例化。所以,抽象类一般用在继承层次结构中的顶层父类使用,而且在顶层的抽象类中把一些在子类经常需要重写的方法定义为抽象方法。

那么接口与抽象类对比,它是一种更加完全、更加纯粹的抽象类,因为接口中的所有方法都是抽象方法。接口体现的是一种规范和实现分离的设计哲学,充分利用接口可以降低程序各模块之间的耦合,从而提高系统的可扩展性和可维护性。

正因为此,往往在一些大型项目中,尤其是开发团队由多个人组成时,很多软件架构设计理论都是基于"面向接口"的编程,而不是面向实现类的编程,希望通过面向接口编程来降低程序的耦合。

注意:使用接口也有可能产生副作用——一旦定义好接口后,要严格控制接口的"增长",即要避免在已经实现了的接口中再添加新的抽象方法。因为接口增长的后果是,所有该接口的实现类都需要再次实现接口中新的抽象方法,这势必增加了程序维护的难度。

4.9 内部类

与方法不同,类内还可以嵌套定义类,即把嵌套定义在类内部的类称为内部类(Inner Class),也称为嵌套类(Nested Class)。内部类像成员变量、方法、构造方法及程序块一样,也是类的一种成员。内部类具有以下特征。

- 内部类像类的其他成员一样,有自己的作用域,且内部类的名称不能与所嵌套的类重名。
- 内部类可以是由 static 修饰,称为静态内部类。内部类可以嵌套在类中,也可以嵌套在类中的方法内,嵌套在方法中的内部类称为局部内部类。
- 内部类也可以由 abstract 修饰,那么该内部类不能实例化。
- 内部类的访问控制修饰符可以是 private、protected 类型。
- 内部类的成员不能声明为 static 类型。

使用内部类的优势在于使程序看上去比较优雅,但是过度地使用内部类不但不会使程序看上去优雅,反而使程序看起来杂乱无章,难以阅读。内部类的另外一个优势是它和类的其他成员用法一样,可以直接访问类的其他成员,因此使用内部类也等于变相地实现了多重继承。使用内部类的缺点在于使程序的可读性大大降低,使程序的层次结构变得不清晰。

4.9.1 内部类基础

顾名思义,内部类要嵌套在另一个类的内部,基本的语法格式如下。

```
[修饰符] class 类名
{
    //声明变量;
    //声明方法;
    //声明构造方法;
    //程序块;
    //声明内部类的语法如下
    [修饰符] class 内部类名称 [extends 父类 | implements 接口,…]
    {
        //声明变量;
        //声明方法;
        //声明构造方法;
        //程序块;
        //同样还可以再定义内部类
    }
}
```

从内部类的语法上可以看出,内部类和类的其他成员在同一个层次上,内部类是类的成员。内部类定义时修饰符可以是 protected、private、static、abstract 等,内部类名同样遵循标识符的命名规则,并且内部类名不能与所嵌套的外部类重名。

内部类同类中的变量非常相似,如变量分为成员变量和局部变量,成员变量又可分为实例变量(无 static 修饰)和类变量(有 static 修饰)。同理,static 修饰的内部类称为静态内部类,否则称为成员内部类;像局部变量一样,定义在方法里的内部类称为局部内部类;还有一种内部类比较特殊,由于它没有名字且只能被调用一次,所以称为匿名内部类。

4.9.2 成员内部类

下面是一个成员内部类的例子。

【例 4.24】 Example4_24.java

```
public class Example4_24 {
    //声明成员变量
```

```java
            int a = 6;
            //程序块
            {
                int a = 8;
            }
            //构造方法
            public Example4_24(int a) {
                this.a = a;
            }
            //声明内部类 InterClass,InterClass 相当于 Example4_24 的实例成员
            class InnerClass {
                //声明内部类的成员变量
                int b = 100;
                int a = 200;
                //声明内部类的方法
                public void print() {
                    //在内部类的方法中访问外部类的成员
                    Example4_24.this.a = 300;
                    System.out.println("InnerClass.b = " + b);
                    //内部类的成员变量名与外部类的成员变量名重名,使用 this 加以区别
                    System.out.println("Example4_24.this.a = " + Example4_24.this.a);
                }
            }
            //声明外部类的方法
            public void test() {
                //在外部类的实例方法中,实例化 1 个内部类对象 ic
                InnerClass ic = new InnerClass();
                //访问内部类的成员
                System.out.println("ic.a = " + ic.a);
                ic.print();
            }
            public static void main(String[] args) {
                Example4_24 example = new Example4_24(400);
                example.test();
            }
        }
```

运行结果:

```
ic.a = 200
InnerClass.b = 100
Example4_24.this.a = 300
```

InnerClass 类是 Example4_24 类的成员内部类,成员内部类和类中的实例成员访问方式相同。成员内部类可以访问外部类的其他成员,外部类也可以访问其内部类。需要特别指出的是,在 Example4_24 类中声明了成员变量 a,声明了一个程序块,并且在程序块中也声明了一个局部变量 a,成员内部类 InnerClass 也声明了一个成员变量 a,在 InnerClass 中如何区分它们呢?在内部类中使用 Example4_24.this.a 表示是外部类 Example4_24 的成员变量 a,而 this.a 表示的是内部类的成员变量 a。另外需要注意的是,类方法不能直接访问类的实例成员。同理,在外部类的类方法中,不能直接访问成员内部类。

一个类能否访问其他类的成员内部类呢?此种情况要视内部类的访问控制修饰符而定,请看下面的例子。

【例 4.25】 Example4_25.java

```java
public class Example4_25 {
    public static void main(String[] args) {
        //实例化 Outer 类的内部类 InnerTwo 对象
        Outer.InnerTwo two = new Outer().new InnerTwo();
        /*
         * 上述代码等价于如下代码
        Outer out = new Outer;
            Outer.InnerTwo two = out.new InnerTwo();
         */
        two.b = 100;
        System.out.println("Outer.InnerTwo.b = " + two.b);
        //下行代码错误,因为 private 类型的成员对于其他类是不可见的
        //Outer.InnerOne one = new InnerOne().new InnerOne();
    }
}

class Outer{
    //声明 private 类型的非静态内部类 InnerOne
    private class InnerOne
    {
        int a;
    }
    //声明 public 类型的非静态内部类 InnerTwo
    public class InnerTwo
    {
        int b;
    }
}
```

运行结果:

Outer.InnerTwo.b = 100

在本例中,由于成员内部类 InnerOne 是 private 类型而 InnerTwo 是 public 类型,所以 InnerOne 对于类 Example4_25 是不可见的,而 InnerTwo 则是可见的。注意,在其他类中访问内部类的语法格式,可以通过"外部类.内部类 引用变量名＝new 外部类(参数列表).new 内部类(参数列表)"的形式实例化内部类对象。

注意:使用成员内部类时需要注意以下几点。

- 类方法不能直接访问该类的成员内部类;
- 在成员内部类访问所嵌套类(即外部类)的成员,使用"外部类.this.成员"的形式,成员内部类访问其自身的成员,使用"this.成员"的形式;
- 类 A 访问类 B 的成员内部类 Inner,使用"B.Inner 变量名＝new B(参数列表).new Inner(参数列表)"的形式实例化成员内部类对象,且前提条件是 Inner 在类 A 中可见。

4.9.3 静态内部类

静态内部类和成员内部类的语法格式相似,区别在于静态内部类使用 static 关键字修饰。像类变量和类方法一样,静态内部类也是属于类的,而不是属于类的实例,因此也可以将静态内部类认为是一个类成员。

【例 4.26】 Example4_26.java

```java
public class Example4_26 {
    public static void main(String[] args) {
        //实例化 StaticOuter 的内部类 StaticInner 对象
        StaticOuter.StaticInner inner = new StaticOuter.StaticInner();
        inner.setString();
        System.out.println("i = " + inner.getInt() + ",
                            s = " + inner.getString());
    }
}
class StaticOuter {
    //声明实例变量 i
    int i;
    //声明类变量 s
    static String s = "Hello";
    //定义静态内部类
    static class StaticInner {
        public static void setString() {
            s = "Nested Class";
        }
        public String getString() {
            return s;
        }
        public int getInt() {
            //在静态内部类中不能直接访问实例成员
            //i = 100;
            //可以实例化对象后访问实例成员
            return new StaticOuter().i = 100;
        }
    }
}
```

运行结果：

i = 100, s = Nested Class

在本例中，StaticOuter 类定义了一个静态内部类 StaticInner，作为 StaticOuter 类的类成员，因此在静态内部类中不能直接访问 StaticOuter 类的实例变量 i，但是可以访问外部类的类变量 s。同时，在 Example4_26 类实例化了一个 StaticInner 对象，其语法格式为

外部类.内部类变量名 = new 外部类.内部类(参数列表)

注意：使用静态内部类需要注意以下几点。

- 在静态内部类中既可以声明实例成员，也可以声明类成员。
- 静态内部类不能直接访问外部类的实例成员。
- 类 A 访问类 B 的静态内部类 Inner，在类 A 中实例化的语法格式为"B.Inner 变量名 = new B.Inner(参数列表)"，且前提条件是 Inner 在 A 中是可见的。

内部类可以使用访问控制修饰符，不同的访问控制修饰符修饰的内部类有不同的访问权限，具体如下。

- 使用 private 修饰的内部类，表示该内部类只能在其所嵌套的类中可见，不能被外部类以外的其他类访问。

- 省略修饰符的内部类,表示该内部类只能被外部类处于同一个包中的其他类访问。
- 使用 protected 修饰符的内部类,表示该内部类可被与外部类处于同一个包的其他类访问,也可被处于不同包外部类的子类访问。
- 使用 public 修饰符的内部类,可在任何包、任何类中访问。

4.9.4 局部内部类

局部变量只能定义在方法或程序块里访问,局部内部类定义在方法里,而且局部内部类的作用域也只在所定义的方法里有效。

【例 4.27】 Example4_27.java

```java
public class Example4_27 {
    public static void main(String[] args)
    {
        //定义局部内部类 A
        class A {
            int x;
            //在局部内部类 A 又嵌套内部类 C
            class C
            {}
        }
        //定义局部内部类 B,并且 B 继承 A
        class B extends A {
            int y;
        }
        //实例化内部类 B
        B b = new B();
        b.x = 3;
        b.y = 5;
        System.out.println("B.x = " + b.x);
        System.out.println("B.y = " + b.y);
    }
    public void test() {
        //下行错误,在局部内部类所嵌套的方法的外部,无论访问局部内部类
        //C c = new C();
    }
}
```

运行结果:

B.x = 3
B.y = 5

在本例中,在外部类的 main() 方法中定义局部内部类 A、B 及 C,其中,C 又嵌套在 A 中,而 B 继承于 A。那么局部内部类 A、B 和 C 的作用域均在 main() 有效,因此在 test() 方法中实例化局部内部类 C 显然是错误的。

注意:局部内部类像是局部变量,局部变量不能使用访问控制修饰符,不能使用 static 关键字修饰,作用域也只在局部变量所在的最近一层花括号({})里有效;局部内部类也是如此。

4.9.5 匿名内部类

匿名内部类是一种比较特殊的内部类,因为它没有类名,而且定义时就使用 new 运算符执行这个匿名内部类,故匿名内部类总是被执行一次,不能重复执行。

一般来说,匿名内部类需要继承一个父类或者实现一个接口,请看下面的一个匿名内部类的实例。

【例 4.28】 Example4_28.java

```java
//定义接口
interface User
{
    public String getName();
    public int getAge();
}
public class Example4_28 {
    //声明 test()方法
    public void test(User user)
    {
        System.out.println("我的名字:" + user.getName() + ",年龄:" + user.getAge());
    }
    public static void main(String[] args)
    {
        Example4_28 example = new Example4_28();
        //在 test()方法中定义匿名内部类
        example.test(new User()
        {
            //实现接口中的抽象方法 getName()和 getAge()
            public String getName() {
                return "Melon";
            }
            public int getAge() {
                return 12;
            }
        });
    }
}
```

运行结果:

我的名字:Melon,年龄:12

User 接口定义两个抽象方法 getName()和 getAge();Example4_28 类声明了一个 test(User user)方法。由于接口不能实例化,在该类的 main()方法中调用 test()方法时,需要创建一个 User 类型的对象作为实参传递到 test()方法的方法体中。由于实参也仅将值传递到方法体中,即只需要使用一次实参,因此利用匿名内部类来实现再好不过了。

注意:由于匿名内部类没有类名,因此匿名内部类不能复用,适用于一次性使用的情形。

4.9.6 思政与拓展:化繁为简

软件行业发展至今已有几十年,软件规模日趋庞大,同时软件的复杂性越来越难以控制,导致很多软件项目以失败告终。John Ousterhout 在他的《软件设计的哲学》一书中提到软件设计的最大目标就是降低复杂性,程序复杂性的来源主要有两个:代码的含义模糊和互相依赖。软件复杂性带来的危害在于它会递增,当一个程序模块出错了,导致其他基于该模块实现的代码连锁出错,整个软件项目变得越来越复杂。传统的思维方式:"先把软件产品做出来,后期再改进"已根本行不通。

在设计软件时如何降低程序的复杂性,化繁为简,在软件行业发展过程中也积累了很多有益的经验,值得我们在程序设计与开发过程中借鉴。降低程序复杂性的基本思路就是把复杂性隔离,如 Ousterhout 所言:如果能把复杂性隔离在一个模块,不与其他模块交互,就达到了消除复杂性的目标。常见控制程序复杂性的方法如下:

- 注重顶层设计和重构;
- 接口编程,将接口定义与代码实现分离,隔离变化;
- 控制需求,认清需求并采用合适的功能需求表达方式;
- 注意编码规范,确保代码质量。

小结

Java 提供了单继承机制,通过使用 extends 关键字实现继承,继承既能实现代码复用,又表征现实世界事物的内在联系。方法重载和重写是多态的重要形式,同时向上转型和向下转型也是多态的表现。父类可以使用 final 关键字限制子类的行为,使用 super 关键字访问父类成员。java.lang.Object 类是所有类的直接或间接父类。抽象类和接口常作为顶层父类使用,它们进一步简化描述了父类的方法,具体方法的实现细节交由子类完成。内部类像类的其他成员一样,是类的重成组成部分。

第 5 章

Java API

本章介绍一些常用的 Java API，包括字符串、时间与日期、数学与随机数、正则表达式和容器等接口和类。

本章要点
- 字符串；
- 时间与日期；
- 数学与随机数；
- 系统相关；
- 正则表达式；
- 容器。

5.1 字符串

java.lang 包提供了字符串相关的一些类，如 String、StringBuffer、StringBuilder 等类。字符串是应用非常频繁的对象，本节主要介绍这些字符串类的使用方法。

5.1.1 String 类

String 是一个最终类（final 类型），它表示一个字符串常量。Java 字符串常量使用双引号包括的一串字符，字符串由 0 个或任意多个字符组成，例如：

"Java Programming."

Java 编译器自动为每一个字符串常量生成一个 String 类的实例，因此可以用字符串常量直接初始化一个 String 对象，例如：

String s = "Java Programming.";

字符串常量，一旦创建之后其值就不能再改变。但 Java 提供了对字符串连接符号（+）用于连接其他字符串，例如：

String s = "Hello, " + name;

假设变量 name 的值是"Liming"，那么字符串变量 s 的值为"Hello，Liming"。

声明字符串除了上述方式，也可以使用 String 类的构造方法创建字符串对象，String 类中提供了多个构造方法,常见的构造方法见表5.1。

表5.1 String类常见的构造方法

方 法 名	说　　明
String()	创建一个空字符串
String(byte[] bytes)	将一个byte数组构造为字符串
String(String s)	使用字符串构造为String对象
String(char[] chars)	将一个字符数组构造为字符串

String类提供了很多操作字符串的方法,包括字符串的比较、查找、分隔等操作,表5.2列出String类的主要方法。

表5.2 String类的主要方法

方 法 名	说　　明
byte[] getBytes()	返回字符串的byte数组形式
char charAt(int index)	返回指定索引处的字符
int compareTo(String s)	按照字母表的顺序比较两个字符串的大小关系,如相等返回0,否则返回两个字符串对应字符的差值
boolean regionMatches(boolean ignoreCase, int toffset, String other, int offset, int len)	测试两个字符串的区域是否相等,即模式匹配,匹配成功则返回true,否则返回false
boolean startsWith(String prefix, int toffset)	判断字符串是否以指定前缀开始
boolean endsWith(String suffix)	判断该字符串是否以suffix后缀结束
int lastIndexOf(int ch)	返回ch在该字符串中最后一次出现时的索引值
String substring(int beginIndex, int endIndex)	取得该字符串在[beginIndex,endIndex)范围内的子字符串
String concat(String str)	将str连接到该字符串后并返回
String replace(char oldChar, char newChar)	该方法有重载,将字符oldChar替换为newChar
String[] split(String regex)	将字符串根据给定的正则表达式进行拆分
String toLowerCase()	返回字符串的小写字母形式
String toUpperCase()	返回字符串的大写字母形式
String trim()	清除字符串两端的空格
char[] toCharArray()	返回字符串的字符数组形式
static String valueOf(type types)	该方法有重载,返回types的字符串形式
int length()	返回字符串长度
boolean equals(String s)	判断两个字符串的内容是否相等
int indexOf(int ch)	返回ch在该字符串中首次出现时的索引值

编写一个程序,输入一个身份证号,并实现如下功能:①验证身份证号的有效性;②获取其出生年月日;③判断其籍贯是否为北京市朝阳区。例5.1为String类的实例。

【例5.1】 Example5_01.java

```java
public class Example5_01 {
    public static void main(String[] args) {
        String id = input();
        if(valid(id)){
            LocalDate birth = getBirth(id);
            System.out.println("出生日期: " + birth.toString());
```

```java
            //北京朝阳区地区编码 110105
            String chaoyang = "110105";
            System.out.println("他是朝阳群众吗?" + getRegion(id,chaoyang));
        }
        else{
            System.out.println("请输入合法身份证号码!");
            return;
        }
    }
    //输入身份证号码
    public static String input(){
        Scanner scanner = new Scanner(System.in);
        System.out.println("输入身份证号码: ");
        String id = null;
        id = scanner.nextLine();
        return id;
    }
    /**
     * 根据正则表达式验证身份证有效性
     * @param id 身份证号码
     * @return
     */
    public static boolean valid(String id){
        //身份证正则表达式
        String regex = "\\d{17}[\\d|x]|\\d{15}";
        if(id.matches(regex))
            return true;
        return false;
    }
    /**
     * 根据身份证号码得到出生日期
     * @param id 身份证号码
     * @return  LocalDate 类型的日期
     */
    public static LocalDate getBirth(String id){
        int year = Integer.parseInt(id.substring(6,10));
        int month = Integer.parseInt(id.substring(10,12));
        int day = Integer.parseInt(id.substring(12,14));
        LocalDate birthdate = LocalDate.of(year,month,day);
        return birthdate;
    }
    /**
     * 判断身份证号码是否以 prefix 打头
     * @param id 身份证号码
     * @param prefix 前缀
     * @return
     */
    public static boolean getRegion(String id,String prefix){
        if(id.startsWith(prefix))
            return true;
        return false;
    }
}
```

运行结果:

输入身份证号码:
110105200808081256
出生日期: 2008-08-08
他是朝阳群众吗?true

5.1.2 StringBuffer 类

尽管 String 类提供了丰富的方法,但 String 代表的是字符串常量,所以无法对字符串进行插入、删除等操作。StringBuffer 类可用于操作字符串变量,特别是追加、插入等操作,另外,StringBuffer 也支持多线程,对于需要对字符串执行同步的程序来讲,使用 StringBuffer 是较好的选择。

创建 StringBuffer 对象时可为该对象提供一个字符串缓冲区,默认情况下其容量为 16 个字符,当然也可以指定缓冲区容量的大小。表 5.3 列出了 StringBuffer 类的构造方法。

表 5.3 StringBuffer 类的构造方法

方 法 名	说 明
StringBuffer()	构造一个空的 StringBuffer 对象,其缓冲区容量为 16 个字符
StringBuffer(int capacity)	构造一个缓冲区容量为 capacity 的 StringBuffer 对象
StringBuffer(String str)	构造一个初始内容为 str 的 StringBuffer 对象,容量为 16 加上 str 的长度

StringBuffer 类也提供了很多关于字符串操作的方法,有些方法与 String 类高度雷同,此处不再赘述。表 5.4 列出了 StringBuffer 类的追加、插入、删除、反转等常用方法。

表 5.4 StringBuffer 类的常用方法

方 法 名	说 明
StringBuffer append(type t)	将 t 追加到此字符串的尾部
StringBuffer insert(int offset, type t)	将 t 插入到此字符串索引为 offset 的位置
StringBuffer reverse()	返回此字符串的反转形式
StringBuffer delete(int start, int end)	删除此字符串指定区间[start, end]内的子字符串
StringBuffer deleteCharAt(int index)	删除此字符串指定索引处的字符

下面的案例遍历一个数组,并将其元素拼接为一个字符串形式,本程序分别使用 String 类与 StringBuffer 类两种方式实现,可通过结果对比二者的效率。

【例 5.2】 Example5_02.java

```java
public class Example5_02 {
    public static void main(String[] args) {
        int len = 10000;
        int[] arr = new int[len];
        for (int i = 0; i < arr.length; i++){
            arr[i] = 2 * i + 1;
        }
        String s = arrayToStringBuffer(arr);
        String s1 = arrayToString(arr);
    }
    //使用 StringBuffer 方式拼接字符串
    public static String arrayToStringBuffer(int[] arr){
        StringBuffer sb = new StringBuffer();
```

```java
            long begin = System.currentTimeMillis();
            sb.append("[");
            for (int x = 0; x < arr.length; x++) {
                //最后一个元素
                if (x == arr.length - 1) {
                    sb.append(arr[x]+"]");
                } else {
                    //拼接后为 StringBuffer 类型
                    sb.append(arr[x]).append(", ");
                }
            }
            long end = System.currentTimeMillis();
            System.out.println("StringBuffer 方式消耗时间: " + (end-begin) + "ms");
            //StringBuffer 类下的 toString()方法,返回字符串 String 类型
            return sb.toString();
        }
        //使用 String 方式拼接字符串
        public static String arrayToString(int[] arr){
            String sb = "";
            long begin = System.currentTimeMillis();
            sb = sb + "[";
            for (int x = 0; x < arr.length; x++) {
                //最后一个元素
                if (x == arr.length - 1) {
                    sb = sb + arr[x]+"]";
                } else {
                    //拼接后为 StringBuffer 类型
                    sb = sb + arr[x] + ", ";
                }
            }
            long end = System.currentTimeMillis();
            System.out.println("String 方式消耗时间: " + (end-begin) + "ms");
            //StringBuffer 类下的 toString()方法,返回字符串 String 类型
            return sb.toString();
        }
    }
```

运行结果:

StringBuffer 方式消耗时间: 37ms
String 方式消耗时间: 232ms

本例分别使用 StringBuffer 类和 String 类将一个长度为 10000 的整型数组遍历后拼接为字符串形式。通过运行结果可以看到,StringBuffer 类的 append()方法追加字符串明显比 String 类使用"+"拼接的方式效率高。

5.1.3 StringBuilder 类

StringBuffer 是一个线程安全类,提供了对字符串操作的同步控制。同时,Java 也提供了另外一个字符串的可变对象,用来高效拼接字符串,它就是 StringBuilder 类。StringBuilder 类是线程不安全的,但支持链式操作,效率比 StringBuffer 更高。StringBuilder 类提供的方法与 StringBuffer 类似,本节不再说明。仍以例 5.2 的功能,增加一个方法使用 StringBuilder 类实现。

```java
/**
 * 使用StringBuilder类实现字符串拼接
 * @param arr
 * @return
 */
public static String arrayToStringBuilder(int[] arr){
    StringBuilder sb = new StringBuilder();
    long begin = System.currentTimeMillis();
    sb.append("[");
    for (int x = 0; x < arr.length; x++) {
        //最后一个元素
        if (x == arr.length - 1) {
            sb.append(arr[x] + "]");
        } else {
            //拼接后为StringBuffer类型
            sb.append(arr[x]).append(", ");
        }
    }
    long end = System.currentTimeMillis();
    System.out.println("StringBuilder方式消耗时间: " + (end-begin) + "ms");
    //StringBuilder类下的toString()方法,返回字符串String类型
    return sb.toString();
}
```

运行结果：

StringBuffer方式消耗时间：60ms
String方式消耗时间：213ms
StringBuilder方式消耗时间：4ms

通过对比，StringBuilder类的效率最高，String类的效率最低。说明如果大量对字符串进行拼接、插入和删除等操作时，使用StringBuilder是较好的选择。

注意：String类与StringBuffer类、StringBuilder类的不同之处如下。

- String类重写了equals()方法，比较两个字符串内容是否相等。StringBuffer类和StringBuilder类没有重写equals()方法，仍然比较两个对象的地址是否相等；
- StringBuffer类和StringBuilder类用于字符串追加、插入、删除、反转等操作，且其内容可以改变，且字符串拼接的效率明显比String类高；
- StringBuffer是StringBuilder的线程安全版本，现在很少使用。

5.1.4 StringTokenizer类

java.util.StringTokenizer类用于分隔字符串，可以指定分隔符，并提供了遍历字符串的方法。StringTokenizer类的构造方法与其他方法如表5.5所示。

表5.5 **StringTokenizer类的构造方法和其他方法**

方 法 名	说 明
StringTokenizer(String str)	构造一个用来解析str的StringTokenizer对象。Java默认的分隔符是"空格""制表符('\t')""换行符('\n')""回车符('\r')"

续表

方法名	说明
StringTokenizer(String str,String delim)	构造一个用来解析 str 的 StringTokenizer 对象,并提供一个指定的分隔符
StringTokenizer(String str,String delim,boolean retrunDelims)	构造一个用来解析 str 的 StringTokenizer 对象,并提供一个指定的分隔符,同时指定是否返回分隔符
int countTokens()	返回 nextToken 方法被调用的次数
boolean hasMoreTokens()	返回是否还有分隔符
boolean hasMoreElements()	返回是否还有元素
String nextToken()	返回从当前位置到下一个分隔符的字符串
String nextToken(String delim)	以指定的分隔符返回结果

【例 5.3】 Example5_03.java

```java
import java.util.StringTokenizer;
public class Example5_03 {
    public static void main(String[] args) {
        String s = new String("Object - oriented programming (OOP) is a programming" +
"paradigm.");
        StringTokenizer st = new StringTokenizer(s);
        System.out.println("Token Total: " + st.countTokens());
        while(st.hasMoreElements()) {
            System.out.println(st.nextToken());
        }
    }
}
```

运行结果：

```
Token Total: 7
Object - oriented
programming
(OOP)
is
a
programming
paradigm.
```

本例构造了无参 StringTokenizer 对象,使用空格作为分隔符分隔字符串 s,通过使用 hasMoreElements() 和 nextToken() 方法遍历分隔后的字符串。hasMoreElements() 和 hasMoreToken() 方法是等价的,本例中二者可以互换。

5.2 时间与日期

时间和日期是应用程序中经常用到的对象,Java 提供了丰富的时间与日期类,包括日期、时间、日历等类。

5.2.1 java.util.Date 类

java.util.Date 类封装了当前的日期和时间,通过 Date 类可以构建当前的系统时间,该类同时提供设置时间、获取时间、比较时间关系的方法,具体见表 5.6。

表 5.6 java.util.Date 类的构造方法和常用方法

方 法 名	说 明
Date()	使用当前日期和时间来初始化对象
Date(long ms)	参数是从 1970 年 1 月 1 日起的毫秒数,构造 Date 对象
void setTime(long ms)	用自 1970 年 1 月 1 日 00:00:00 GMT 以后 time 毫秒数设置时间和日期
long getTime()	返回自 1970 年 1 月 1 日 00:00:00 GMT 以来此 Date 对象表示的毫秒数
boolean after(Date date)	若调用此方法的 Date 对象在指定日期之后返回 true,否则返回 false
boolean before(Date date)	若调用此方法的 Date 对象在指定日期之前返回 true,否则返回 false
int compareTo(Date date)	比较调用此方法的 Date 对象和指定日期。两者相等时返回 0。调用对象在指定日期之前则返回负数。调用对象在指定日期之后则返回正数

5.2.2 java.sql.Date 类

java.sql.Date 为 java.util.Date 的子类,该类是一个封装了毫秒值并支持 JDBC 操作的日期类,该类是为了与 SQL DATE 类型保持一致而特设的一个日期类,规范化的 java.sql.Date 只包含年月日信息,时分秒等都置零。该类的构造方法和常用方法见表 5.7。

表 5.7 java.sql.Date 类的构造方法和常用方法

方 法 名	说 明
Date(long ms)	使用给定的毫秒数构造 Date 对象
void setTime(long ms)	用给定的毫秒数设置日期
static Date valueOf(String s)	将 JDBC 日期转义格式的字符串转换为日期类型

5.2.3 Calendar 类

java.util.Calendar 类是一个抽象类,表示日历对象,它提供了丰富的常量,如 YEAR、MONTH、DATE_OF_MONTH 等表示年、月、日等,同时提供了操作日历字段的一些方法,如 get()、set()等方法。表 5.8 列出了 Calendar 类的常量和常用方法。

表 5.8 java.util.Calendar 类的常量和常用方法

常量和常用方法	说 明
Calendar.YEAR	年份
Calendar.MONTH	月份,注意月份范围为 0~11,0 代表 1 月,以此类推
Calendar.DATE	日期
Calendar.DAY_OF_MONTH	日期
Calendar.HOUR	12 小时制的小时
Calendar.HOUR_OF_DAY	24 小时制的小时
Calendar.MINUTE	分钟
Calendar.SECOND	秒
Calendar.DAY_OF_WEEK	星期几
getInstance()	返回一个日历对象实例
final void setTime(Date date)	用给定的日期设置日历
final java.util.Date getTime()	返回一个 java.util.Date 日期类型
void set(int year,int month,int day)	根据年、月、日设置日历
int get(int field)	根据日历常量值获取当前日历信息

【例 5.4】 Example5_04.java

```java
import java.time.LocalDate;
import java.util.Calendar;
import java.util.Date;
public class Example5_04 {
    public static void main(String[] args) {
        java.util.Date date = new java.util.Date();
        System.out.println("Date原始输出:" + date.toString());
        System.out.println("距1970-1-1 0时的毫秒数:" + date.getTime());
        //通过 java.util.Date 构造 java.sql.Date 对象
        java.sql.Date dbDate = new java.sql.Date(date.getTime());
        //可将 java.sql.Date 对象转换为 LocalDate 对象
        LocalDate localDate = dbDate.toLocalDate();
        System.out.println("LocalDate:" + localDate);
        //Calendar 类是抽象类
        Calendar calendar = Calendar.getInstance();
        //可通过如下两种方式为日历对象设置时间
        calendar.set(2021,11,06);
        calendar.setTime(date);
        //格式化日期 yyyy年 M月 d日 hh:mm:ss
        String sDate = calendar.get(Calendar.YEAR) + "年" +
            (calendar.get(Calendar.MONTH) + 1) + "月" +
            calendar.get(Calendar.DAY_OF_MONTH) + "日" +
            calendar.get(Calendar.HOUR_OF_DAY) + ":" + calendar.get(Calendar.MINUTE) +
            ":" + calendar.get(Calendar.SECOND);
        System.out.println(sDate);
    }
}
```

运行结果:

```
Date原始输出: Fri Nov 05 23:23:32 CST 2021
距1970-1-1 0时的毫秒数: 1636125812156
LocalDate:2021-11-05
2021年11月5日 23:23:32
```

5.2.4 LocalDate 类

java.time 包提供了日期和时间的 API,包括的类型如下。

- 本地日期和时间:LocalDate、LocalTime、LocalDateTime;
- 带时区的日期和时间:ZonedDateTime;
- 时刻:Instant;
- 时区:ZoneId、ZoneOffset;
- 时间间隔:Duration。

java.time.LocalDate 是 Java 8 新增的一个日期类,该类提供了对日期(年月日)的简便操作。该类不能代表时间线上的即时信息,只是日期的描述。在 LocalDate 类中提供了两个获取日期对象的方法:now()和 of(int year, int month, int dayOfMonth),可通过这两个方法构造一个 LocalDate 对象,例如:

//构造日期为 2021-11-11

```
LocalDate date = LocalDate.of(2021,11,11);
//以默认时区的系统时间构造 LocalDate 对象
LocalDate now = LocalDate.now();
```

表 5.9 列出了 LocalDate 类的主要方法。

表 5.9 java.time.LocalDate 类的主要方法

方 法 名	说 明
static LocalDate now()	返回当前日期
static LocalDate of(int year,int m,int d)	根据参数指定的年月日设置日期
static LocalDate parse(CharSequence text)	将特定格式的字符串转换为 LocalDate 类型
int getDayOfMonth()	获取当前日期是所在月的第几天
int getMonthValue()	获取当前日期所在月份数值
boolean isLeapYear()	判断当前日期是否为闰年
LocalDate with(TemporalField t,long v)	给特定时间字段赋予新值
LocalDate withDayOfMonth(int day)	将当前日期的日替换为参数值
LocalDate withDayOfYear(int day)	将当前日期的天数替换为参数值
LocalDate withMonth(int month)	将当前日期的月份替换为参数值
LocalDate withYear(int year)	将当前日期的年份替换为参数值
LocalDate minusDays(long days)	将当前日期减少参数天
LocalDate minusWeeks(long weeks)	将当前日期减少参数周
LocalDate minusMonths(long months)	将当前日期减少参数月
LocalDate minusYears(Long years)	将当前日期减少参数年
LocalDate plusDays(long days)	将当前日期增加参数天
LocalDate plusWeeks(long weeks)	将当前日期增加参数周
LocalDate plusMonths(long months)	将当前日期增加参数月
LocalDate plusYear(long years)	将当前日期增加参数年

注意：Java 8 新修订的日期和时间类较旧版本做了如下方面的完善。

- 月份 Month 的范围用 1~12 表示 1~12 月，星期 Week 的范围用 1~7 表示星期一至星期日；
- 严格区分了时刻、本地日期、本地时间和带时区的日期和时间，对日期和时间的运算更加简便；
- 新 API 的类型几乎都是不变类型（类似于 String），不必担心值被修改。

5.2.5 LocalTime 类

java.time.LocalTime 类是一个时间类，提供了包括时、分、秒和纳秒等时钟信息，与 LocalDate 类一样，该类不能代表时间线上的即时信息，只是时间的描述。在 LocalTime 类中提供了获取时间对象的方法，与 LocalDate 用法类似。同时 LocalTime 类也提供了与日期类相对应的时间格式化、增减时分秒等常用方法，这些方法与日期类相对应。

```
//构造时间为 10:10:35
LocalTime localTime = LocalTime.of(10,10,35);
//以默认时区的系统时钟构造 LocalTime 对象
LocalTime time = LocalDTime.now();
```

表 5.10 列出了 LocalTime 类的主要方法。

表 5.10　java.time.LocalTime 类的主要方法

方 法 名	说　明
static LocalTime now()	返回当前时间
static LocalTime of(int hour,int m,int s)	根据参数指定的时分秒设置时间
static LocalTime parse(CharSequence text)	将特定格式的字符串转换为 LocalTime 类型
int getNano()	获取当前时间的纳秒数
int getHour()	获取当前时间的小时
int getMinute()	获取当前时间的分钟
int getSecond()	获取当前时间的秒
LocalDateTime atDate(LocalDate date)	给特定日期字段赋予新值
LocalTime with(TemporalField t, long v)	给特定时间字段赋予新值
LocalTime withHour(int hour)	将当前时间的小时替换为参数值
LocalTime withMinute(int minute)	将当前时间的分钟替换为参数值
LocalTime withSecond(int second)	将当前时间的秒替换为参数值
LocalTime withNano(int nano)	将当前时间的纳秒替换为参数值
LocalTime minusHours(long hours)	将当前时间减少参数小时
LocalTime minusMinutes(long min)	将当前时间减少参数分钟
LocalTime minusSeconds(long sec)	将当前时间减少参数秒
LocalTime minusNanos(long nanos)	将当前时间减少参数纳秒
LocalTime plusHours(long hours)	将当前时间增加参数小时
LocalTime plusMinutes(long min)	将当前时间增加参数分钟
LocalTime plusSeconds(long sec)	将当前时间增加参数秒
LocalTime plusNanos(long nanos)	将当前时间增加参数纳秒
boolean isBefore(LocalTime time)	当前时间对象与参数比较,若在参数之前返回 true
boolean isAfter(LocalTime time)	当前时间对象与参数比较,若在参数之后返回 true

5.2.6　LocalDateTime 类

java.time.LocalDateTime 类表示一个本地日期和时间,相当于 LocalDate 和 LocalTime 二者的综合体。

【例 5.5】 Example5_05.java

```java
import java.time.LocalDate;
import java.time.LocalDateTime;
import java.time.LocalTime;
public class Example5_05 {
    public static void main(String[] args) {
        LocalDateTime localDateTime1 = LocalDateTime.now();
        LocalDateTime localDateTime2 = LocalDateTime.of(2021, 11, 11, 18, 56, 52);
        System.out.println(localDateTime1);
        System.out.println(localDateTime2);
        System.out.println("localDateTime1 星期: " + localDateTime1.getDayOfWeek());
        //将 LocalDateTime 转换为 LocalDate 与 LocalTime
        LocalDate date = localDateTime1.toLocalDate();
        LocalTime time = localDateTime1.toLocalTime();
        System.out.println(date);
        System.out.println(time);
```

```
        int hour = time.getHour();
        int minute = time.getMinute();
        int second = time.getSecond();
        int nano = time.getNano();
        System.out.println("时 -> " + hour);
        System.out.println("分 -> " + minute);
        System.out.println("秒 -> " + second);
        System.out.println("Nano -> " + nano);
    }
}
```

运行结果:

```
2021-11-06T00:37:23.557737600
2021-11-11T18:56:52
localDateTime1 星期: SATURDAY
2021-11-06
00:37:23.557737600
时 -> 0
分 -> 37
秒 -> 23
Nano -> 557737600
```

注意: LocalDateTime、LocalDate 和 LocalTime 都严格按照国际标准 ISO 8601 规定的日期和时间格式进行打印，ISO 8601 规定日期和时间之间使用分隔符 T 隔开，标准格式如下。

- 日期: yyyy-MM-dd;
- 时间: HH:mm:ss;
- 带毫秒的时间: HH:mm:ss.SSS;
- 日期和时间: yyyy-MM-dd'T'HH:mm:ss;
- 带毫秒的日期和时间: yyyy-MM-dd'T'HH:mm:ss.SSS。

LocalDateTime、LocalDate 和 LocalTime 三个类都提供了 parse() 方法，可将符合 ISO 8601 格式的字符串转换为相应的日期和时间类型，例如:

```
//将字符串转换为 LocalDateTime 类型
LocalDateTime dt = LocalDateTime.parse("2021-11-06T08:16:32");
//将字符串转换为 LocalDate 类型
LocalDate d = LocalDate.parse("2021-11-06");
//将字符串转换为 LocalTime 类型
LocalTime t = LocalTime.parse("08:16:32");
```

5.2.7 Instant 类

java.time.Instant 类代表某个时间。其内部由两个 long 字段组成，第一部分保存的是标准 Java 计算时代(就是 1970 年 1 月 1 日开始)到现在的秒数，第二部分保存的是纳秒数。表 5.10 列出了 Instant 类的主要方法。

表 5.11 java.time.Instant 类的主要方法

方法名	说明
now()	从系统时钟获取当前瞬时
now(Clock clock)	从指定时钟获取当前瞬时
ofEpochSecond(long epochSecond)	使用从标准 Java 计算时代开始的秒数获得一个 Instant 的实例

续表

方法名	说明
ofEpochMilli(long epochMilli)	使用从标准 Java 计算时代开始的秒数获得一个 Instant 的实例
getEpochSecond()	从 1970-01-01T00:00:00Z 的 Java 时代获取秒数
getNano()	获取 Instant 对象表示的纳秒数
parse(CharSequence text)	从一个指定格式的文本字符串获取一个 Instant 的实例
from(TemporalAccessor tenporal)	从时间对象获取一个 Instant 的实例

【例 5.6】 Example5_06.java

```java
import java.time.Instant;
public class Example5_06 {
    public static void main(String[] args) {
        //创建 Instant 对象
        Instant instant = Instant.now();
        //以 ISO 8601 格式输出
        System.out.println(instant);
        //java.util.Date --> Instant 类型
        instant = Instant.ofEpochMilli(new java.util.Date().getTime());
        //将字符串转换为 Instant 类型
        instant = Instant.parse("2021-11-11T10:10:35Z");
        System.out.println(instant);
        Instant in = instant.plusSeconds(30);
        System.out.println(in);
    }
}
```

运行结果：

2021-11-05T17:19:56.009729500Z
2021-11-11T10:10:35Z
2021-11-11T10:11:05Z

5.2.8 Duration 类和 Period 类

Duration 类基于时间值，其作用范围是天、时、分、秒、毫秒和纳秒，而 Period 类基于日期类，计算两个日期之间的差值。

【例 5.7】 Example5_07.java

```java
import java.time.Duration;
import java.time.LocalDateTime;
import java.time.Period;
public class Example5_07 {
    public static void main(String[] args) {
        LocalDateTime now = LocalDateTime.now();
        LocalDateTime ago = LocalDateTime.of(1921,07,01,0,0,0);
        //创建 Duration 对象
        Duration duration = Duration.between(ago,now);
        System.out.println("间隔天："+ duration.toDays());
        System.out.println("间隔小时："+ duration.toHours());
        System.out.println("间隔分钟："+ duration.toMinutes());
        //创建 Period 对象
```

```
            Period period =
                Period.between(ago.toLocalDate(),now.toLocalDate());
            System.out.println("间隔年: " + period.getYears());
            System.out.println("间隔月: " + period.getMonths());
            System.out.println("间隔天: " + period.getDays());
    }
}
```

运行结果：

间隔天: 36653
间隔小时: 879673
间隔分钟: 52780394
间隔年: 100
间隔月: 4
间隔天: 5

5.2.9 日期格式化

1. DateFormat 类

java.text.DateFormat 类提供了两个功能：定义日期时间格式，实现 String 与日期时间之间的转换。DateFormat 是一个抽象类，SimpleDateFormat 是其实现类。该类的基本用法如下。

```
//创建 java.util.Date 对象
Date date = new Date();
//实例化 DateFormat 对象,并指定日期格式为"yyyy-MM-dd HH:mm:ss"
DateFormat dateFormat = new SimpleDateFormat("yyyy-MM-dd HH:mm:ss");
//将 Date 类型转换为上述格式的字符串
String s = dateFormat.format(date);
//将"2021-11-06 13:10:35"转换为 java.util.Date 类型
String d = "2021-11-06 13:10:35";
date = dateFormat.parse(d);
```

可以看到，SimpleDateFormat 类提供的构造方法用来指定日期和时间格式，format()方法可以将一个 Date 对象转换为相应格式的字符串；反之，parse()方法可以将指定格式的字符串转换为 Date 类型。SimpleDateFormat 类的日期和时间格式由模式字符串指定，该类定义了模式字母，所有其他字符'A'～'Z'和'a'～'z'都被保留，具体见表 5.12。

表 5.12 模式字母表

字母	日期或时间元素	类　　型	示　　例
G	Era 标志符	Text	AD
y	年	Year	2021；21
M	年中的月份	Month	July；Jul；07
w	年中的周数	Number	36
W	月份中的周数	Number	2
D	年中的天数	Number	310
d	月份中的天数	Number	7
E	星期中的天数	Text	Sunday；Sun
a	AM/PM 标志	Text	PM
H	一天中的小时数(0～23)	Number	0

续表

字母	日期或时间元素	类型	示例
k	一天中的小时数(1～24)	Number	24
K	一天中的小时数(0～11)	Number	0
h	一天中的小时数(1～12)	Number	12
m	小时中的分钟数	Number	30
s	分钟中的秒数	Number	59
S	毫秒数	Number	988

2. DateTimeFormatter 类

java.text.DateFormat 类主要实现在 java.util.Date 进行格式化显示。如果要对 LocalDateTime 进行格式化显示,需要使用 DateTimeFormatter 类。DateTimeFormatter 是不变对象,并且是线程安全的。

【例 5.8】 Example5_08.java

```java
import java.text.DateFormat;
import java.text.ParseException;
import java.text.SimpleDateFormat;
import java.time.LocalDateTime;
import java.time.format.DateTimeFormatter;
import java.time.temporal.TemporalAccessor;
import java.util.Date;

public class Example5_08 {
    public static void main(String[] args) {
        //创建 java.util.Date 对象
        Date date = new Date();
        //实例化 DateFormat 对象,并指定日期格式为"yyyy-MM-dd HH:mm:ss"
        DateFormat dateFormat = new SimpleDateFormat("yyyy-MM-dd HH:mm:ss");
        //将 Date 类型转换为上述格式的字符串
        String s = dateFormat.format(date);
        //将"2021-11-06 13:10:35"转换为 java.util.Date 类型
        String d = "2021-11-06 10:10:35";
        try {
            date = dateFormat.parse(d);
        } catch (ParseException e) {
            e.printStackTrace();
        }
        //创建 LocalDateTime 对象
        LocalDateTime dt = LocalDateTime.now();
        //定义日期格式
        DateTimeFormatter f1 = DateTimeFormatter.ofPattern("yyyy年MM月dd日");
        String s1 = dt.format(f1);
        System.out.println(s1);
        //定义时间格式
        DateTimeFormatter f2 = DateTimeFormatter.ofPattern("HH:mm:ss");
        String s2 = dt.format(f2);
        System.out.println(s2);
        TemporalAccessor ta = f1.parse("2021年09月10日");
        System.out.println(ta);
    }
}
```

运行结果：
2021 年 11 月 07 日
14:10:22
{},ISO resolved to 2021 - 09 - 10

5.3 数值与随机数

本节主要介绍有关初等数学的相关函数操作类、随机类和包装类。包装类提供了对 Java 的八种基本数据类型封装的方法。

5.3.1 Math 类

java.lang.Math 类提供了大量类方法，用于求解基本数学运算，如初等指数、对数、三角函数、平方根、绝对值、近似值等。Math 类的常见方法见表 5.13。

表 5.13 java.lang.Math 类的常见方法

方法名	说明
abs(a)	计算绝对值
sqrt(a)	计算平方根
ceil(a,b)	计算大于参数的最小整数，简称天花板数
floor(a)	计算小于参数的最小整数，简称地板数
round(a)	计算小数进行四舍五入后的结果
max(a,b)	计算两个数的较大值
min(a,b)	计算两个数的较小值
random()	生成一个大于 0.0 且小于 1.0 的随机值
pow(a,b)	计算 a^b
log(a)	计算以自然数为底数的对数值
sin(a)	求参数的正弦值
cos(a)	求参数的余弦值
tan(a)	求参数的正切值
asin(a)	求参数的反正弦值
acos(a)	求参数的反余弦值
atan(a)	求参数的反正切值
toDegrees(a)	将参数转换为角度
toRadians(a)	将角度转换为弧度

5.3.2 Random 类

java.util.Random 类可以生成指定范围的随机数，包括整数和浮点数。Random 类中提供了两个构造方法和随机生成整数和浮点数的方法。Random 类的构造方法和常见方法见表 5.14。

表 5.14 java.util.Random 类的构造方法和常见方法

方法名	说明
Random()	构造一个随机数生成器
Random(long seed)	用种子 seed 构造一个随机数生成器

续表

方 法 名	说　明
boolean nextBoolean()	生成一个 boolean 类型的随机数
float nextFloat()	生成一个 float 类型的随机数
double nextDouble()	生成一个 double 类型的随机数
int nextInt()	生成一个 int 类型的随机数
int nextInt(int bound)	生成一个[0,bound]范围内 int 类型的随机数
int nextLong()	生成一个 long 类型的随机数

Random 类的两个构造方法，无参构造方法具有更强的随机性，通过它创建的 Random 实例对象每次使用的种子都是随机的，因此每个对象产生的随机数不同。如果希望创建的多个 Random 实例对象产生相同的随机数，则使用带有种子值的构造方法，传入相同的种子值即可，如例 5.9 所示。

【例 5.9】 Example5_09.java

```
import java.util.Random;
public class Example5_09 {
    public static void main(String[] args) {
        testRandom();
    }
    public static void testRandom() {
        System.out.println("Random 不设置种子：");
        for (int i = 0; i < 5; i++) {
            Random random = new Random();
            for (int j = 0; j < 10; j++) {
                System.out.print(" " + random.nextInt(100) + "\t");
            }
            System.out.println("");
        }
        System.out.println("");
        System.out.println("Random 设置种子：");
        for (int i = 0; i < 5; i++) {
            Random random = new Random();
            random.setSeed(100);
            for (int j = 0; j < 10; j++) {
                System.out.print(" " + random.nextInt(100) + "\t");
            }
            System.out.println("");
        }
    }
}
```

某次运行结果如下。

Random 不设置种子：
    31 21 67 4   47 69 91 77 97 89
    58 17 80 63 44 77 65 73 98 67
    12 35 36 92 70 83 42 76 49 68
    8   97 57 35 71 76 70 59 2   57
    94 28 37 40 65 53 43 14 53 12
Random 设置种子：

```
15  50  74  88  91  66  36  88  23  13
15  50  74  88  91  66  36  88  23  13
15  50  74  88  91  66  36  88  23  13
15  50  74  88  91  66  36  88  23  13
15  50  74  88  91  66  36  88  23  13
```

例 5.10 中用 StringBuilder 和 Random 类提供了两种生成验证码的方法,其一是生成一个 4 位数字组成的验证码,其二是生成一个由数字和字母组成的 4 位验证码。

【例 5.10】 Example5_10.java

```java
import java.util.Random;
public class Example5_10 {
    public static void main(String[] args) {
        System.out.println("四位数字:" + numberCode());
        System.out.println("四位字符:" + stringCode());
    }
    //生成 4 位数字组成的验证码
    static String numberCode(){
        Random r1 = new Random();
        int i = 0 ;
        //随机数不能小于 1000
        i = r1.nextInt(10000);
        while(true){
            if(i<1000)
                i = r1.nextInt(10000);
            else
                break;
        }
        return String.valueOf(i);
    }
    //生成 4 位字符组成的验证码
    static String stringCode(){
        Random r2 = new Random();
        //构造随机数产生的范围
        String s = "abcdefghigklmnopqrstuvwxyz0123456789";
        StringBuilder s1 = new StringBuilder(s);
        StringBuilder code = new StringBuilder("");
        for(int i = 0;i<4;i++){
            int index = r2.nextInt(36);
            code.append(s1.charAt(index));
        }
        return code.toString();
    }
}
```

某次运行结果如下。

四位数字:7169
四位字符:i39s

5.3.3 包装类

Java 作为一种面向对象的语言,类将方法和数据有机整合为一体。但 Java 提供的 8 种基本数据类型并不符合面向对象的思想,特别是在一些场景下,需要把基本数据类型作为对象来使用。为了解决这样的问题，JDK 提供了包装类，将基本数据类型封装为引用数据类型。表 5.15 列出了基本数据类型与包装类的对应关系。

表 5.15 基本数据类型对应的包装类

基本数据类型	包 装 类	基本数据类型	包 装 类
byte	Byte	float	Float
boolean	Boolean	int	Integer
char	Character	long	Long
double	Double	short	Short

包装类提供了丰富的方法和常量，本节以 Integer 类为例说明包装类的基本用法，表 5.16 列出了 Integer 类的主要方法。

表 5.16 Integer 类的主要方法

方 法 名	说 明
xxx xxxValue()	如 floatValue()，返回指定类型的数值
static int parseInt(String s)	将由数字组成的字符串转换为 int 类型
static Integer valueOf(String s)	将字符串 s 转换为 Integer 类型
static String toBinaryString(int i)	将参数 i 转换为二进制形式的字符串
static String toHexString(int i)	将参数 i 转换为十六进制形式的字符串
static String toOctalString(int i)	将参数 i 转换为八进制形式的字符串

【例 5.11】 Example5_11.java

```
public class Example5_11 {
    public static void main(String[] args) {
        Integer i = 100;
        //可以直接将 Integer 类型的变量赋给 int 类型变量
        int j = i;
        double d = i.doubleValue();
        String s = "1024";
        //将 String 类型转换为 int 类型
        j = Integer.parseInt(s);
        //使用 valueOf()方法将字符串 s 转换为 Integer 类型
        i = Integer.valueOf(s);
        //将 j 转换为十六进制的字符串
        System.out.println(Integer.toHexString(j));
    }
}
```

运行结果：

400

注意：基本数据类型与对应包装类的不同之处如下。

- 包装类型可以是 null，而基本数据类型不可以；
- 包装类可用于泛型，而基本数据类型不可以；
- 基本数据类型与包装类占用的内存空间不同，基本数据类型较包装类更高效。

从 Java 9 之后，Integer 不再推荐使用其构造方法创建 Integer 对象，这意味着 int 类型与 Integer 类型不再使用装箱、拆箱的方法进行转换，效率更高，对于其他包装类也是如此。

5.3.4 BigInteger 类与 BigDecimal 类

1. BigInteger 类

应用开发中难免遇到一些超大的数，超出基本数据类型的取值范围，那么 Java 提供了两个类：BigInteger 和 BigDecimal，分别表示超大的整数和浮点数。java.math.BigInteger 用于表示任意大小的整数，其内部使用一个 int[] 数组来模拟一个大整数。java.math.BigDecimal 表示一个任意大小且精度完全准确的浮点数。BigInteger 类的构造方法和其他方法见表 5.17。

表 5.17 BigInteger 类的构造方法和其他方法

方法名	说明
BigInteger(String val)	将字符串 val 构造为 BigInteger 对象
BigInteger abs()	返回大整数的绝对值
BigInteger add(BigInteger val)	返回两个大整数的和
BigInteger andNot(BigInteger val)	返回两个大整数的按位与非结果
BigInteger and(BigInteger val)	返回两个大整数的按位与的结果
BigInteger divide(BigInteger val)	返回两个大整数的商
BigInteger max(BigInteger val)	返回两个大整数的较大者
BigInteger min(BigInteger val)	返回两个大整数的较小者
BigInteger mod(BigInteger val)	用当前大整数对 val 求模
BigInteger multiply(BigInteger val)	返回两个大整数的积
BigInteger negate()	返回当前大整数的相反数
BigInteger not()	返回当前大整数的非
BigInteger or(BigInteger val)	返回两个大整数的按位或
BigInteger pow(BigInteger val)	返回当前大整数的 val 幂次方
BigInteger reminder(BigInteger val)	返回当前大整数除以 val 的余数
BigInteger xor(BigInteger val)	返回两个大整数的异或
BigInteger substract(BigInteger val)	返回两个大整数相减的结果
int intValue()	返回大整数的 int 类型的值
long longValue()	返回大整数的 long 类型的值
double doubleValue()	返回大整数的 double 类型的值
float floatValue()	返回大整数的 float 类型的值
byte[] toByteArray(BigInteger val)	将大整数二进制反码保存在 byte 类型的数组
String toString()	将当前大整数转换成十进制的字符串形式
long longValueExact()	返回大整数的准确 long 类型

通过表 5.17 可知，大整数的算术和逻辑运算不能再使用传统的计算方式，必须使用 BigInteger 类提供的方法进行相应计算，如例 5.12 所示。

【例 5.12】 Example5_12.java

```
import java.math.BigInteger;
public class Example5_12 {
    public static void main(String[] args) {
        BigInteger v1 = new BigInteger("99999");
        BigInteger v2 = new BigInteger("99");
        //幂运算
```

```
            BigInteger n = v1.pow(10);
            System.out.println("原始数据 BigInteger: " + n);
            System.out.println("转换为 long 类型: " + n.longValue());
            try{
                //使用 longValueExact()转换为 long 类型
                //超出 long 的范围时会抛出 ArithmeticException
                System.out.println(n.longValueExact());
            }catch (ArithmeticException e){
                System.out.println(e.getMessage());
            }
            //加法运算
            n = v1.add(v2);
            System.out.println(n);
            //非运算
            n = v2.not();
            System.out.println(n);
        }
    }
```

运行结果：

```
原始数据 BigInteger: 9999000044998800020999748002099988000044999000001
转换为 long 类型: 485031440369308097
BigInteger out of long range
100098
-100
```

2. BigDecimal 类

java.math.BigDecimal 类用来对超过 16 位有效位的浮点数进行精确运算,与 BigInteger 类一样,我们也不能使用传统的算术运算直接对 BigDecimal 类型的对象进行计算,而必须调用其提供的相应方法计算,方法中的参数也必须是 BigDecimal 对象。表 5.18 列出了 BigDecimal 类的构造方法和主要方法。

表 5.18 BigDecimal 类的构造方法和主要方法

方 法 名	说 明
BigDecimal(String val)	创建一个具有参数所指定以字符串表示的数值的对象
BigDecimal(double val)	创建一个具有参数所指定双精度值的对象
BigDecimal setScale(int s,RoundingMode mode)	设置小数点保留位数及舍入方式
BigDecimal add(BigDecimal val)	返回两个大浮点数的和
BigDecimal substract(BigDecimal val)	返回两个大浮点数相减的结果
BigDecimal multiply(BigDecimal val)	返回两个大浮点数的积
BigDecimal divide(BigDecimal val)	返回两个大浮点数的商
BigDecimal divide(BigDecimal val, int scale, int mode)	返回两个大浮点数的商,参数 val 表示除数,参数 scale 表示小数点保留位数,参数 mode 表示舍入模式

例 5.13 以计算房屋公积金贷款的利息为例,计算本息合计金额。使用 NumberFormat 类设置货币符号及百分比格式,然后使用 BigDicemal 类表示大浮点数对象并进行算法运算。

【例 5.13】 Example5_13.java

```
import java.math.BigDecimal;
import java.math.RoundingMode;
```

```java
import java.text.NumberFormat;
public class Example5_13 {
    public static void main(String[] args) {
        //建立货币格式化引用
        NumberFormat currency = NumberFormat.getCurrencyInstance();
        //建立百分比格式化引用
        NumberFormat percent = NumberFormat.getPercentInstance();
        //百分比小数点最多3位
        percent.setMaximumFractionDigits(4);
        //贷款金额
        BigDecimal loanAmount = new BigDecimal("395200.99");
        //公积金贷款利率
        BigDecimal interestRate = new BigDecimal("0.035");
        //计算贷款一年的利息
        BigDecimal interest = loanAmount.multiply(interestRate);
        //应还金额,小数点保留两位且四舍五入
        BigDecimal total = loanAmount.add(interest).setScale(2,RoundingMode.HALF_UP);
        System.out.println("贷款金额:\t" + currency.format(loanAmount));
        System.out.println("利率:\t" + percent.format(interestRate));
        System.out.println("利息:\t" + currency.format(interest));
        System.out.println("本息合计: \t" + total);
    }
}
```

运行结果：

```
贷款金额：￥395,200.99
利率：    3.5%
利息：    ￥13,832.03
本息合计：    409033.02
```

注意：BigDecimal 类提供了多种构造方法，建议使用参数类型为 String 的构造方法构造 BigDecimal 对象。由于浮点数无法使用二进制精确表示，计算机表示浮点数由两部分组成：指数和尾数，因此会失去一定的精确度，有些浮点数运算也会产生一定的误差。建议进行商业计算，特别是小数点保留指定位数时，使用 BigDecimal 类。

5.4 系统相关类

Java 提供了两个系统相关信息的类，System 类代表当前 Java 程序的运行平台，Runtime 类表示当前 JVM 的工作信息。

5.4.1 System 类

java.lang.System 类是应用最为广泛的一个类，该类提供的类变量 out 在很多案例中都有应用，System 类定义了一些与系统相关的属性和方法，具体见表 5.19。

表 5.19 System 类的方法

方 法 名	说 明
static void exit(int status)	该方法用于终止当前正在运行的 JVM,参数 status 表示状态码,若非 0 表示异常终止
static void gc()	运行垃圾回收器回收垃圾

续表

方 法 名	说 明
static long currentTimeMillis()	以毫秒为单位返回当前时刻距离 1970-01-01 0 时的时间间隔
static void arraycopy(Object src, int srcpos, Object dest, int destPos, int length)	从数组 src 复制到数组 dest，复制从指定位置开始，到目标数组的指定位置结束
static Properties getProperties()	获取当前的系统属性
static String getProperty(String key)	获取指定名称的系统属性

此外，System 类还提供了以下三个类变量。
- static PrintStream out：标准输出流；
- static PrintStream err：标准错误输出流；
- static InputStream in：标准输入流。

out 和 err 都属于 PrintStream 类型，而 PrintStream 类提供了诸如 println()、printf()、print()等打印方法。因此，经常借助 System 类的类变量实现向控制台输出。

in 为 InputStream 类型，InputStream 提供了 read()方法，可以通过标准输入（键盘）接收一个字节的数据。

【例 5.14】 Example5_14.java

```java
import java.io.IOException;
import java.util.Enumeration;
import java.util.Properties;
public class Example5_14 {
    public static void main(String[] args) {
        char src[] = new char[10];
        System.out.println("请输入 10 个字符：");
        //从键盘读入 10 个字符
        for(int i = 0; i < src.length; i++){
            try{
                src[i] = (char)System.in.read();
            }catch (IOException e){
                e.printStackTrace();
            }
        }
        for(int i = 0; i < src.length; i++)
            System.out.print(src[i] + " ");
        System.out.println();
        //数组复制
        char[] dest = new char[5];
        //u 将数组 src 的前 5 个元素复制到数组 dest
        System.arraycopy(src,0,dest,0,5);
        String s = new String(dest);
        System.out.println("复制的数组内容：" + s);
        //获取系统日期
        long time = System.currentTimeMillis();
        System.out.println("从 1970 - 01 - 01 0 时到现在的毫秒数：" + time);
        //获取系统信息
        Properties p = System.getProperties();
        Enumeration en = p.propertyNames();
```

```
            while(en.hasMoreElements()){
                String key = (String)en.nextElement();
                if("java.vm.version".equals(key))//仅输出 JVM 版本信息
                    System.out.println(key + ":\t" + System.getProperty(key));
            }
        }
    }
```

运行结果：

请输入 10 个字符:
hello,java
ｈｅｌｌｏ，ｊａｖａ
复制的数组内容：hello
从 1970－01－01 0 时到现在的毫秒数:1636698485533
java.vm.version:16.0.2＋7－67

上述例子使用 System 类从键盘上接收了 10 个字符存入数组 src,然后使用 arraycopy()方法将 src 的前 5 个字符复制到数组 dest。又使用 System 类获取系统时间和系统信息等。注意本例使用 Enumeration 接口遍历 Properties 对象,相关方法在 5.6 节介绍。

5.4.2 Runtime 类

Runtime 类表示 Java 虚拟机运行时的状态,它用于封装 Java 虚拟机的进程。注意,每次 java 命令启动虚拟机都对应一个 Runtime 实例,并且 Runtime 属于单例模式,有且仅有一个 Runtime 实例。Runtime 实例的创建采用如下方式。

```
Runtime runtime = Runtime.getRuntime();
```

表 5.20 列出了 Runtime 类的主要方法。

表 5.20　Runtime 类的主要方法

方　法　名	说　　明
Runtime getRunTime()	该方法返回一个 Runtime 实例
Process exec(String command) throws IOException	根据指定路径 command 返回一个进程对象
long freeMemory()	以字节为单位返回当前 JVM 的空闲内存
long maxMemory()	以字节为单位返回 JVM 将尝试使用的最大内存量
long totalMemory()	以字节为单位返回 JVM 中内存总量
static void gc()	运行垃圾回收器回收垃圾
int availableProcessors()	返回 Java 虚拟机可用的处理器数

【例 5.15】 Example5_15.java

```
public class Example5_15 {
    public static void main(String[] args) {
        //创建 Runtime 实例
        Runtime runtime = Runtime.getRuntime();
        //获取 JVM 内存信息
        System.out.println("total memory:" +
                runtime.totalMemory()/(1024*1024) + "MB");
        System.out.println("max memory:" +
                runtime.maxMemory()/(1024*1024) + "MB");
        System.out.println("free memory:" +
```

```
                runtime.freeMemory()/(1024 * 1024) + "MB");
        //调用垃圾回收器
        runtime.gc();
        try {
            //运行计算器
            Process process = runtime.exec("calc.exe");
            Thread.sleep(1000 * 5);
            //5s 后关闭计算器进程
            process.destroy();
        } catch (Exception e) {
            e.printStackTrace();
        }
    }
}
```

运行结果：

```
total memory:64M
max memory:1010M
free memory:61M
```

注意：本例的运行结果在不同机器上有所不同。另外，本例还使用 exec( )方法启动了计算器进程,5s 后关闭该进程。

5.5 正则表达式

正则表达式(Regular Expression)描述了一种字符串匹配模式(pattern)，可以用来检查一个串是否含有某种子串、将匹配的子串替换或者从某个串中取出符合某个条件的子串等。Java 提供了正则表达式校验有关类和方法。

5.5.1 元字符

构造正则表达式的方法和创建数学表达式的方法一样。使用多种元字符与运算符可以将子表达式结合在一起来创建复杂的表达式。正则表达式的组件可以是单个字符、字符集合、字符范围、字符间的选择或者所有这些组件的任意组合。

正则表达式是由普通字符(例如字符 a～z)以及特殊字符(称为"元字符")组成的文字模式。模式描述在搜索文本时要匹配的一个或多个字符串。正则表达式作为一个模板，将某个字符模式与所搜索的字符串进行匹配。常见的正则表达式字符如表 5.21 所示。

表 5.21 常见的正则表达式字符

字 符	说 明
$	匹配输入字符串的结尾位置。如果设置了 RegExp 对象的 Multiline 属性，则 $ 也匹配'\n'或'\r'。要匹配 $ 字符本身，请使用\ $
( )	标记一个子表达式的开始和结束位置。子表达式可以获取供以后使用。要匹配这些字符，请使用\(和\)
*	匹配前面的子表达式零次或多次。要匹配 * 字符，请使用\ *
+	匹配前面的子表达式一次或多次。要匹配＋字符，请使用\＋
.	匹配除换行符\n 之外的任何单字符。要匹配.，请使用\.
[	标记一个中括号表达式的开始。要匹配[，请使用\[

续表

字　符	说　　明
?	匹配前面的子表达式零次或一次,或指明一个非贪婪限定符。要匹配?字符,请使用\?
\	将下一个字符标记为特殊字符、原义字符、向后引用或八进制转义符。例如,'n'匹配字符'n'。'\n'匹配换行符。序列'\\'匹配"\",而'\('则匹配"("
^	匹配输入字符串的开始位置,除非在方括号表达式中使用,当该符号在方括号表达式中使用时,表示不接受该方括号表达式中的字符集合。要匹配^字符本身,请使用\^
{	标记限定符表达式的开始。要匹配{,请使用\{
|	指明两项之间的一个选择。要匹配|,请使用\\|
*	匹配前面的子表达式零次或多次。例如,zo*能匹配"z"以及"zoo"。*等价于{0,}
+	匹配前面的子表达式一次或多次。例如,'zo+'能匹配"zo"以及"zoo",但不能匹配"z"。+等价于{1,}
?	匹配前面的子表达式零次或一次。例如,"do(es)?"可以匹配"do" "does"中的"does" "doxy"中的"do"。? 等价于{0,1}
{n}	n是一个非负整数。匹配确定的n次。例如,'o{2}'不能匹配"Bob"中的'o',但是能匹配"food"中的两个o
{n,}	n是一个非负整数。至少匹配n次。例如,'o{2,}'不能匹配"Bob"中的'o',但能匹配"foooood"中的所有o。'o{1,}'等价于'o+'。'o{0,}'则等价于'o*'
{n,m}	m和n均为非负整数,其中,n≤m。最少匹配n次且最多匹配m次。例如,"o{1,3}"将匹配"foooood"中的前三个o。'o{0,1}'等价于'o?'。请注意在逗号和两个数之间不能有空格
x|y	匹配x或y。例如,'z|food'能匹配"z"或"food"。'(z|f)ood'则匹配"zood"或"food"
[xyz]	字符集合。匹配所包含的任意一个字符。例如,'[abc]'可以匹配"plain"中的'a'
[^xyz]	负值字符集合。匹配未包含的任意字符。例如,'[^abc]'可以匹配"plain"中的'p'、'l'、'i'、'n'
[a-z]	字符范围。匹配指定范围内的任意字符。例如,'[a-z]'可以匹配'a'～'z'范围内的任意小写字母字符
[^a-z]	负值字符范围。匹配任何不在指定范围内的任意字符。例如,'[^a-z]'可以匹配任何不在'a'～'z'范围内的任意字符
\w	匹配字母、数字、下画线。等价于'[A-Za-z0-9_]'
\W	匹配非字母、数字、下画线。等价于'[^A-Za-z0-9_]'

基于上述正则表达式的字符说明,表5.22列出了一些常用的正则表达式。

表5.22　常用的正则表达式

名　　称	正则表达式
Email	\w[-\w.+]*@([A-Za-z0-9][-A-Za-z0-9]+\.)+[A-Za-z]{2,14}
URL	^((https|http|ftp|rtsp|mms)?:\/\/)[^\s]+
邮政编码	\d{6}
身份证号	\d{17}[\d|x]|\d{15}
国内手机号	0?1(3|5|6|7|8|9)[0-9]{9}
6～18位大小写字母、数字、下画线组成密码	^[a-zA-Z]\w{5,17}$

5.5.2　Pattern 类与 Matcher 类

1. Pattern 类

java.util.regex.Pattern 类是对正则表达式的编译表示。其用法是先将正则表达式使用 Pattern 类的实例编译,然后使用生成的模式创建匹配器对象,该对象可以根据正则表达式匹配任意字符序列。采用如下方式创建匹配器对象:

```
Pattern pattern = Pattern.compile("a * b");
Matcher matcher = pattern.matcher("aaaaaab");
boolean result = matcher.matches();
```

表 5.23 列出了 Pattern 类的主要方法。

表 5.23　Pattern 类的主要方法

方法名	说明
String[] split(CharSequence input, int limit)	将给定的输入序列分成这个模式的匹配,有 limit 参数时,表示只匹配前 limit(不含)次
Matcher matcher(CharSequence input)	提供了对正则表达式的分组支持,以及对正则表达式的多次匹配支持
static boolean matches(String regex, CharSequence input)	编译给定的正则表达式并尝试将给定的字符序列与之匹配

2. Matcher 类

java.util.regex.Matcher 类用于在给定的 Pattern 实例的模式控制下进行字符串的匹配工作。Matcher 对象由 Pattern 类的 matcher()方法创建,表 5.24 列出了 Matcher 类的主要方法。

表 5.24　Matcher 类的主要方法

方法名	说明
boolean matches()	对整个字符串进行匹配,只有整个字符串均匹配才返回 true
boolean lookingAt()	对前面的字符串进行匹配,只有匹配到的字符串在最前面才返回 true
boolean find()	对字符串进行匹配,匹配到的字符串可以在任意位置
int end()	返回最后一个字符匹配后的偏移量
String group()	返回匹配到的子字符串
int start()	返回匹配到的子字符串在字符串中的索引位置

下面的程序使用 Pattern 类和 Matcher 类演示校验电子邮件、手机号、密码、邮编、日期等典型正则表达式的应用。

【例 5.16】 Example5_16.java

```
import java.util.regex.Matcher;
import java.util.regex.Pattern;
public class Example5_16 {
    public static void main(String[] args) {
        //邮编
        String postCodeRegex = "\\d{6}";
        //手机
        String telRegex = "1(3|5|6|7|8|9)[0-9]{9}";
        //E-mail
        String emailRegex =
        "\\w[-\\w.+]*@([A-Za-z0-9][-A-Za-z0-9]+\\.)+[A-Za-z]{2,14}";
        //密码,以字母开头,长度为6~18,只能包含字母、数字和下画线
        String passwordRegex = "^[a-zA-Z]\\w{5,17}$";
        //日期格式
        String dateRegex = "^\\d{4}-\\d{1,2}-\\d{1,2}";
```

```java
            String post = "475006";
            //1. 使用 Pattern 和 Matcher 类校验
            Pattern p1 = Pattern.compile(postCodeRegex);
            Matcher m1 = p1.matcher(post);
            boolean r1 = m1.matches();
            System.out.println(r1);

            String tel = "14603711234";
            Pattern p2 = Pattern.compile(telRegex);
            Matcher m2 = p2.matcher(tel);
            boolean r2 = m2.matches();
            System.out.println(r2);

            String password = "Yq9zxV0";
            Pattern p3 = Pattern.compile(passwordRegex);
            Matcher m3 = p3.matcher(password);
            boolean r3 = m3.matches();
            System.out.println(r3);

            String date = "2021 - 11 - 12";
            Pattern p4 = Pattern.compile(dateRegex);
            Matcher m4 = p4.matcher(date);
            boolean r4 = m4.matches();
            System.out.println(r4);

            //2. 也可使用 String 类的 matches() 方法校验
            String email = "zhangsan@henu.edu.cn";
            boolean r6 = email.matches(emailRegex);
            System.out.println(r3);

            String str = "电话:3316889,地址:人民路 36 号,门牌号 10#楼东单元 601 房间";
            Pattern p5 = Pattern.compile("\\d+");
            //将 str 中的数字进行分隔
            String[] s = p5.split(str);
            for(String t: s){
                System.out.println(t);
            }
        }
    }
```

运行结果：

```
true
false
true
true
true
电话:
,地址:人民路
号,门牌号
#楼东单元
房间
```

注意：String 类也提供了 matches() 方法，可以应用特定正则表达式对字符串进行校验，例 5.16 的 E-mail 校验便是使用此方式进行校验。

5.6 集合

数组有两个重要特征：定长；数组中的元素数据类型均一致。正是数组的这两个特征，在程序开发中也带来了不便之处，程序开发人员必须预先判定出要处理的数据数量及其数据类型，否则便无法定义数组。同时由于程序运行时的未知性因素较多，对于声明的数组长度，也有可能产生数组越界或者是声明数组的长度远远大于实际的元素个数，从而导致内存的浪费。

Java 中的容器类能够有效解决数组的上述弊端。容器是一种非常实用的工具类，在 java.util 工具包中。它可以存储不同数据类型的元素，并且其容量可以变化。Java 的容器可以大致分为两类：单列结构 Collection 和双列结构 Map。其中，Collection 又分为两类：List 和 Set。List 表示有序、重复的集合，Set 表示无序、不可重复的集合。Map 则是一种具有映射关系的集合。

5.6.1 集合概述

集合类可存储不同数据类型的对象，并且集合的容量可以动态改变。Java 的集合主要由两个接口派生出来：Collection 和 Map。其中，Collection 是单列结构，Map 是双列结构，由 Key 和 Value(键值对)组成。Collection 和 Map 是 Java 集合层次关系中的两个根接口，这两个接口又派生大量子接口及其实现类。图 5.1 描述了 Java 集合的层次关系。

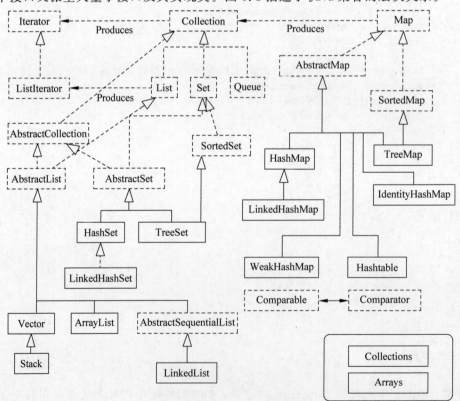

图 5.1 Java 集合的层次关系

在图 5.1 中给出了容器类层次结构关系,其中,Collection 是一组独立的元素,并且这些元素服从某种规则,如 List 必须保持元素特定的顺序,即存入的顺序与取出的顺序一致;而 Set 对象不能有重复的元素,元素存入的顺序与取出顺序也不一定相同;Map 表示一种映射关系,Map 是由键(Key)与值(Value)组成的映射关系,即 Map 是双列结构,且键不允许重复,从某种意义上来讲,Map 就像数据库的数据字典。图 5.2 给出了一些重点集合类型的层次结构及其特点,也是本节重点介绍的内容。

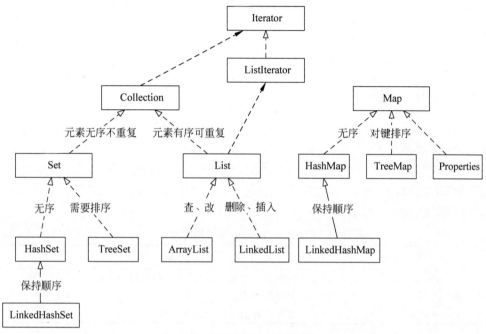

图 5.2 主要集合类型及其特点

注意:集合是一种长度可变、可存储不同数据类型的对象。按照存储结构包括两种类型:单列集合 Collection 和双列集合 Map。

Collection:单列集合的顶层父接口,用于存储一系列符合某种规则的元素。List 和 Set 是 Collection 其中两个应用最为广泛的子接口,List 元素有序且可重复,Set 元素无序且不能重复。

Map:双列集合的顶层父接口,由键(Key)和值(Value)两列组成。每个元素都包括一对键值,其中键的取值必须唯一。在 Map 集合中,可以通过键找到对应的值。

5.6.2 Collection 接口

Collection 作为单列集合的顶层父接口,提供了一些基础的公共方法,通过这些方法可以操作所有类型的单列集合。Collection 接口定义了操作集合元素的常用方法,具体见表 5.25。

表 5.25 Collection 的常用方法

方 法 名	说 明
boolean add(E o)	将对象 o 添加到此集合中
boolean addAll(Collection c)	将容器对象 c 中的所有元素添加到此集合中
void clear()	删除此集合中的所有元素

续表

方 法 名	说 明
boolean equals(Object o)	比较此集合与 o 是否相等
boolean isEmpty()	判断此集合是否为空集合
boolean contains(Object o)	判断此集合是否包含值为 o 的元素
Iterator iterator()	返回一个迭代器，用来访问容器中的各个元素
boolean remove(Object o)	如果此集合中有与 o 相匹配的元素，则删除此元素
boolean removeAll(Collection c)	删除此集合中那些也包含在指定 collection 中的所有元素
boolean retainAll(Collection c)	从此集合中删除容器对象 c 中不包含的元素
Object[] toArray()	返回一个内含此集合所有元素的数组

5.6.3 Iterator 接口

java.util.Iterator 接口称为迭代器，它也是 Java 集合框架的成员，Iterator 主要用来遍历并访问容器类的元素，因此 Collection 集合实现了 Iterator 接口，甚至 List 接口还支持双向遍历的 ListIterator。使用 Iterator 遍历集合对象并不需要程序开发人员了解集合对象的底层结构，并且创建 Iterator 的代价较小，故 Iterator 被称为"轻量级"的对象。Iterator 接口中具体的常用方法见表 5.26。

表 5.26 Iterator 的常用方法

方 法 名	说 明
boolean hasNext()	判断集合中是否还有元素，如有返回 true，否则返回 false
E next()	获得集合中的下一个元素
void remove()	将迭代器新返回的元素删除

注意：集合遍历的方式有以下五种。

- 基本循环如 for/while 循环：这种方式功能上最为强大，遍历时也可以修改、删除元素。
- Iterator：比较简便的遍历方式，遍历时可以删除元素。
- ListIterator：Iterator 的子接口，专门用于 List 集合的遍历，支持双向遍历。
- Enumeration：遍历 Properties 等双列集合的方式，遍历时不能修改、删除元素。
- foreach：遍历方式上最为简便，同时功能上也最弱，遍历时不能修改、删除元素。

除了基本循环之外，其他方式遍历时，不可以通过集合对象的方法操作集合中的元素，因为会发生 ConcurrentModificationException 异常。Iterator 提供的方法是有限的，只能对元素进行判断、取出、删除的操作，如果想要其他的操作如添加、修改等，就需要使用其子接口 ListIterator。该接口只能通过 List 集合的 listIterator 方法获取。Enumeration 和 foreach 方式功能上更为单一，遍历时不能修改、删除元素。

5.6.4 List 接口

List 接口继承 Collection 接口，List 接口是一种允许有重复元素的有序集合。List 接口添加了面向位置的操作，允许用户对集合中每个元素的插入位置进行精确的控制，还可以根据元素的索引值访问元素，并搜索列表中的元素。表 5.27 列出了 List 接口的常用方法。

表 5.27　List 的常用方法

方 法 名	说　　明
boolean add(E o)	将对象 o 追加到此集合的尾部
boolean add(int index, E element)	将对象 element 添加到此向量索引为 index 处
boolean addAll(Collection c)	将集合对象 c 中的全部元素追加到此集合的尾部
boolean addAll(int i, Collection c)	将集合对象 c 中的全部元素添加到此集合索引值为 i 处
Object[] toArray()	将此集合转换为数组
E get(int index)	取该集合索引为 index 的元素值
E set(int index, E element)	用指定的元素替换此集合中索引为 index 处的元素
boolean remove(int index)	删除此集合中索引为 index 的元素
boolean remove(Object o)	删除此集合中元素值为 o 的元素
void removeAll (Collection c)	从此集合中删除 c 的全部元素
boolean contains(Object obj)	测试 obj 是否为此集合中的元素,如是返回 true,否则返回 false
boolean equals(Object obj)	比较此集合与 obj 是否相等,如相等返回 true,否则返回 false
List subList(int from, int to)	以 List 形式返回此集合的部分元素,元素范围为[from,to)。如果 from 和 to 相等,则返回的 List 为空
int size()	返回此集合的大小
void clear()	清除此集合的所有元素
int indexOf(Object obj)	返回此集合中首次出现 obj 的索引值
Iterator iterator()	返回此集合的迭代器

下面分别简要介绍 List 接口的两个实现类 ArrayList 类和 LinkedList 类。

1. ArrayList 类

ArrayList 类封装了一个可动态改变大小的 Object 类型的数组,每个 ArrayList 都有一个表示其自身容量的数值,从某种意义上讲,ArrayList 就是一种特殊的数组,但是效率没有数组高,ArrayList 可以添加、删除和修改元素,并且其大小可动态改变。除了表 5.27 中的一些方法,ArrayList 还提供了一些方法,详见表 5.28。

表 5.28　ArrayList 类的主要方法

方 法 名	说　　明
void ensureCapacity(int minCapacity)	将此 ArrayList 对象的容量增加 minCapacity
void trimToSize()	将此 ArrayList 对象的容量调整为列表的当前实际大小

例 5.17 是一个有关 ArrayList 的实例。

【例 5.17】 Example5_17.java

```
import java.util.ArrayList;
import java.util.Iterator;
import java.util.ListIterator;
public class Example5_17 {
    public static void main(String[] args) {
        ArrayList list = new ArrayList();
        //添加元素
        list.add("zero");
        list.add("one");
        list.add("two");
```

```java
        list.add("three");
        //集合中可以添加任意类型的元素
        list.add(4);
        //可添加重复元素,在索引为 3 的位置插入
        list.add(3,"one");
        //直接打印集合 list 中的元素
        System.out.println("集合中的元素: " + list );
        int pos = list.indexOf("one");
        System.out.println("one 首次出现的位置: " + pos);
        System.out.println("集合的元素个数: " + list.size());
        System.out.println("索引值为 2 的元素: " + list.get(2));
        System.out.println(" ============ ");
        //使用 for 循环遍历集合
        for(int i = 0;i < list.size();i++){
            System.out.print(list.get(i) + "  ");
        }
        System.out.println("\n ============ ");
        //使用 foreach 遍历集合
        for(Object obj: list)
            System.out.print(obj + "  ");
        System.out.println("\n ============ ");
        //使用 Iterator 遍历
        Iterator iterator = list.iterator();
        while (iterator.hasNext()){
            System.out.print(iterator.next() + "  ");
        }
        System.out.println("\n ============ ");
        //使用 ListIterator 遍历
        ListIterator listIterator = list.listIterator(6);
        while (listIterator.hasPrevious()){
            System.out.print(listIterator.previous() + "  ");
        }
    }
}
```

运行结果:

```
集合中的元素: [zero, one, two, one, three, 4]
one 首次出现的位置: 1
集合的元素个数: 6
索引值为 2 的元素: two
 ============ 
zero  one  two  one  three  4  
 ============ 
zero  one  two  one  three  4  
 ============ 
zero  one  two  one  three  4  
 ============ 
4  three  one  two  one  zero  
```

通过本例可以验证:集合中可以存放任意类型的元素,集合长度也是变长的。当元素存入集合后,元素的数据类型就转换为 Object 类型;同理,从集合中取出元素时,其数据类型仍然为 Object 类型。因此,如果元素取出后恢复原有类型,必须使用强制类型转换。

注意:从集合中取出元素并进行强制类型转换将给程序带来安全隐患,在集合对象实例中使用泛型是一种有效解决方案,例如:

```
ArrayList<String> list = new ArrayList<String>();
```
那么，集合 list 只能存放 String 类型的元素，其他数据类型的元素添加到该集合时将报错。从该集合中取出的元素，其数据类型是 String 类型，而不再是 Object 类型。

例 5.17 提供了四种遍历集合的方法，分别是使用 for 循环、foreach、Iterator 和 ListIterator。特别是 ListIterator 还提供了从前向后遍历（使用 hasNext()和 next()方法）和从后向前遍历（使用 hasPrevious()和 previous()方法）。

注意：ArrayList 提供的 listIterator()方法进行了重载，以支持以下两种遍历方式。

- listIterator()：默认从索引值为 0 的位置开始遍历，此时调用 hasPrevious()方法返回 false，即不能向前遍历，只能向后遍历。
- listIterator(int index)：从指定索引处遍历，若 index 小于集合长度，可以向前或向后遍历。

使用 Iterator 迭代器遍历集合并删除其中元素时，一定要使用 Iterator 对象的 remove()方法删除指定元素，而不能使用集合的 remove()方法删除，如例 5.18 所示。

【例 5.18】 Example5_18.java

```java
import java.util.ArrayList;
import java.util.Iterator;
public class Example5_18 {
    public static void main(String[] args) {
        ArrayList<String> list = new ArrayList<String>();
        list.add("one");
        list.add("two");
        list.add("three");
        list.add("four");
        list.add("five");
        Iterator<String> iterator = list.iterator();
        while (iterator.hasNext()){
            String value = iterator.next();
            if("three".equals(value))
                list.remove("three");
            System.out.print(value + "  ");
        }
        System.out.println();
        System.out.println("删除后的结果:" + list);    }
}
```

该程序执行时产生 ConcurrentModificationException，即并发修改异常，出现异常的原因是集合在迭代器运行期间删除了元素，导致迭代器预期的迭代次数发生改变，从而使迭代器的结果不正确。因此，程序中的 list.remove("three");这一行代码需要进行修改。如果需要在集合的迭代期间对集合中的元素进行删除，可以使用迭代器 Iterator 自身提供的 remove()方法进行删除，将例 5.18 的该行程序替换为下行代码，即可解决该问题。

```java
iterator.remove();
```

运行结果：

```
one two three four five
删除后的结果:[one, two, four, five]
```

2. LinkedList 类

由于 LinkedList 类充当了动态数组,并且在创建它时不必像 ArrayList 那样指定其大小,因此当动态添加或删除元素时,LinkedList 集合的大小将自动调整。而且,其内部元素不是以连续的方式存储的。LinkedList 实现了一个双向链表结构(如图 5.3 所示),链表中的每一个元素都使用引用的方式来记住它的前一个元素和后一个元素,从而将所有的元素彼此连接起来。当前插入一个新元素时,只需要修改元素之间的这种引用关系即可,同理,删除一个元素也是如此。因此 LinkedList 提供了一些处理集合首尾两端元素的方法。使用 LinkedList 集合进行元素的增加或删除操作时效率很高。

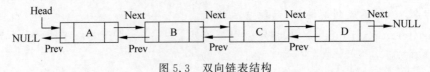

图 5.3 双向链表结构

表 5.29 给出了 LinkedList 类的常用方法。

表 5.29 LinkedList 类的常用方法

方 法 名	说 明
void addFirst(E o)	将 o 插入此集合的开头
void addLast(E o)	将 o 追加到此集合的结尾
E removeFirst()	删除并返回此集合的第一个元素
E removeLast()	删除并返回此集合的最后一个元素
E peek()	找到但不删除此集合的头
E poll()	找到并删除此集合的头
boolean offer(E o)	将指定元素添加到此集合的末尾

注意:以下情况建议使用 ArrayList。
- 频繁访问列表中的某一个元素;
- 只需在列表末尾进行添加和删除元素操作。

以下情况建议使用 LinkedList。
- 频繁地在列表首部、中间和末尾等位置进行添加和删除元素操作;
- 需要通过循环迭代来访问集合中的某些元素。

总之,与 ArrayList 相比,LinkedList 的增加和删除的操作效率更高,而查找和修改的操作效率较低。

下面是一个 LinkedList 类的实例。

【例 5.19】 Example5_19.java

```
import java.util.ArrayList;
import java.util.Iterator;
import java.util.LinkedList;
public class Example5_19 {
    public static void main(String[] args) {
        LinkedList student = new LinkedList();
        //向 student 的尾部追加 Jimmy
        student.add("Jimmy");
        //向 student 的尾部追加 Eric
        student.offer("Eric");
```

```java
        student.offer("Tom");
        //向 student 的头部追加 John
        student.addFirst("John");
        Iterator it = student.iterator();
        //遍历 student
        System.out.print("LinkedList 的所有元素：");
        while(it.hasNext()) {
            System.out.print(it.next() + " ");
        }
        System.out.println();
        //打印第一个元素
        System.out.println("第 1 个元素：" + student.getFirst());
        System.out.println("peekLast 后的最后 1 个元素：" + student.peekLast());
        //访问并不删除第一个元素
        System.out.println("peekFirst 第 1 个元素：" + student.peekFirst());
        //访问并删除第一个元素
        System.out.println("poll 第 1 个元素：" + student.poll());
        System.out.println("删除后的所有元素为：" + student);
        ArrayList list = new ArrayList();
        long s1 = System.currentTimeMillis();
        for(int i = 0;i < 100000;i++){
            student.add(0,i);
        }
        long s2 = System.currentTimeMillis();
        System.out.println("LinkedList 执行插入元素消耗时间：" + (s2 - s1));
        long e1 = System.currentTimeMillis();
        for(int i = 0;i < 100000;i++){
            list.add(0,i);
        }
        long e2 = System.currentTimeMillis();
        System.out.println("ArrayList 执行插入元素消耗时间：" + (e2 - e1));
    }
}
```

运行结果：

```
LinkedList 的所有元素：John Jimmy Eric Tom
第 1 个元素：John
peekLast 后的最后 1 个元素：Tom
peekFirst 第 1 个元素：John
poll 第 1 个元素：John
删除后的所有元素为：[Jimmy, Eric, Tom]
LinkedList 执行插入元素消耗时间：37
ArrayList 执行插入元素消耗时间：1829
```

通过本例可以看到，批量插入多个元素时，LinkedList 要比 ArrayList 效率高出很多。同时，对于 peekFirst()方法和 poll()方法的区别，peekFirst()方法是获取 LinkedList 集合中的第一个元素；而 poll()方法也是获取 LinkedList 集合中的第一个元素，并且在集合中删除该元素。

注意：在实际应用中，究竟选取哪种 List 类型的集合？

实现 List 接口的实现类有两个：ArrayList 和 LinkedList。选取哪一种取决于特定的需要。如果要支持随机访问，而不必在除尾部的任何位置插入或删除元素，那么选用 ArrayList；如果要频繁地从列表的中间位置插入或删除元素，并且只要求以顺序的方式访问列表元素，那么最好选择 LinkedList。

5.6.5　Set 接口

Set 接口也继承自 Collection 接口,但与 List 接口相比,Set 接口不允许集合中存在重复项,每个具体的 Set 实现类依赖添加对象的 equals()方法来检查其唯一性。Set 接口继承了 Collection 接口中的方法,没有添加新的方法,在此就不再重复列出 Set 接口的方法。Set 接口可以分为两种类型:一种是使元素自动保持升序的集合 SortedSet 接口;另一种是 HashSet 类及其子类 LinkedHashSet。

1. HashSet 类及 LinkedHashSet 类

实现 Set 接口的实现类有 HashSet 类和 TreeSet 类(TreeSet 同时也实现了 SortedSet 接口),以及 HashSet 类的子类 LinkedHashSet。需要注意的是,HashSet 集合中的元素先后顺序并不是固定不变的。一般来说,基于效率方面的考虑,添加到 HashSet 中的对象需要采用恰当分配哈希码的方式对 Object 类的 hashCode()方法进行重写。

1) HashSet 类

HashSet 类主要用来快速查找集合中的元素,HashSet 基于对象的散列值来确定元素在集合中的存储位置,因而具有较好的存取和查找性能。又由于 Set 集合中的元素不能有重复值,因此,存入 HashSet 的元素必须重写 hashCode()方法,以此验证元素是否为重复元素。表 5.30 列出 HashSet 类的构造方法和常用方法。

表 5.30　HashSet 类的构造方法和常用方法

方 法 名	说　　明
HashSet()	构造一个新的空集合,默认初始容量为 16,加载因子为 0.75
HashSet(Collection c)	构造一个包含 c 中的元素的新集合
HashSet(int capacity,float Factor)	构造一个空集合,初始容量为 capacity,加载因子为 factor
HashSet(int capacity)	构造一个空集合,初始容量为 capacity,加载因子为 0.75
boolean add(E o)	如果此集合中还不包含 o,则添加指定元素
boolean contains(Object o)	如果此集合包含 o,则返回 true
int size()	返回此集合中的元素的数量(集合的容量)

HashSet 集合之所以能够确保不出现重复元素,是因为它在存入元素时做了一些计算与判断。当调用其 add()方法存入元素时,首先调用当前存入元素的 hashCode()方法获得对象的散列值,然后根据对象的散列值计算出存储位置。如果该存储位置上没有元素,则直接将元素存入。如果该存储位置上有元素存在,则会调用该元素的 equals()方法比较将要存入的对象,如果返回值为 false,则存入;否则说明二者值重复,将要存入的对象舍弃。HashSet 存入元素的工作流程如图 5.4 所示。

下面通过一个例子介绍 HashSet 类的基本应用,了解一些常用方法的使用及其集合的遍历方法。

【例 5.20】　Example5_20.java

```java
import java.util.HashSet;
import java.util.Iterator;
public class Example5_20 {
    public static void main(String[] args) {
        HashSet set = new HashSet();
```

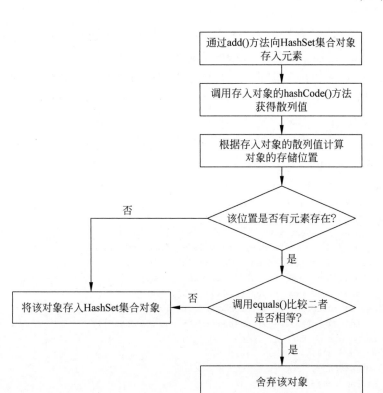

图 5.4　HashSet 存入元素的工作流程

```
//添加下面的 6 个元素,注意有重复值
set.add("white");
set.add("red");
set.add("blue");
set.add("pink");
set.add("orange");
set.add("green");
//添加重复的元素
set.add(new String("blue"));
System.out.println(set);
System.out.println("容量: " + set.size());
System.out.println("包含 red 吗?" + set.contains("red"));
//遍历 Set 集合
Iterator it = set.iterator();
while (it.hasNext())
    System.out.print(it.next() + " ");
    }
}
```

运行结果：

```
[red, orange, pink, green, white, blue]
容量: 6
包含 red 吗?true
red orange pink green white blue
```

通过本例可以看到，向 HashSet 集合中添加 String 类型的元素，其重复值的元素如 blue 不再重复添加。原因在于 String 类重写了 hashCode()和 equals()方法，对于字符串常量和创建 String 对象,若字符串内容相等,二者的散列值也是相等的,两个字符串也相等。因此,字符串"blue"不能重复存入 HashSet 集合。

那么,HashSet 集合存入其他引用类型的对象时,如何判断元素是否为重复项呢? 这就要求存入的引用类型必须重写 hashCode()与 equals()方法。以 Student 类为例,假设将若干 Student 对象存入 HashSet 集合中,如果 Student 对象的学号与姓名均一致,则认为是相等的,下面通过一个程序看看能否存入相同的学生对象。

【例 5.21】 Example5_21.java

```java
import java.util.HashSet;
public class Example5_21 {
    public static void main(String[] args) {
        HashSet<Student> set = new HashSet<Student>();
        Student s1 = new Student("201506899","zhangsan");
        Student s2 = new Student("201506890","lisi");
        Student s3 = new Student("201506893","wangwu");
        Student s4 = new Student("201506899","zhangsan");
        System.out.println("s1 hashCode:" + s1.hashCode());
        System.out.println("s4 hashCode:" + s4.hashCode());
        set.add(s1);
        set.add(s2);
        set.add(s3);
        set.add(s4);
        System.out.println(set);
    }
}

class Student{
    String no;
    String name;
    public Student(String no, String name){
        this.no = no;
        this.name = name;
    }
    @Override
    public String toString(){
        return "{No. " + no + ", Name: " + name + "}";
    }
}
```

运行结果:

```
s1 hashCode:1078694789
s4 hashCode:931919113
[{No. 201506899, Name: zhangsan}, {No. 201506893, Name: wangwu}, {No. 201506899, Name: zhangsan}, {No. 201506890, Name: lisi}]
```

本例的运行结果表明对于学号和姓名均相同的两个 Student 对象 s1 和 s4,却仍然能够存入 HashSet 集合中。s1 和 s4 的散列值表明了二者不相同,因此 HashSet 集合能够同时存入 s1 和 s4 对象。针对该问题,如何解决呢? 解决方案是重写 Student 类的 hashCode()和 equals()方法。这里给出完善 Student 类的代码,主类无须做修改。

```java
class Student{
```

```java
    String no;
    String name;
    public Student(String no, String name){
        this.no = no;
        this.name = name;
    }
    @Override
    public String toString(){
        return "{No. " + no + ", Name: " + name + "}";
    }
    //重写 hashCode()方法,返回学号与姓名的散列值之差
    @Override
    public int hashCode() {
        return this.no.hashCode() - this.name.hashCode();
    }
    //重写 equals()方法,如果学号 no 和姓名 name 均相等,返回 true
    @Override
    public boolean equals(Object obj) {
        if(obj instanceof Student){
            if(this.no.equals(((Student) obj).no)
                    && this.name.equals(((Student) obj).name))
                return true;
        }
        return false;
    }
}
```

在 Student 类中,重写了 hashCode()与 equals()方法。hashCode()方法返回的是学号与姓名的散列值之差;equals()方法则比较学号和姓名依次相等时返回 true。重新运行例 5.21,HashSet 集合中将不会存储重复的学生对象了。

2) LinkedHashSet 类

LinkedHashSet 类扩展了 HashSet 类,LinkedHashSet 类增加了跟踪添加到 HashSet 中的元素顺序的功能。LinkedHashSet 的迭代器按照元素的插入顺序来访问各个元素,它提供了一个可以快速访问各个元素的有序集合。当然也增加了实现的代价,因为哈希表元中的各个元素是通过双重链接式列表链接在一起的。LinkedHashSet 类的主要方法见表 5.31。

表 5.31 LinkedHashSet 类的主要方法

方 法 名	说 明
LinkedHashSet()	构造一个空集合,默认初始容量为 16,加载因子为 0.75
LinkedHashSet(Collection c)	构造一个包含 c 中的元素的集合
LinkedHashSet(int Capacity,float Factor)	构造一个初始容量为 Capacity,加载因子为 Factor 的空集合
LinkedHashSet(int Capacity)	构造一个初始容量为 Capacity,加载因子为 0.75 的空集合

【例 5.22】 Example5_22.java

```java
import java.util.HashSet;
import java.util.LinkedHashSet;
import java.util.Set;
import java.util.TreeSet;

public class Example5_22 {
```

```java
        public static Set fill(Set s, int size) {
            for (int i = 0; i < size; i++) {
                s.add(new MySet(i));
            }
            return s;
        }
        public static void set(Set c) {
            fill(c,6);
            c.addAll(fill(new TreeSet(),6));
            System.out.println(c);
        }
        public static void main(String[] args) {
            System.out.print("HashSet:");
            set(new HashSet());
            System.out.print("LinkedHashSet:");
            set(new LinkedHashSet());
        }
    }
    class MySet implements Comparable {
        private int s;
        public MySet(int s) {
            this.s = s;
        }
        public boolean equals(Object obj){
            return (obj instanceof MySet) && (s == ((MySet)obj).s);
        }
        public String toString() {
            return s + " ";
        }
        public int hashCode() {
            return s;
        }
        public int compareTo(Object obj) {
            int t = ((MySet)obj).s;
            return (t<s ? -1:(t==s ? 0 : 1));
        }
    }
```

运行结果：

HashSet:[0，1，2，3，4，5]
LinkedHashSet:[0，1，2，3，4，5]

2. SortedSet 接口及 TreeSet 类

SortedSet 接口能够使集合保持其元素为升序顺序，将元素添加到 SortedSet 接口的实现类 TreeSet 的实例中，无论元素添加的先后顺序如何，在集合对象中总是使这些元素保持为升序顺序。TreeSet 是 SortedSet 接口的唯一实现类。

TreeSet 基本上是一个自平衡二叉搜索树（如红黑树）的实现。因此，像添加、删除和搜索这样的操作需要 $O(\log N)$ 时间。原因是在自平衡树中，确保所有操作的树高度始终为 $O(\log N)$。因此，这被认为是存储海量排序数据并对其执行操作的最有效的数据结构之一。但是，像按排序顺序打印 N 个元素这样的操作，其时间复杂度为 $O(N)$。

下面简要介绍一下 TreeSet 的主要方法，详见表 5.32。

表 5.32 TreeSet 的主要方法

方 法 名	说 明
Comparator comparator()	返回此集合的 Comparator,或者返回 null,表示以自然方式排序
E first()	返回此集合的第一个元素
E last()	返回此集合的最后一个元素
SortedSet headSet(E toElement)	返回此集合的子集,由小于 toElement 的元素组成
SortedSet tailSet(E fromElement)	返回此集合的子集,由大于或等于 fromElement 的元素组成
SortedSet subSet(E from,E to)	返回此集合的子集,范围为[from,to)
E lower(E e)	返回小于给定元素值 e 的最近元素,如不存在,返回 null
E higher(E e)	返回大于给定元素值 e 的最近元素,如不存在,返回 null
E floor(E e)	返回小于或等于给定元素值 e 的最近元素,如不存在,返回 null
E ceiling(E e)	返回大于或等于给定元素值 e 的最近元素,如不存在,返回 null

【例 5.23】 Example5_23.java

```
import java.util.SortedSet;
import java.util.TreeSet;
public class Example5_23 {
    public static void main(String[] args) {
        //创建一个 SortedSet 集合 set
        SortedSet set =  new TreeSet();
        //添加下面的 6 个元素,注意有重复值
        set.add("white");
        set.add("red");
        set.add("blue");
        set.add("orange");
        set.add("green");
        set.add(new String("blue"));
        //输出集合
        System.out.println("集合的内容: " + set);
        System.out.println("第一个元素: " + set.first());
        System.out.println("最后一个元素: " + set.last());
        System.out.println("subSet(1,3): " + set.subSet("green","white"));
        set.remove("orange");
        System.out.println("删除 orange 元素后: " + set);
    }
}
```

运行结果：

集合的内容:[blue, green, orange, red, white]
第一个元素: blue
最后一个元素: white
subSet(1,3):[green, orange, red]
删除 orange 元素后:[blue, green, red, white]

从本例中可以看出,TreeSet 集合能够自动对添加的元素进行升序排序,这是因为添加的元素类型均为 String 类型,String 类实现了 Comparable 接口。Comparable 接口强行对实现它的每个类的对象进行整体排序,Comparable 接口的 compareTo(Object obj)方法是实现排序的核心方法。

注意：基本数据类型对应的包装类、String 类都实现了 Comparable 接口,这意味着向

TreeSet 集合中添加这些类型的元素时,TreeSet 集合将自动以这些类型的元素按自然排序的方式进行排序。

假设向 TreeSet 集合中添加其他引用类型的元素,那么这些类型的元素必须实现 Comparable 接口,并重写 compareTo(Object obj)方法定义该引用类型的排序方式,否则 TreeSet 集合无法对这些对象进行排序,从而产生 ClassCastException 异常。如例 5.24 所示,向 TreeSet 集合中添加 Student 对象。

【例 5.24】 Example5_24.java

```java
import java.util.TreeSet;
public class Example5_24 {
    public static void main(String[] args) {
        TreeSet<Integer> set = new TreeSet<Integer>();
        set.add(23);
        set.add(56);
        set.add(-96);
        set.add(863);
        set.add(56);
        System.out.println(set);
        //向 TreeSet 集合中添加 Student 对象
        TreeSet<Student> ts = new TreeSet<Student>();
        Student s1 = new Student("201805323","zhangsan");
        Student s2 = new Student("201805324","lisi");
        Student s3 = new Student("201805325","wangwu");
        Student s4 = new Student("201805323","zhangsan");
        ts.add(s1);
        ts.add(s2);
        ts.add(s3);
        ts.add(s4);
        System.out.println(ts);
    }
}
```

如果仍然以例 5.21 中的 Student 类创建学生对象,并添加到 TreeSet 集合。程序运行时可以 Integer 类型的元素进行排序,但添加 Student 对象时将产生异常。因此,需要对 Student 类进一步完善,让 Student 类实现 Comparable 接口并重写 compareTo()方法。改进后的 Student 类如下。

```java
class Student implements Comparable<Student>{
    String no;
    String name;
    public Student(String no, String name){
        this.no = no;
        this.name = name;
    }
    @Override
    public String toString(){
        return "{No." + no + ", Name:" + name + "}";
    }
    //重写 hashCode()方法,返回学号与姓名的散列值之差
    @Override
    public int hashCode() {
        return this.no.hashCode() - this.name.hashCode();
```

```
}
//重写 equals()方法,如果学号 no 和姓名 name 均相等,返回 true
@Override
public boolean equals(Object obj) {
    if(obj instanceof Students){
        if(this.no.equals(((Students) obj).no)
                && this.name.equals(((Students) obj).name))
            return true;
    }
    return false;
}
//重写 compareTo()方法,比较学号 no 是否相等,如相等再比较姓名 name
@Override
public int compareTo(Student o) {
    int num = this.no.compareTo(o.no);
    return num == 0 ? this.name.compareTo(o.name) : num;
}
}
```

重新运行例 5.24,此时程序可以正常运行,执行结果如下。可以看到无论是 Integer 类型的元素,还是 Student 类型的元素,均实现了排序且没有重复元素添加到集合中。

```
[-96, 23, 56, 863]
[{No. 201805323, Name: zhangsan}, {No. 201805324, Name: lisi}, {No. 201805325, Name: wangwu}]
```

5.6.6 Map 接口

Map 用于保存具有映射关系的数据,因此 Map 中每个元素由键(Key)和值(Value)两列数据组成,键和值是一对一的映射关系。Map 就像数据库中的数据表,而键就像数据表的主键,通过唯一的键就能找到相对应的值。Map 接口的常用方法如表 5.33 所示。

表 5.33 Map 接口的常用方法

方 法 名	说 明
void clear()	从此 Map 中移除所有映射关系
boolean containsKey(Object key)	如果此 Map 包含 key,则返回 true
boolean containsValue(Object value)	如果此 Map 包含指定 value 映射到一个或多个键,则返回 true
V get(Object key)	返回此 Map 中映射到键为 key 的值
V put(K key, V value)	将值 value 与此 Map 中的键 key 相关联
V remove(Object key)	如果存在键值为 key 的映射关系,则将其从映射中移除
void putAll(Map K)	把指定 Map 中的所有映射关系复制到此映射中
Set keySet()	返回此 Map 中所有键值组成的 Set 集合
Collection values()	返回此 Map 里所有值即 Value 组成的 Collection 集合
Set entrySet()	返回此 Map 中包含的键值对所组成的 Set 集合
boolean equals(Object o)	比较指定的对象与此 Map 是否相等

注意:Map 中键和值都可以为 null,但是键必须是唯一的,使用 put()方法添加一对映射关系时,如果映射关系中的键已经存在,那么与此键相关的新值将取代旧值。

1. HashMap 类及其 LinkedHashMap 类

HashMap 是 Map 接口的典型实现类,HashMap 自 JDK 1.2 以来成为 Java 集合的一部分,该类位于java.util包中。它提供了Java映射接口的基本实现。它以"键-值"对的形式存储数据，我们可以通过键找到其对应的值，如果尝试插入重复键，它将替换相应键的元素。

HashMap类似于HashTable，但它是不同步的。它也允许存储空键，但是应该只有一个空键对象，但可以有任意数量的空值。此类不保证映射的顺序，要使用此类及其方法，需要导入java.util.HashMap包或其超类。

【例5.25】 Example5_25.java

```java
import java.util.*;
public class Example5_25 {
    public static void main(String[] args) {
        HashMap<String,String> map = new HashMap<String,String>();
        map.put("2","lisi");
        map.put("1","zhangsan");
        map.put("3","wangwu");
        //添加一个重复key,相当于修改key对应的value
        map.put("3","liming");
        System.out.println(map);
        //keySet()方式遍历map
        Set<String> keyset = map.keySet();
        Iterator<String> it1 = keyset.iterator();
        while (it1.hasNext()){
            String key = it1.next();
            String value = map.get(key);
            System.out.println(key + "-->" + value);
        }
        System.out.println("============");
        //entrySet()方式遍历map,迭代成员为Map.Entry
        Set<Map.Entry<String,String>> entryset = map.entrySet();
        Iterator<Map.Entry<String,String>> it2 = entryset.iterator();
        while (it2.hasNext()){
            Map.Entry<String,String> entry = it2.next();
            String key = entry.getKey();
            String value = entry.getValue();
            System.out.println(key + "-->" + value);
        }
        System.out.println("============");
        //遍历值
        Collection<String> collection = map.values();
        for (String value:collection){
            System.out.println(value);
        }
        System.out.println("============");
        System.out.println(map.containsValue("zhangsan"));
        System.out.println(map.containsKey(6));
    }
}
```

运行结果：

{1=zhangsan, 2=lisi, 3=liming}
1-->zhangsan
2-->lisi
3-->liming

```
============
1 --> zhangsan
2 --> lisi
3 --> liming
============
zhangsan
lisi
liming
============
true
false
```

本例先后使用 keySet() 和 entrySet() 两个方法返回的 Iterator 对象遍历 HashMap 对象。keySet() 方法返回 HashMap 集合中的键并生成一个 Set 对象,然后使用迭代器遍历该 Set 对象;entrySet() 方法将 HashMap 每个"键-值"对作为整体封装成 Map.Entry 对象,转存至 Set 集合中,然后使用迭代器遍历。

通过本例可以发现遍历 HashMap 集合迭代出来的元素顺序与存入的顺序是不一致的。如果想让这两个顺序一致,可以使用 LinkedHashMap 类,它是 HashMap 的子类,与 LinkedList 一样,它也使用双向链表来维护内部元素的关系,使 Map 元素迭代的顺序与存入的顺序一致。

如果在 Map 中插入、删除和定位元素,HashMap 是最佳选择。需要注意的是,使用 HashMap 类时要求添加的键(Key)要明确重写 hashCode() 和 equals() 两个方法。此外,HashMap 类的构造方法中有两个重要参数初始容量(initialCapactiy)和负载因子(loadFactor)。容量是指哈希表中桶(bucket)的数量,而初始容量只是哈希表在创建时的容量。负载因子是哈希表在其容量自动增加之前可以达到多满的一种尺度,负载因子为 0 时表示为空的哈希表,为 0.5 时表示半满的哈希表。负载因子的默认值为 0.75,以寻求在时间和空间上达到折中,如果负载因子过高,虽然减少了空间开销,但同时也增加了查询成本。

2. SortedMap 接口及其实现类 TreeMap

SortedSet 接口有一个实现类 TreeSet,与之相似,SortedMap 接口也有一个实现类 TreeMap。同理,TreeMap 对该映射关系中的所有键进行排序,从而保证 TreeMap 中所有的映射关系保持有序状态。特别注意,添加到 SortedMap 对象的映射关系必须实现 Comparable 接口,否则必须给它的构造方法提供一个 Comparator 接口的实现。表 5.34 列出了 SortedMap 接口的常用方法。

表 5.34 SortedMap 接口的常用方法

方 法 名	说 明
Comparator comparator()	返回对关键字排序时使用的比较器
Object firstKey()	返回映射关系中第一个键
Object lastKey()	返回映射关系中最后一个键
SortedMap subMap(Object beginKey, Object endKey)	返回(beginKey,endKey)范围内的 SortedMap 子集
SortedMap headMap(Object endKey)	返回 SortedMap 的一个视图,其内各元素的键都小于 endKey
SortedMap tailMap(Object beginKey)	返回 SortedMap 的一个视图,其内各元素的键都大于或等于 beginKey
Collection values()	以 Collection 形式返回此映射包含的值

TreeMap 是 Java 集合框架的另一个重要成员,该类实现了 Map 接口、NavigableMap 接口和 SortedMap 接口,同时扩展了 AbstractMap 类。TreeMap 不允许键为 null,试图将 null 作为键存入 TreeMap 集合时会引发 NullPointerException 异常,但是值为 null 却不受限制。

【例 5.26】 Example5_26.java

```java
import java.util.Iterator;
import java.util.Map;
import java.util.Set;
import java.util.TreeMap;
public class Example5_26 {
    public static void main(String[] args) {
        TreeMap<Integer,String> treeMap = new TreeMap<Integer,String>();
        treeMap.put(12,"Melon");
        treeMap.put(1,"Tom");
        treeMap.put(41,"Eric");
        //键重复,键为 12 对应的值将更新
        treeMap.put(12,"Megan");
        //TreeMap 的键不能为 null
        //treeMap.put(null,"none");
        System.out.println(treeMap);
        //遍历 TreeMap 集合
        Set set = treeMap.entrySet();
        Iterator<Map.Entry<Integer,String>> iterator = set.iterator();
        while (iterator.hasNext()){
            Map.Entry<Integer,String> entry = iterator.next();
            System.out.println(entry.getKey() + ":" + entry.getValue());
        }
    }
}
```

运行结果:

```
{1=Tom, 12=Megan, 41=Eric}
1:Tom
12:Megan
41:Eric
```

在本例中,使用泛型对 TreeMap 进行了约束,键为 Integer 类型,值为 String 类型。由于 Integer 实现了 Comparable 接口,因此 TreeMap 集合可对键进行自然排序。同时也使用了 entrySet()方法,返回一个 Set 集合对象,进而使用迭代器对 TreeMap 集合进行遍历。

TreeMap 集合也可以对添加的元素的键进行排序,其实现与 TreeSet 一样。TreeMap 排序分为自然排序和比较排序。可以让添加的元素实现 Comparable 接口实现自然排序,或者让 TreeMap 对象实现 Comparator 接口实现比较排序。仍以 Student 类为例,前面对 Student 类实现了 Comparable 接口,因此当 Student 对象作为键存入 TreeMap 集合中时,将自动按 Student 的自然排序方式对集合中的键-值对进行排序。

【例 5.27】 Example5_27.java

```java
import java.util.Comparator;
import java.util.TreeMap;
public class Example5_27 {
```

```java
    public static void main(String[] args) {
        //使用匿名内部类定义排序规则:按姓名排序,如果姓名相同,再按年龄升序排列
        TreeMap treeMap = new TreeMap(new Comparator<Student>() {
            @Override
            public int compare(Student o1, Student o2) {
                int num = o1.getName().compareTo(o2.getName());
                return num == 0 ? o1.getAge() - o2.getAge():num;
            }
        });
        Student s1 = new Student("zhangsan",20);
        Student s2 = new Student("lisi",21);
        Student s3 = new Student("wangwu",19);
        Student s4 = new Student("zhangsan",18);
        treeMap.put(s1,"Kaifeng");
        treeMap.put(s2,"Zhengzhou");
        treeMap.put(s3,"Luoyang");
        treeMap.put(s4,"Xinxiang");
        System.out.println(treeMap);
    }
}

class Student {//implements Comparable<Student>{
    private String name;
    private int age;
    public Student(String name,int age){
        this.name = name;
        this.age = age;
    }
    public String getName() {
        return name;
    }
    public int getAge() {
        return age;
    }
    public void setName(String name) {
        this.name = name;
    }
    public void setAge(int age) {
        this.age = age;
    }
    @Override
    public String toString() {
        return "[" + this.getName() + ":" + this.age + "]";
    }
    //排序规则:先按学生姓名升序排序,如果姓名相同,再按年龄升序排序
//    @Override
//    public int compareTo(Student o) {
//        int num = 0;
//        num = this.getName().compareTo(o.getName());
//        if(num == 0)
//            return this.getAge() - o.getAge();
//        else
//            return num;
//    }
}
```

运行结果：

{[lisi:21] = zhengzhou, [wangwu:19] = luoyang, [zhangsan:18] = xinxiang, [zhangsan:20] = kaifeng}

本例的 Student 类包括两个属性 name 和 age，在 compareTo(Object obj)方法中设置了排序规则：先按学生姓名 name 升序排序，如果 name 相同，再按年龄 age 升序排序。另外一种比较排序的方式是让 TreeMap 对象实现 Comparator 接口并重写 compare(Object o1, Object o2)方法。本例中的代码在比较排序的方式实现，在 TreeMap 实例化时以匿名内部类的方式实现了 Comparator 接口。倘若使用自然排序的方式，可以将匿名内部类的代码注释掉，将 Student 类代码的注释部分加上即可。

注意：TreeMap 集合对键对象排序的方式有两种：自然排序和比较排序。

- 自然排序是将作为键的引用类型实现 Comparable 接口，并重写 compareTo(Object obj)方法。以 Student 类为例，该类实现 Comparable 接口并重写相应方法。
- 比较排序是将 TreeMap 实现 Comparator 接口，并重写 compare(Object o1, Object o2)方法。一般在 TreeMap 对象实例化，以匿名内部类的方式实现。

3. Properties 类

java.util.Properties 类称为属性列表，继承于 Hashtable 类。Hashtable 类与 HashMap 比较相似，区别在于 Hashtable 是线程安全的，Hashtable 存取元素时速度较慢，目前已基本被 HashMap 所取代。Properties 类表示一个持久的属性列表，属性列表中的每个键及其对应值是一个字符串。Properties 类被许多 Java 类使用，例如前面介绍的 System 类的 getProperties()方法，其返回值就是 Properties 类型。

同时，Properties 类还提供 load()和 list()方法，可以读写磁盘上的资源文件(.properties)。在实际开发中，经常使用 Properties 对象来存取应用的配置项。表 5.35 列出 Properties 类的常用方法。

表 5.35 Properties 类的常用方法

方 法 名	说 明
Properties()	构造一个空属性列表
String getProperty(String key)	用指定的键在此属性列表中搜索属性
void list(PrintStream streamOut)	将属性列表输出到指定的输出流
void load(InputStream streamIn) throws IOException	从输入流中读取属性列表
Enumeration propertyNames()	返回属性列表中所有键的枚举
Object setProperty(String key, String value)	调用 Hashtable 的 put()方法

【例 5.28】 Example5_28.java

```
import java.io.*;
import java.util.Enumeration;
import java.util.Properties;
public class Example5_28 {
    public static void main(String[] args) {
        Properties p = new Properties();
        p.put("user","root");
        p.put("password","secret");
        p.put("url","jdbc:mysql//localhost:3306/db");
        p.put("driverClassName","com.mysql.jdbc.Driver");
```

```
        //将属性列表保存到磁盘上某个文件
        try{
            PrintStream ps = new PrintStream("c:/file.properties");
            p.list(ps);
            ps.close();
        }catch (IOException e){
            e.printStackTrace();
        }
        p.clear();
        //将磁盘上资源文件读取出来,加载到 Properties 对象中
        try{
            FileReader fr = new FileReader("c:/file.properties");
            p.load(fr);
            fr.close();
        }catch (IOException e){
            e.printStackTrace();
        }
        //遍历 Properties 对象
        Enumeration en = p.propertyNames();
        while (en.hasMoreElements()){
            Object obj = en.nextElement();
            System.out.println(obj + " = " + p.get(obj));
        }
    }
}
```

运行结果:

```
user = root
url = jdbc:mysql//localhost:3306/db
password = secret
driverClassName = com.mysql.jdbc.Driver
```

5.6.7 数组与容器的区别

数组和集合的差异,主要从以下几方面进行对比。

效率:数组是一种高效的存储和访问元素的数据类型,数组中的元素在内存中以连续方式存储,通过"数组名[index]"的方式可以轻松地访问数组中的元素,但是数组一旦定义并初始化后,其长度和元素的数据类型也就固定下来不能再改变。而集合存储和访问元素需要使用专门的方法如 add()、get()方法等。因此,从效率上讲,数组要比容器类的效率高。

类型:集合不以具体的数据类型来处理对象,而是把所有的数据类型都以 Object 类型来处理,正是集合这种处理数据的机制,使集合可以存储不同数据类型的元素。另外,基本数据类型的元素是不能直接存放到容器中的,而是转换成相对应的包装类对象后再存放到容器中。而数组既可以保存基本数据类型也可以保存引用类型。

使用:任何类型的元素存入集合后,其数据类型将自动转换为 Object 类型;元素从集合取出时,仍然是 Object 类型,元素要返回原有数据类型必须进行强制类型转换,这也给程序带来了安全风险,并且效率大幅下降。正基于此,集合又引入了泛型,从而约束集合中的元素必须是某种具体类型,避免了多次类型转换。而数组的使用规则必须先声明初始化再使用,元素存入和取出都不需要进行类型转换。

综合以上对比,可以认为数组是一种"轻量级"的数据类型,使用简单方便,但是功能上略微单薄;而集合是一种"重量级"的数据类型,它提供了丰富的接口,功能强大,性能卓越,但是使用时略显"笨重",需要对各元素进行数据类型转换。

注意:何时使用集合?在下列情形下建议使用集合而不使用数组。
- 需要处理的对象数目不定,序列中的元素都是对象或可以表示为对象;
- 需要将不同类型的对象组合成一个数据序列;
- 需要做频繁的对象序列中元素的插入和删除;
- 经常需要定位序列中的对象和其他查找操作;
- 在不同的类之间传递大量的数据;
- 需要一些特定的操作,如要求数据序列中不能有重复元素、自动排序等。

5.7 泛型

Java 泛型(generics)是 JDK 1.5 之后增加的一个特性,泛型提供了编译时类型安全检测机制,该机制允许程序员在编译时检测到非法的类型。泛型的本质是参数化类型,也就是说,所操作的数据类型被指定为一个参数。Java 集合几乎全部支持泛型,在前面介绍集合的例子中也使用了泛型。集合使用泛型后,相当于为集合增加了约束,由原来可以存储任意数据类型的元素,更改为只能存储指定数据类型的元素。

在定义类、方法、接口时引入泛型,能够使程序具有更好的普适性。假设有这样一个需求:定义一个排序方法,能够对整型数组、字符组数组、日期类型数组等多种数据类型的数组进行排序,根据已学习的知识,很多人员想到了方法重载。但是,方法重载的缺陷也很明显,致使程序比较臃肿。泛型也可以解决该问题,并且可以做到代码极度简洁。

泛型允许程序员在使用强类型程序设计语言编写代码时定义一些可变部分,这些可变部分可以在运行前指定具体数据类型。在编程中使用泛型代替某个实际的数据类型,而后通过实际调用时传入或推导的类型来对泛型进行替换,从而达到代码复用的目的。Java 中常见泛型标记符如下。
- E:Element,多在集合中使用,表示存放的元素;
- T:Type,表示 Java 类;
- K:Key,表示键;
- V:Value,表示值;
- N:Number,表示数值类型;
- ?:表示不确定的 Java 类型。

除了这些标记符,其实也可以是任意的字母。在使用泛型的过程中,操作数据类型被指定为一个参数,这种参数类型在类、方法、接口中,分别称为泛型类、泛型方法和泛型接口。相对于传统的形参,泛型可以使参数具有更多类型上的变化,使代码更好地复用。

5.7.1 泛型类

泛型类是在传统类声明时通过使用泛型标记符表示类中某个属性的类型,或者是某个方法的返回值或形参类型。当开发人员在实例化该类的对象时,指定泛型指代的具体类型。

泛型类的声明格式具体如下。

[修饰符] **class** 类名<泛型标识符1, 泛型标识符2,…>{
　　　　[修饰符] 泛型标识符 属性名称;
　　　　[修饰符] 泛型标识符 方法名称(泛型标识符 参数名称,…){}
}

泛型类定义之后,创建该类的对象,语法格式如下。

类名<参数化类型> 对象名称 = new 类名<参数化类型>(参数列表);

例如,前面创建 TreeSet 对象时,引入泛型后,实例化后若所有元素均为 String 类型,实例化方式如下。

TreeSet< String > treeset = new TreeSet< String >();

下面的代码定义了一个泛型类 Generic,该类声明时使用了两个泛型标识符 T 和 K。
Generic.java

```java
class Generic< T,K >{
    private T value;
    private K key;
    Set< K > hashset = new HashSet< K >();
    //泛型方法
    public T get(){
        return this.value;
    }
    //泛型方法
    public void set(T t){
        this.value = t;
    }
    public void print(){
        System.out.println(value);
    }
    public void add(K key){
        hashset.add(key);
    }
    public void list(){
        Iterator< K > iterator = hashset.iterator();
        while(iterator.hasNext())
            System.out.print(iterator.next() + "  ");
        System.out.println();
    }
}
```

5.7.2 泛型方法

前面介绍的泛型类中已包括泛型方法,泛型方法的定义与其所在类是否为泛型类没有任何关系。泛型方法的语法格式如下。

[修饰符] 泛型标识符 方法名称(泛型标识符 参数名称,…){}

例如,下面定义的 add(K key)方法就是一个泛型方法。

```java
public void add(K key){
    hashset.add(key);
}
```

定义泛型方法的规则如下。
- 所有泛型方法声明都有一个类型参数声明部分(由尖括号分隔),该类型参数声明部分在方法返回类型之前。
- 每一个类型参数声明部分包含一个或多个类型参数,参数间用逗号隔开。一个泛型参数也被称为一个类型变量,是用于指定一个泛型类型名称的标识符。
- 类型参数能被用来声明返回值类型,并且能作为泛型方法得到的实际参数类型的占位符。
- 泛型方法体的声明和其他方法一样。注意类型参数只能代表引用型类型,不能是基本数据类型(如 int、double、char 等)。

5.7.3 泛型接口

Java 集合中的接口基本上都是泛型接口,当然,开发人员也可以自定义泛型接口,声明泛型接口与声明泛型类的语法格式类似,具体格式如下。

[修饰符] interface 接口名称<泛型标识符 1, 泛型标识符 2,…>{ }

例如,创建一个泛型接口 Service:

```
interface Service<E>{
    public E add(E a);
}
```

【例 5.29】 Example5_29.java

```
import org.junit.Test;
import java.util.*;
//单元测试,JUnit
public class Example5_29 {
    @Test
    public void test1(){
        //实例化时,<String,Integer>替换声明时的<T,K>
        Generic<String,Integer> generic = new Generic<>();
        generic.set("hello");
        generic.print();
        generic.add(200);
        generic.add(90);
        generic.add(236);
        generic.list();
    }
    @Test
    public void test2(){
        Service<Integer> service = new Service<Integer>() {
            @Override
            public Integer add(Integer a) {
                return a + 100;
            }
        };
        System.out.println(service.add(98));
    }
}
//泛型类
```

```java
class Generic<T,K>{
    private T value;
    private K key;
    private Set<K> hashset = new HashSet<K>();
    //泛型方法
    public T get(){
        return this.value;
    }
    //泛型方法
    public void set(T t){
        this.value = t;
    }
    public void print(){
        System.out.println(value);
    }
    public void add(K key){
        hashset.add(key);
    }
    public void list(){
        Iterator<K> iterator = hashset.iterator();
        while(iterator.hasNext())
            System.out.print(iterator.next() + "  ");
        System.out.println();
    }
}
//泛型接口
interface Service<E>{
    public E add(E a);
}
```

运行结果：

```
hello
200  90  236
198
```

本例定义了一个泛型类 Generic 和一个泛型接口 Service,类和接口中又定义了若干泛型方法。在测试类的 test1() 和 test2() 方法中分别实例化了 Generic 对象和 Service 对象。注意,为了简化操作,本例使用了 JUnit 单元测试的方法。

5.8 Lambda 表达式

Lambda 表达式是 JDK 8 新增的特性,Lambda 表达式允许把函数作为一个方法的参数,允许创建一个不属于任何类的函数。它主要实现具有唯一方法的接口(称为函数式接口),Lambda 表达式可以取代大部分匿名内部类,使代码变得更加简洁紧凑。

Lambda 表达式由参数列表、箭头符号(->)和函数体组成。其中,函数体既可以是一个表达式,也可以是一个语句块。Lambda 表达式的语法格式如下。

```
(parameters) -> expression;
```

或

```
(parameters) -> {statements;};
```

以下是 Lambda 表达式的重要特征。
- 可选类型声明：不需要声明参数类型，编译器可以统一识别参数值；
- 可选的参数圆括号：一个参数无须定义圆括号，但多个参数需要定义圆括号；
- 可选的大括号：如果主体包含一个语句，就不需要使用大括号；
- 可选的返回关键字：如果主体只有一个表达式返回值则编译器会自动返回值，大括号需要指定表达式返回了一个数值。

【例 5.30】 Example5_30.java

```java
import org.junit.Test;
public class Example5_30 {
    //使用正常的实现 implements
    @Test
    public void test1(){
        Impl i = new Impl();
        i.sayHello("World!");
    }
    //匿名内部内的形式实现
    @Test
    public void test2(){
        Greeting greeting = new Greeting() {
            @Override
            public void sayHello(String s) {
                System.out.println("Hello, " + s);
            }
        };
        greeting.sayHello("Eric!");
    }
    //使用 Lambda 表达式的形式
    @Test
    public void test3(){
        Greeting h = (s) ->{ System.out.println("Hello, " + s); };
        h.sayHello("Java!");
    }
}
//实现 Greeting 接口
class Impl implements Greeting{
    @Override
    public void sayHello(String s) {
        System.out.println("Hello, " + s);
    }
}
//函数式接口
interface Greeting{
    public void sayHello(String s);
}
```

运行结果：

```
Hello, World!
Hello, Eric!
Hello, Java!
```

本例定义了一个接口 Greeting,该接口中仅有一个方法 sayHello()方法。而 Impl 类是 Greeting 接口的实现类。在测试类 Example5_30 的三个测试方法中,test1()方法基于实现类 Impl 创建对象并执行 Greeting 的 sayHello()方法;test2()方法基于匿名内部类的方式创建 Greeting 对象并执行 sayHello()方法;test3()方法基于 Lambda 表达式执行 Greeting 接口中的 sayHello()方法。对比可知,Lambda 表达式的方式更加简洁。

注意:Lambda 表达式实现接口中的方法,对接口有明确要求,即接口必须是函数式接口(Functional Interface)。所谓函数式接口,也就是接口中仅定义了一个抽象方法。

5.9 思政案例:保护环境,从垃圾分类做起

5.9.1 案例背景

随着人们生活水平的不断提高,对生活质量的追求也愈发强烈,美丽的生态环境和绿色的生活方式自然不能缺席。同时,随着人们生活质量的提高也产生越来越多的垃圾。如果垃圾没有妥善处理,不仅污染环境,还造成资源浪费。据有关部门统计,我国每年约有 300 万吨废钢铁,600 万吨废纸没得到利用。而我们经常随手丢弃的废干电池,每年就有 60 多亿只,里面总共含有 7 万多吨锌,10 万吨二氧化锰。这些资源如果都能被重新利用,将会成为巨大的社会财富! 同时,一些有毒垃圾如果没有得到正确的分类处理,会增加填埋或焚烧的垃圾量,焚烧的垃圾越多,释放的有毒气体就越多,同时还会产生有害灰尘;而地下填埋也会污染地下水和土壤,这些都对我们的健康构成了极大威胁。

因此,垃圾分类处理刻不容缓! 垃圾分类是指按照垃圾的成分、属性、利用价值、对环境的影响以及现有处理方式的要求,分离不同类别的若干种类。欧美发达国家与国内城市的垃圾分类经验告诉我们:垃圾分类是垃圾进行科学处理的前提,为垃圾的减量化、资源化、无害化处理奠定基础。垃圾分类处理有以下好处。

- 将易腐有机成分为主的厨房垃圾单独分类,为垃圾堆肥提供优质原料,生产出优质有机肥,有利于改善土壤肥力,减少化肥施用量。
- 将有害垃圾分类出来,减少了垃圾中的重金属、有机污染物、致病菌的含量,有利于垃圾的无害化处理,减少了垃圾处理的水、土壤、大气污染风险。
- 提高了废品回收利用的比例,减少了原材料的需求,减少二氧化碳的排放。
- 普及环保与垃圾的知识,提升全社会对环卫行业的认知,减少环卫工人的工作难度,形成尊重、关心环卫工人的氛围。

普及环保理念和垃圾分类知识,全民参与垃圾分类,养成绿色文明的生活方式,保护我们共同的生活家园。中国的垃圾分类回收还处于起步阶段,日常生活中很多民众还不知道如何将垃圾归类。通常,垃圾分为四个大类:可回收垃圾、厨余垃圾、有害垃圾和其他垃圾,对应四个不同颜色的垃圾桶。可回收垃圾又包括废纸、塑料、玻璃、金属和布料五类等。厨余垃圾包括剩菜剩饭、骨头、菜根菜叶、果皮等食品类废物,经生物技术处理成堆肥,每吨可生产 0.6~0.7t 有机肥料。有害垃圾指含有对人体健康有害的重金属、有毒的物质或者对环境造成现实危害或者潜在危害的废弃物,包括电池、荧光灯管、灯泡、水银温度计、油漆桶、家电类、过期药品、过期化妆品等。这些垃圾一般使用单独回收或填埋处理。其他垃圾包括除上述几类垃圾之外的砖瓦陶瓷、渣土、卫生间废纸纸巾等难以回收的废弃物,这类垃圾采

取卫生填埋可有效减少对地下水、地表水、土壤及空气的污染。

5.9.2 案例任务

本案例的任务是为大众设计一个垃圾识别分类程序,根据用户丢弃的垃圾,告诉用户这是什么类型的垃圾,需要投放到什么颜色的垃圾桶。

5.9.3 案例实现

分析:本案例主要基于垃圾名称来识别垃圾所属的分类。因此,可定义四种字符串类型的常量,代表四种类型的垃圾。当用户输入某种名称的垃圾时,通过与四种字符串常量匹配,从而确定垃圾应投放到哪个垃圾桶。

【例5.31】 Example5_31.java

```java
import javax.swing.*;
public class Example5_31 {
    public static void main(String[] args) {
        //调用输入对话框并输入垃圾名称
        String waste = JOptionPane.showInputDialog("请输入垃圾名称:");
        //调用消息对话框,显示分类结果
        JOptionPane.showMessageDialog(null,
            GarbageClassification.classfier(waste));
    }
}

class GarbageClassification{
    final static String RECYCLABLE = "报纸、期刊、图书、各种包装纸、塑料制桶、" +
            "制盆、制瓶、塑料衣架、玻璃瓶、碎玻璃片、镜子、暖瓶、易拉罐、罐头盒、" +
            "衣服、桌布、洗脸巾、书包、鞋";
    final static String KITCHEN_WASTE = "剩菜剩饭、骨头、菜根菜叶、果皮、食品";
    final static String HARMFULE_WASTE = "电池、荧光灯管、灯泡、水银温度计、" +
            "油漆桶、家电类、过期药品、过期化妆品";
    final static String OTHER_WASTE = "砖瓦陶瓷、渣土、纸巾";

    /**
     * 分类方法
     * @param waste 垃圾名称
     * @return 垃圾分类
     */
    public static String classfier(String waste){
        if(RECYCLABLE.contains(waste)){
            return waste + "是可回收垃圾,请投至蓝色垃圾桶!";
        }
        else if(KITCHEN_WASTE.contains(waste)) {
            return waste + "是厨余垃圾,请投至绿色垃圾桶!";
        }
        else if(HARMFULE_WASTE.contains(waste)){
            return waste + "是有毒垃圾,请投至红色垃圾桶!";
        }
        else{
            return waste + "是其他垃圾,请投至灰色垃圾桶!";
        }
    }
}
```

运行结果如图 5.5 所示。

图 5.5　垃圾分类的运行结果

小结

　　本章介绍了字符串相关的类，如 String、StringBuffer、StringBuilder 和 StringTokenizer 等类的使用方法。String 类主要处理不变字符串，而 StringBuffer 和 StringBuilder 主要处理可变字符串。String 类对 Object 类的 equals() 方法进行了重写，用来比较两个字符串对象的内容是否相等，而 StringBuffer、StringBuilder 类仍继承了 Object 类的 equals() 方法，比较的是两个字符串地址是否相等。

　　Java 提供了丰富的工具类，包括时间与日期、数值与随机数、正则表达式等，这些类是应用开发中使用非常频繁的类。

　　数组长度不能动态改变，数组中元素的类型也必须相同。由于这些限制，Java 提供了丰富的集合对象。Java 的集合包括单列集合 Collection 接口和双列集合 Map 接口，其中，Collection 接口又分为 List 接口和 Set 接口等。List 是一种保存有序可重复元素的集合，而 Set 是一种保存无序不可重复的元素集合。Map 是一种映射关系，它的每一个元素包括两个对象：键和值，它们是一种映射模型。

　　泛型进一步规范了集合中元素的数据类型，使用泛型定义类、接口或方法能够解决方法重载带来的代码臃肿问题。同理，Lambda 表达式在很多场合下可以替代匿名内部类，使代码更加简洁。

第6章 异常处理机制

程序运行过程中,可能会遇到一些突发情况导致程序意外中止运行,严重影响程序的健壮性。Java 提供了异常处理机制,保证程序执行时遇到异常仍能够继续执行,以提升程序的可靠性和健壮性。

本章要点
- 异常概述;
- 异常的分类;
- 捕获异常;
- throw;
- throws;
- 自定义异常类。

6.1 异常概述

针对程序运行过程中发生的异常事件,如除 0 溢出、数组越界、文件找不到等,这些事件的发生将导致程序崩溃。为了提升程序的健壮性,程序开发过程中必须考虑可能发生的各种异常事件并做出相应的处理。

先看一个有关处理文件操作的伪 C 语言程序段:

```
{
    open the File;
    determine its size;
    allocate that much memory;
    read file;
    close the File;
}
```

但是上述程序在运行过程中可能会遇到以下几种异常情况,并且遇到这些异常就会导致程序非法中止。

- 文件找不到;
- 文件的长度未能探测到;
- 分配内存失败;

- 内存不足；
- 读文件失败。

再来回顾 C 语言中处理异常的情形：开发人员通常使用 if 语句来判断是否出现了异常，例如，使用类似如下的代码解决上述代码出现的异常。

```
errorCodeType readFile {
    initialize errorCode = 0;
    open the file;
    if (theFileIsOpen) {
        determine the length of the file;
        if (gotTheFileLength) {
            allocate that much memory;
            if (gotEnoughMemory) {
                read the file into memory;
                if (readFailed) {
                    errorCode = -1;
                }
            } else {
                errorCode = -2;
            }
        } else {
            errorCode = -3;
        }
        close the file;
        if (theFileDidntClose && errorCode == 0) {
            errorCode = -4;
        } else {
            errorCode = errorCode and -4;
        }
    } else {
        errorCode = -5;
    }
    return errorCode;
}
```

这种异常处理方法隐含了以下缺陷：
- 开发人员花费了大部分精力用于错误处理；
- 只能够处理程序开发人员想到的异常，对于未考虑到的异常无法处理；
- 程序可读性差，大量的错误处理代码混杂在程序中；
- 出错返回信息量太少，无法确切了解异常状况或原因。

与 C 语言相比，Java 通过面向对象的方法来处理程序异常，对各种异常定义了层次分类完善的类。若 Java 程序的某个方法在执行过程中发生了异常，则这个方法（或者 Java 虚拟机）会生成一个代表该异常的对象（包含该异常的详细信息），并把它交给运行时系统，运行时系统寻找相应的代码来处理这一异常。把生成异常对象并提交给运行时系统的过程称为抛出（throw）异常。运行时系统在方法的调用栈中查找，从出现异常的方法开始进行回溯，直到找到包含相应异常处理的方法为止，这个过程称为捕获（catch）异常。

下面是使用 Java 异常处理机制对上述代码段进行改进。

```
readFile {
    try {
        open the file;
        determine its size;
        allocate that much memory;
        read the file into memory;
        close the file;
    } catch (fileOpenFailed) {
        doSomething;
    } catch (sizeDeterminationFailed) {
        doSomething;
    } catch (memoryAllocationFailed) {
        doSomething;
    } catch (readFailed) {
        doSomething;
    } catch (fileCloseFailed) {
        doSomething;
    }
}
```

对比 C 语言的异常处理方法，Java 异常处理机制具有以下优点。
- 异常处理代码与业务逻辑实现代码分开，增加了程序的可读性。
- 异常也是对象，Java 对异常按照错误类型和差别进行了严格的分类，体现了面向对象的特征。
- 异常类中提供了一些方法（如 getMessage()方法），克服了 C 语言中错误信息有限的缺陷。
- 可以使用异常父类对无法预测的错误进行捕获和处理。

6.2 异常的分类

作为完全面向对象的语言，Java 中一切皆对象，异常也不例外，Java 对异常提供了严格的分类。

6.2.1 Java 异常分类体系

Java 异常顶层父类是 Throwable，所有异常都直接或间接地继承自 Throwable 类。Throwable 类又有两个直接子类：Error 类和 Exception 类。除了 Java 类库所定义的异常类之外，用户还可以通过继承已有的异常类来定义自己的异常类，并在程序中使用。图 6.1 是 Java 异常体系结构。

Error 类由 Java 虚拟机生成并抛出，包括动态链接失败、虚拟机错误等，Java 程序对这些异常不做处理。Exception 类又分为运行时异常（Runtime Exception）和编译时异常两种。运行时异常是由 Java 虚拟机在运行时生成的异常，如被 0 除等系统错误、数组越界等；编译时异常是一般程序中可预知的问题，程序在编译阶段如没有处理这些异常将无法执行，因此 Java 编译器要求 Java 程序必须处理所有的编译时异常。

用户也可以根据业务需要自定义异常类，自定义的异常类需要继承 Throwable 或 Exception 类。自定义异常类通过重写父类异常的方法来完成特定的功能。

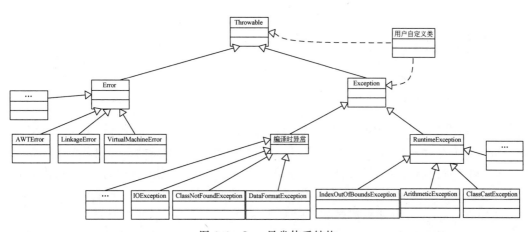

图 6.1 Java 异常体系结构

6.2.2 Throwable 类

Throwable 类位于 java.lang 包，Throwable 类提供的构造方法和主要方法见表 6.1。

表 6.1 Throwable 类的构造方法和主要方法

方法名	说明
Throwable()	构造一个详细消息为空的 Throwable 对象
Throwable(String message)	构造 Throwable 对象，参数 message 为异常描述信息
public Throwable getCause()	返回异常产生的原因
public String getLocalizedMessage()	返回一个带有本地化描述消息的字符串
public String getMessage()	返回此异常对象的详细消息
public String toString()	返回此异常对象的简短描述
public void printStackTrace()	将此异常及其追踪输出至标准错误流

6.3 捕获异常

Java 的异常处理是通过 try-catch-finally 3 个关键词来实现的。用 try 来监视执行一段程序，如果出现异常，系统就会抛出（throws）异常，可以根据异常的类型来捕捉（catch）相应的异常并处理它，或最后（finally）由默认处理方法来处理。下面是 try-catch-finally 的语法格式。

```
try{
    //接受监视的程序块，在此区域内发生
    //的异常，由 catch 中指定的程序处理
}
//不能有其他语句分隔
catch(要处理的异常种类和标识符){
    //处理异常
}
catch(要处理的异常种类和标识符){
    //处理异常
}
```

```
...
finally{
    //最终处理(默认处理)
}
```

6.3.1　try 语句

try 语句用花括号{}指定了一段代码,该段代码可能会抛弃一个或多个异常。try 语句块是 Java 异常处理机制捕获异常的范围。当程序执行时,try 监测的语句块若产生异常,那么 try 语句负责抛出相应的异常对象。try 语句像一个监视器,它监视放置在其内部的语句块执行时是否发生异常,如果发生异常将会根据异常的类型抛出相应的异常对象。

注意:使用 try 语句时应注意以下几点。

- 不要把所有的业务逻辑代码全部放在 try 语句中,try 语句的执行效率要远远低于正常代码的执行效率;
- try 语句块中声明的变量,其作用域为此 try 语句块,试图在程序其他位置访问该变量就会产生错误,因此声明变量的位置是否合适至关紧要;
- 若 try 语句块的某行代码产生异常,则 try 语句块的后续代码将不再执行,直接执行 catch 语句。

6.3.2　catch 语句

每个 try 语句必须伴随一个或多个 catch 语句,用于捕获 try 代码段所产生的异常并做相应的处理。catch 紧跟一对圆括号,括号内声明特定异常类型的形参,用于指明其所能捕获的异常类型,运行时系统通过参数值把被抛弃的异常对象传递给 catch 语句。

catch 语句的异常处理类型一般按照 try 代码段中异常可能产生的顺序及其真正类型进行捕获和处理,尽量避免选择一般的异常类型作为 catch 语句中指定要捕获的类型。

一个 try 语句块执行时可能产生多种异常,可以对应多个 catch 语句处理多个异常类型,特别地,如果 catch 的异常对象存在继承关系时,应先捕获子类异常再捕获父类异常。在 catch 语句块内部,通常使用异常类的如下方法输出异常信息。

- getMessage():返回异常描述信息。
- printStackTrace():打印异常信息出错的位置及原因。

【例 6.1】 Example6_01.java

```java
public class Example6_01 {
    public static void main(String[] args) {
        int a = 0;
        int b = 0;
        try{
            a = Integer.parseInt(args[0]);
            b = Integer.parseInt(args[1]);
            System.out.println("两个数的商为: " + a/b);
        }
        //try 和 catch 语句块中间不能有其他代码
        //一个 try 语句可以有多个 catch 语句
        catch(IndexOutOfBoundsException e){
            System.out.println("数组越界了!");
```

```
        }
        catch(NumberFormatException e){
            System.out.println("数据格式不正确");
        }
        catch(ArithmeticException e){
            System.out.println("除数不能为零");
        }
        catch(Exception e){
            System.out.println("未知异常");
        }
    }
}
```

运行结果：

```
C:\> java Example6_01 30
数组越界了!
C:\> java Example6_01 fis 2
数据格式不正确
C:\> java Example6_01 32 0
除数不能为 0
C:\> java Example6_01 32 4
两个数的商为：8
```

该程序包含 4 个 catch 语句块。如果 try 监视的代码中发生异常,异常被抛给第一个 catch 语句块。如果抛出异常类型与第 1 个 catch 语句匹配,异常在这里就会被捕获。如果不匹配,它会被传递给第 2 个 catch 语句块,继续判断,直到异常被捕获或者通过所有的 catch 语句块。

注意：使用 catch 语句捕获和处理异常时需要注意以下几点。

- try 和 catch 语句之间不应该有任何其他代码,catch 语句也不能独立于 try 语句存在。
- 多个 catch 语句执行时按照自上而下顺序执行,因此应把捕获子类异常的 catch 语句放在前,捕获父类异常的 catch 语句放在后。
- try-catch 机制不能用于流程控制,不能保证 catch 语句何时执行。
- 若 return 语句出现在 catch 程序块,将用于退出方法,而不是返回到异常抛出点。

JDK 1.7 对 catch 代码块进行了升级,可以在单个 catch 块中处理多个异常。如果用一个 catch 代码块处理多个异常,可以用管道符(|)将它们分开,在这种情况下,异常参数变量定义为 final 类型,不能被修改。使用这一特性将生成更少的字节码并减少代码冗余。例 6.2 的程序对例 6.1 进行改进。

【例 6.2】 Example6_02.java

```
public class Example6_02 {
    public static void main(String[] args) {
        int a = 0;
        int b = 0;
        try {
            a = Integer.parseInt(args[0]);
            b = Integer.parseInt(args[1]);
            System.out.println("两个数的商为：" + a/b);
        }
        //一个catch语句块捕获多种异常对象
```

```
            catch(IndexOutOfBoundsException|NumberFormatException
                    |ArithmeticException e){
                e.printStackTrace();
            }
        }
    }
```

6.3.3 finally 语句

finally 语句是放在 try 语句后执行的程序块,它并不是必需的,finally 语句为异常处理提供一个统一的出口,使得在控制流程转到程序其他部分之前能够对程序的状态做统一管理。无论 try 语句块是否抛出异常,都要执行 finally 语句块,它提供了统一的出口。

通常在 finally 语句中可以进行资源的清除和释放工作,如关闭打开的文件,删除临时文件,关闭打开的数据库连接等。

注意:使用 finally 语句时应该注意以下 3 点。

- finally 语句不像 catch 语句,如果 try 程序块没有产生异常,或者产生的异常与 catch 捕获的异常类型不匹配,那么 catch 语句不会执行,但 finally 语句总会被执行;
- 应该把可能产生异常的语句用 try-catch 保护起来,不要在 finally 语句块中再次产生异常;
- finally 语句并不是必需的,使用 try-catch 语句完全可以捕获和处理异常。

【例 6.3】 Example6_03.java

```java
public class Example6_03 {
    public static void main(String[] args) {
        try {
            int result = divide(100,0);
            System.out.println(result);
        }catch (Exception e){
            System.out.println("错误: " + e.getMessage());
            return;
        }finally {
            System.out.println("执行 finally 语句");
        }
        System.out.println("程序继续执行……");
    }
    //divide()方法实现了两个整数相除
    public static int divide(int x, int y) {
        int result = x / y;          //定义一个变量 result 记录两个数相除的结果
        return result;               //将结果返回
    }
}
```

运行结果:

错误: / by zero
执行 finally 语句

例 6.3 使用了 try-catch-finally 语句,并且在 catch 语句块中增加了 return 语句,用于结束当前方法,所以本行代码"System.out.println("程序继续执行……");"不会执行,而

finally 语句块中的代码仍会执行,不受 return 语句影响。也就是说,不论程序是发生异常,还是使用 return 语句结束,finally 中的语句都会执行。因此,在程序设计时,通常会使用 finally 语句块处理完成必须做的事情,如释放系统资源。

6.4 声明异常

如果一个方法可能会产生异常,但是该方法并不处理它产生的异常,仅是在声明方法时同时声明可能产生异常的类型。在执行时沿着调用层次向上传递,交由调用它的程序来处理异常,这就是声明异常。通常情况下,声明异常的方法中并不确切知道如何对这些异常进行处理,比如 FileNotFoundException 类异常,它由 FileInputStream 的构造方法产生,但在其构造方法中并不清楚如何处理它,是终止程序的执行,还是生成一个新文件,这需要由调用它的程序进行处理。

声明异常的方式是在方法名后面加上要抛出(throws)的异常列表,其语法格式为

```
[修饰符] 返回值数据类型 方法名(形参表) throws 异常1,异常2,…
{
    方法体;
    return [返回表达式];
}
```

如前面用到的 BufferedReader 类中的 readLine()方法是这样定义的:

```
public String readLine() throws IOException {...}
```

throws 子句可以同时指明多个异常,说明该方法并不对这些异常进行处理,而是交由调用者捕获处理。编译器会检查程序,当一个方法执行中抛出一个受检查的异常时,这个异常或者在此方法中使用 throws 语句声明,或者在方法中使用 try-catch 语句捕获,保证所有编译时异常都被程序显式地处理。例6.4是一个有关 throws 用法的例子。

【例 6.4】 Example6_04.java

```java
import java.util.InputMismatchException;
import java.util.Scanner;
public class Example6_04 {
    public static void main(String[] args) {
        getResult();
    }
    /**
     * getResult()方法,输入 x 的值,并调用 HundredByX()方法
     */
    public static void getResult() {
        Scanner scan = new Scanner(System.in);
        try{
            System.out.print("请输入 x:");
            int x = scan.nextInt();
            System.out.println("100 被" + x + "除的结果为:" + HundredByX(x));
        }catch(InputMismatchException e) {
            System.out.println("输入数据不匹配");
        }catch(ArithmeticException e) {
            System.out.println("除数不能为 0");
```

```
            }
        }
        /**
         * 此方法计算 100 被 x 除的商,并声明异常
         * @param x
         * @return int 类型
         * @throws ArithmeticException
         */
        public static int HundredByX(int x) throws ArithmeticException {
            return 100/x;
        }
    }
```

运行 3 次例 6.4,结果如下：

请输入 x:Java
输入数据不匹配
请输入 x:0
除数不能为 0
请输入 x:8
100 被 8 除的结果为: 12

程序中 HundredByX()方法声明了 ArithmeticException 异常,HundredByX()方法并未使用 try-catch 语句捕获和处理异常,那么该方法产生的异常将交给调用该方法的其他程序段进行处理(如 getResult()方法将对该异常进行处理)。具体的异常产生和处理过程如图 6.2 所示。

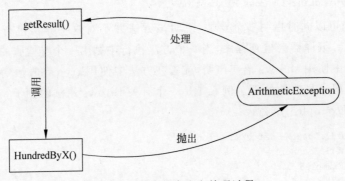

图 6.2 异常的产生和处理过程

6.5 使用 throw 抛出异常

当程序出现已知类型的异常时,系统会自动抛出相应异常,这些异常或者由 Java 虚拟机生成,或者由 Java 类库中的某些类生成。但是在应用开发过程中,也可以自定义异常,为应用提供更符合业务的异常信息。自定义异常对象无法由系统产生并抛出,需要手动生成异常对象并抛出,throw 语句可以完成该工作,它可以抛出一个异常对象。throw 语句的语法格式如下：

throw 异常对象;

使用 throw 抛出的是异常实例,而不是异常类,而且 throw 语句一次只能抛出一个异

常。例 6.5 是一个有关 throw 语句抛出异常的例子。

【例 6.5】 Example6_05.java

```java
import java.io.IOException;
public class Example6_05 {
    public static void main(String[] args) {
        try{
            //抛出一个运行时异常对象 ArithmeticException
            throw new ArithmeticException();
        }catch(ArithmeticException e) {
            e.printStackTrace();
        }
        try {
            //抛出一个编译时异常对象 IOException
            throw new IOException();
        } catch (IOException e) {
            e.printStackTrace();
        }
        /* 运行时异常对象如 IndexOutOfBoundsException 是由 Java 虚拟机产生的,程序可以
        捕获并处理它,也可以不处理 */
        IndexOutOfBoundsException ie = new IndexOutOfBoundsException();
        throw ie;
    }
}
```

运行结果：

```
java.lang.ArithmeticException
    at javabasic.ch6.Example6_05.main(Example6_05.java:8)
java.io.IOException
    at javabasic.ch6.Example6_05.main(Example6_05.java:14)
Exception in thread "main" java.lang.IndexOutOfBoundsException
    at javabasic.ch6.Example6_05.main(Example6_05.java:20)
```

在本例中 ArithmeticException 和 IndexOutOfBoundsException 都属于运行时异常,针对运行时异常,无论是用 throws 声明这类异常,还是用 throw 抛出这类异常对象,程序均可以不用 try-catch 语句捕获,而由 Java 虚拟机负责处理；当然程序也可以显式地使用 try-catch 语句来捕获并处理异常。如果 throw 语句抛出的是编译时异常(如本例中的 IOException),则该语句或者放在 try 语句中,或者放在带有 throws 声明的方法中显式地处理抛出的异常。

6.6 自定义异常类

在选择异常类型时,可以使用 Java 类库中已经定义好的异常类,也可以自定义异常类。自定义异常同样要用 try-catch-finally 捕获并处理,而且自定义异常对象无法由系统产生,必须由用户自己主动地抛出(throw)。自定义异常类的语法格式为

[修饰符] class 自定义异常类名 **extends** Throwable{}

自定义异常类必须继承 Throwable 类或其子类,但一般情况下不要让自定义异常类继承 Error 类。当自定义异常类是从 RuntimeException 及其子类继承而来时,该自定义异常

是运行时异常,程序中可以不捕获并处理它。当自定义异常是从 Throwable、Exception 及其他子类继承而来时,该自定义异常是编译时异常,也意味着在程序中必须捕获并处理它。下面是一个自定义异常类。

【例 6.6】 Example6_06.java

```java
public class Example6_06 {
    public static void main(String[] args){
        try {
            operate();
        }catch (BankException e){
            System.err.println(e.getMessage());
        }
    }
    public static void operate() throws BankException{
        Bank bank = new Bank("001","zhangsan","Bank of China",0);
        
        bank.deposit(300);
        bank.withdrawal(500);
        bank.deposit(100);
        bank.deposit(1000);
        System.out.println("任务完成!");
    }
}
/**
 * 自定义银行账户异常类
 */
class BankException extends Exception {
    public BankException() {
        super();
    }
    public BankException(String message) {
        super(message);
    }
}
/**
 * 模拟银行账户类
 */
class Bank {
    /**
     * 账号
     */
    private String account;
    /**
     * 姓名
     */
    private String user;
    /**
     * 开户行
     */
    private String branch;
    /**
     * 余额
     */
```

```java
    private double balance;

    public void setAccount(String account) {
        this.account = account;
    }
    public void setUser(String user) {
        this.user = user;
    }
    public void setBranch(String branch) {
        this.branch = branch;
    }
    public void setBalance(double balance) {
        this.balance = balance;
    }
    public String getAccount() {
        return account;
    }
    public String getUser() {
        return user;
    }
    public String getBranch() {
        return branch;
    }
    public double getBalance() {
        return balance;
    }

    /**
     *
     * @param account 账号
     * @param user 姓名
     * @param branch 开户行
     * @param balance 余额
     */
    public Bank(String account, String user, String branch, double balance){
        this.account = account;
        this.user = user;
        this.branch = branch;
        this.balance = balance;
    }

    public Bank() {
    }

    /**
     * 存款
     * @param amount
     */
    public void deposit(double amount){
        this.setBalance( this.getBalance() + amount );
        System.out.println("存款金额: " + amount + ",
                现有余额: " + this.getBalance());
    }
```

```
            public double withdrawal(double amount) throws BankException {
                if(amount <= this.getBalance()){
                    this.setBalance(this.getBalance() - amount);
                    System.out.println("取款金额:" + amount + ",
                        现有余额:" + this.getBalance());
                }else{
                    BankException be = new BankException("余额不足,操作失败!");
                    throw be;
                }
                return this.getBalance();
            }
        }
```

运行结果:

存款金额:300.0,现有余额:300.0
余额不足,操作失败!

例 6.6 包括 3 个类:银行业务类 Bank、自定义异常类 BankException 和主类 Example6_06。其中,自定义异常类 BankException 重写了父类的构造方法,Bank 类包括存款 deposit()和取款 withdrawal()方法,withdrawal()方法还声明了 BankException 异常。主类的 operate()调用了 withdrawal()方法,但是该方法没有使用 try-catch 语句捕获异常,所以该方法也需要声明 BankException,最终在 main()方法中调用 operate()方法使用 try-catch 捕获并处理了 BankException。

6.7 思政案例:守土有责、守土担责、守土尽责

"守土有责"中的"土"指国土,出自清代黄景仁《邵家坟写望》中的诗句:"颇闻守土责,宜备淮涡神。"放在当今社会各行各业,可以认为是自己所在岗位的职责,我们要对所负责的工作有担当,尽职尽责完成好。习近平总书记就疫情防控工作作出重要指示,要求各级党组织领导班子和领导干部特别是主要负责同志曾坚守岗位、靠前指挥,做到守土有责、守土担责、守土尽责。在严峻的疫情防控战役中,广大党员坚决贯彻落实总书记的重要指示,坚决贯彻落实党中央决策部署,身体力行,勇于担当,做好表率;坚定信心,志在必胜。

其实,何止疫情防控,程序设计与开发也是如此。作为一名开发人员,考虑问题要全面,分析程序运行过程中可能出现的各种情形,针对可能出现的异常要及时处理,保证程序健壮、可靠地运行。在项目的开发过程中,前后端一般会遇到很多异常,这些异常的处理过程是:后端一般通过 throw 抛出一个对象,前端程序将接收到的异常对象(如异常编号 code 和异常提示信息 message)进行二次判断或直接将异常提示信息显示给用户,既保证程序遇到异常仍能继续运行,不至于崩溃,又能让用户发现问题的根源并及时处理。

处理异常通常的原则:哪一个模块抛出异常,那么该模块负责处理相应的异常,不应再继续抛给其他调用者处理异常,做到我们常说的守土有责、守土担责、守土尽责。例 6.7 定义了三个类:业务异常类 BaseBusinessException、业务类 Business 和主类 Example6_07。在业务类 Business 中模拟了异常处理的两种方式:抛出异常但未处理(如 action()方法)、处理异常(如 handle()方法)。handle()方法中遇到了异常并且自身使用 try-catch 语句处理异常,并未再次声明异常,我们认为该方法就是"守土有责、守土担责、守土尽责"的表现。

【例 6.7】 Example6_07.java

```java
//业务异常类
class BaseBusinessException extends Exception{
    private Integer code;
    private String message;
    public BaseBusinessException(Integer code ,String message){
        super(message);
        this.code = code;
    }
    public Integer getCode(){
        return this.code;
    }
    public void setCode(){
        this.code = code;
    }
}
//业务类
class Business{
    String url;
    /**
     * action()方法声明异常,但本身没有处理抛出的异常
     * @throws BaseBusinessException
     */
    public void action() throws BaseBusinessException{
        if(null == url){
            throw new BaseBusinessException(404,"页面不存在!");
        }
        if("error".equals(url)){
            throw new BaseBusinessException(500,"内部错误!");
        }
    }
    //自身处理异常,做到"守土有责"
    public void handle(){
        try{
            action();
        }catch (BaseBusinessException e){
            System.out.println(" ==== handle()方法 ==== ");
            System.out.println(e.getMessage());
        }
    }
}
//主类
public class Example6_07 {
    public static void main(String[] args) {
        Business business = new Business();
        //调用 action()必须加上 try-catch
        try{
            business.action();
        }catch (BaseBusinessException e){
            System.out.println(" ==== 主类调用 action()方法 ==== ");
            System.out.println(e.getMessage());
        }
        //此处不用加 try-catch
```

```
        business.handle();
    }
}
```

运行结果:

```
==== 主类调用 action()方法 ====
页面不存在!
==== handle()方法 ====
页面不存在!
```

小结

　　本章首先介绍异常的基本概念,Java 通过面向对象方法进行异常处理,对异常事件进行分类,体现良好的层次性,这种机制对于具有动态运行特性的复杂程序提供了强有力的控制。异常包括运行时异常和编译时异常,对于编译时异常必须捕获或声明;对于运行时异常,Java 运行时系统会自动处理。然后介绍 try-catch-finally 语句捕获和处理异常的方法。本章还介绍了使用 throws 声明异常,使用 throw 抛出异常对象。最后,异常也可以由用户自定义,自定义异常一定要继承自 Throwable 或者其子类。对于自定义异常类,在程序中必须手动抛出并捕获。

第7章

Java I/O流

本章主要介绍java.io包中字节流、字符流、标准流和文件类。I/O流是Java实现输入输出的重要途径。

本章要点
- 流的概念；
- File类；
- 字节流；
- 对象序列化；
- 字符流；
- 随机访问功能。

7.1 I/O流概述

大部分程序都需要输入输出处理，如从键盘读取数据、向屏幕输出数据、读写文件中的数据、从一个网络连接中进行读写操作等。Java把这些不同类型的输入输出源形象地称为流(Stream)，java.io包中提供了几十个输入输出流类。

7.1.1 流的分类

按照不同的分类方式，可以将Java中的I/O流分成不同的类型。

1. 输入流和输出流

按照数据的输入输出方式分为输入流(Input Stream)和输出流(Output Stream)。很多Java初学者在写程序时搞不清楚是用输入流还是用输出流。在这里提供一个判断依据：以当前程序为参照物，从程序的观点考虑数据的流向。如果数据从外部流向程序，那么该程序应该使用输入流来读取这些数据，这时把外部的数据称为数据源，此时的数据源可以是键盘(标准输入设备)、文件、网络或者其他程序，如图7.1所示。

如果数据是从当前程序流向外部，那么当前程序是数据源，应当使用输出流向外部设备写数据，此时的外部设备可以是显示器(标准输出设备)、文件、网络或者其他程序，如图7.2所示。

可以看到，流是有方向的。当Java程序需要从数据源获取数据时，应在Java程序和数

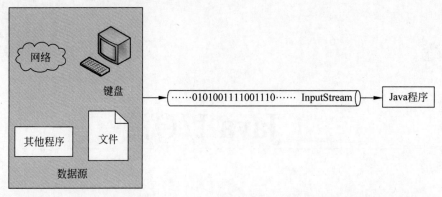

图 7.1　输入流

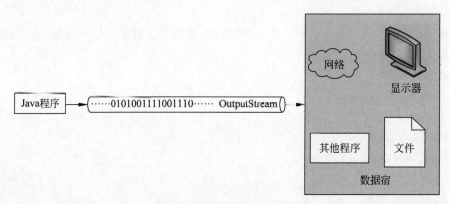

图 7.2　输出流

据源之间建立输入流；当 Java 程序需要把结果输送到数据宿时，此时 Java 程序成为数据源，应在 Java 程序和数据宿之间建立输出流。总之，输入流和输出流是根据流中数据的传输方向来区分。

注意：键盘是标准的输入设备，程序要接受它提供的数据必须使用输入流，而显示器是标准的输出设备，必须使用输出流向显示器输出数据。但输入流和输出流也不是绝对不变的，如对于一个文件而言，当向其中写入数据时，它是数据宿，需要使用输出流；当从该文件读取数据时，它是数据源，需要使用输入流。

2. 字节流和字符流

按照数据处理的方式可分为字节流和字符流。I/O 流序列中的数据既可以是未加工的原始二进制数据，也可以是经编码处理后符合某种格式要求的特定数据，如字符流序列、数字流序列、对象流序列等。Java 把处理二进制数据的流称为字节流，字节流每次处理一个字节的数据；把处理某种格式的特定数据称为字符流，字符流每次处理一个字符的数据。

注意：如何区分字节流和字符流？从 Java I/O 流类名可以轻易地区分它们。一般来说，如果类名以 Stream 结尾，说明它是字节流，如 FileInputStream、DataOutputStream 等。如果 I/O 流类名以 Reader 或 Writer 结尾，说明它是字符流，如 BufferedReader、FileWriter 等。

3. 节点流和过滤流

按照流的建立方式和工作原理可分为节点流和过滤流。节点流类是指直接在输入输出媒介之上建立的流，标准流、非过滤字节流类可以作为节点流使用，如 FileInputStream。

而过滤流类是在节点流类基础上对其功能进行扩展,它先以某一个节点流对象作为过滤流的来源(即作为该过滤流的参数),然后修改已经读出或者写入的数据,甚至还可利用自身提供的附加方法将已经读出或者写入的数据转换为其他格式,前面使用的 BufferedReader 类就是一个过滤流类。BufferedReader 对象在使用之前必须使用节点流 InputStreamReader 先读取数据。

注意:无论按照什么样的分类方式,针对每一个具体的 Java I/O 流类都可以把它们归属于相应的分类方式。如 PipedOutputStream 类是一个字节输出节点流,而 BufferedReader 则是一个字符输入过滤流。

7.1.2　Java 的 I/O 流体系结构

InputStream 类是所有输入字节流的父类,而 OutputStream 类是所有输出字节流的父类。并且 InputStream 类和 OutputStream 类都是抽象类,因此不能直接实例化输入流和输出流对象。图 7.3 给出了面向字节流类的体系结构。

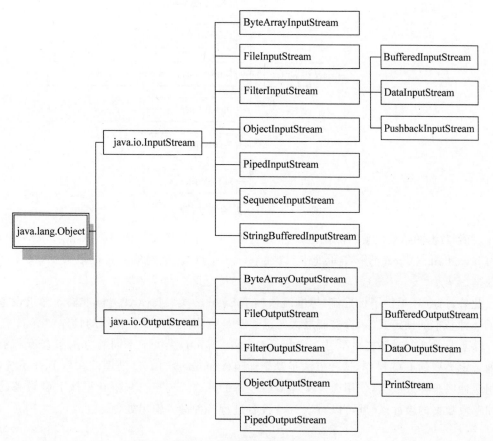

图 7.3　字节流类的体系结构

在字符流中 Reader 类是所有输入字符流的父类,而 Writer 类是所有输出字符流的父类。同样,Reader 类和 Writer 类也都是抽象类,不能使用它们实例化字符流对象。图 7.4 给出了面向字符流类的主要体系结构。

无论是字节流还是字符流,进行读写操作时都是按顺序读写的,即从数据的起始位置开始

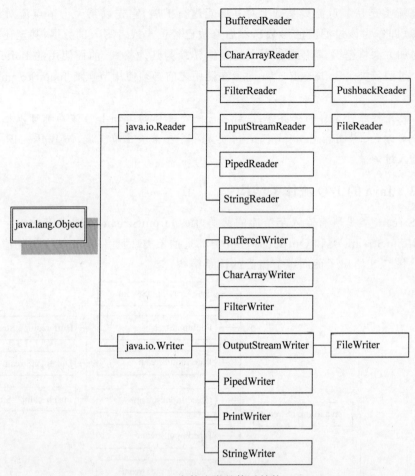

图 7.4 字符流类的体系结构

读写,直到数据的结束位置。除此之外,Java 还提供一个随机文件读写类 RandomAccessFile,它由 java.lang.Object 直接继承而来,也在 java.io 包中。该类既支持读取数据,又支持写入数据。

此外,Java 还提供了标准流,标准流依赖于 System 类。Java 针对标准输入输出设备提供了一种基本的预定义流,标准流最大的优势就是隐藏了对控制台操作的具体细节。

除了 java.io 包,还提供了另一个新 I/O 包 java.nio,提供了不同的方法来查看和解决某种特定类型的 I/O 操作,这种方法是基于通道(Channel)的 I/O 处理。在新 I/O 系统中,使用缓冲区来存放数据,使用通道实现 I/O 设备的开放式连接。只要获得该 I/O 设备的通道和存放数据的缓冲区,就可以对该 I/O 设备进行各种输入输出处理。

7.2 File 类

Java 使用 File 类来获取和处理磁盘上文件及目录的相关信息。File 类是 java.io 包中唯一处理文件和目录的类,它提供的方法都是与平台无关的,通过 File 类提供的各种方法能够创建、删除文件和目录,或者获取磁盘上指定文件和目录的相关信息。

7.2.1 File 类概述

Java 认为任何文件和目录都是对象，File 类的实例表示一个文件或目录，调用它的方法可以获得该文件或目录的属性，完成对文件和目录的操作，如创建、删除等。表 7.1 列出了 File 类的构造方法。

表 7.1 File 类的构造方法

方 法 名	说 明
File(String filename)	根据文件的路径名创建一个新的 File 对象
File(String parent, String child)	根据文件路径名和文件名创建一个新的 File 对象
File(File parent, String child)	根据指定目录的 File 对象和文件名创建一个新的 File 对象

下面的代码演示了使用 File 类创建 File 对象。

```
File file1 = new File("Hello.java");
File file2 = new File("/");
File file3 = new File(file2,"Hello.java");
File file4 = new File("/","Hello.java");
```

上述代码第 1 行创建一个文件对象，该对象表示当前路径下的文件 Hello.java；第 2 行代码创建一个目录对象，该目录代表当前系统的根目录；第 3 行代码创建一个指定目录为 file2，文件名为 Hello.java 的文件对象；第 4 行代码创建一个指定目录为当前系统根目录，文件名为 Hello.java 的文件对象。

注意：在 UNIX/Linux 操作系统下，路径分隔符为"/"，并且系统的根目录为"/"；而在 Windows 和 DOS 下的路径分隔符为"\"，而且 Windows、DOS 下每个磁盘分区就是一个文件系统，因此 Windows、DOS 可以有多个根目录。Java 对这两种分隔符都支持。但是如果使用"\"作为分隔符，注意要以转义字符"\\"来代替，如以"c:\\data"表示"c:\data"。

表 7.2 列出了 File 类的常用方法。

表 7.2 File 类的常用方法

方 法 名	说 明
boolean canRead()	测试应用程序是否可以读取此抽象路径名表示的文件
boolean canWrite()	测试应用程序是否可以修改此抽象路径名表示的文件
boolean exists()	测试此抽象路径名表示的文件或目录是否存在
boolean isAbsolute()	测试此抽象路径名是否为绝对路径名
boolean isDirectory()	测试此抽象路径名表示的文件是否是一个目录
boolean isFile()	测试此抽象路径名表示的文件是否是一个标准文件
boolean isHidden()	测试此抽象路径名指定的文件是否是一个隐藏文件
long lastModified()	返回此抽象路径名表示的文件最后一次被修改的时间
long length()	返回由此抽象路径名表示的文件长度
boolean createNewFile()	创建一个指定文件
boolean delete()	删除此抽象路径名表示的文件或目录。目录必须为空才能删除
void deleteOnExit()	在虚拟机终止时，请求删除此抽象路径名表示的文件或目录
String[] list()	返回由此抽象路径名中的文件和目录名所组成的字符串数组
File[] listFiles()	返回一个抽象路径名数组

续表

方 法 名	说　明
boolean mkdir()	创建此抽象路径名指定的目录
boolean renameTo(File dest)	重新命名此抽象路径名表示的文件
boolean setLastModified(long t)	设置指定文件或目录的最后一次修改时间
boolean setReadOnly()	设置此抽象路径名指定的文件或目录为只读
static File[] listRoots()	列出可用的文件系统根目录
int compareTo(File pathname)	按字母顺序比较两个抽象路径名
String getName()	返回由此抽象路径名表示的文件或目录的名称
String getParent()	返回此抽象路径名的父路径名，如果此路径名无父目录则返回 null
File getParentFile()	返回此抽象路径名的父路径名，如果此路径名无父目录则返回 null
String getPath()	返回此抽象路径名
String getAbsolutePath()	返回抽象路径名的绝对路径名的字符串形式
File getAbsoluteFile()	返回抽象路径名的绝对路径名形式
String getCanonicalPath()	返回抽象路径名的规范路径名字符串
File getCanonicalFile()	返回此抽象路径名的规范形式
long getFreeSpace()	以字节为单位返回当前磁盘的剩余空间
long getTotalSpace()	以字节为单位返回当前磁盘的总空间
long getUsableSpace()	以字节为单位返回当前磁盘的可用空间

【例7.1】 Example7_01.java

```java
import java.io.File;
import java.io.IOException;
import java.util.Date;
public class Example7_01 {
    public static void main(String[] args) {
        //创建一个抽象路径对象
        File file = new File("src/javabasic/ch7/Example7_01.java");
        //声明一个文件夹
        File d1 = new File("c:\\Test");
        File d2 = new File("c:\\Java");
        if(file.exists()){
            System.out.println("文件名:" + file.getName());
            System.out.println("当前磁盘总大小:" + file.getTotalSpace()/ (1024 * 1024 * 1024) + "GB");
            System.out.println("当前磁盘可用空间:" + file.getUsableSpace()/ (1024 * 1024 * 1024) + "GB");
            System.out.println("当前文件的路径:" + file.getPath());
            System.out.println("文件的父路径:" + file.getParent());
            System.out.println("是否是目录:" + file.isDirectory());
            System.out.println("是否是文件:" + file.isFile());
            System.out.println("是否隐藏:" + file.isHidden());
            System.out.println("是否可读:" + file.canRead());
            System.out.println("是否可执行:" + file.canExecute());
            System.out.println("是否可写:" + file.canWrite());
            //把 d1 的目录名 Test 重命名为 d2 的目录名 Java
            System.out.println("是否可执行:" + d1.renameTo(d2));
            //删除空目录
            if(d1.delete())
```

```java
                System.out.println("已成功删除目录");
            else
                System.out.println("未删除目录");
        System.out.println("设置该文件为可执行: " +
                file.setExecutable(true));
        System.out.println("设置该文件为可读: " +
                file.setReadable(true));
        System.out.println("设置该文件为不可写: " +
                file.setWritable(false));
        }
        else {
            try {
                //创建一个新文件
                file.createNewFile();
            }catch(IOException e){
                e.printStackTrace();
            }
        }
        //取得文件的最近修改时间
        long time = file.lastModified();
        System.out.println("最近修改时间: " + new Date(time));
        System.out.println("文件的长度: " + file.length());
        //取得此计算机中所有的磁盘分区
        File[] fileArray = file.listRoots();
        System.out.print("本计算机的磁盘分区: ");
        for(File s:fileArray)
            System.out.print(s.toString() + " ");
    }
}
```

运行结果:

```
文件名: Example7_01.java
当前磁盘总大小: 158GB
当前磁盘可用空间: 6GB
当前文件的路径: src\javabasic\ch7\Example7_01.java
文件的父路径: src\javabasic\ch7
是否是目录: false
是否是文件: true
是否隐藏: false
是否可读: true
是否可执行: true
是否可写: true
是否可执行: false
未删除目录
设置该文件为可执行: true
设置该文件为可读: true
设置该文件为不可写: true
最近修改时间: Sun Nov 21 00:28:18 CST 2021
文件的长度: 2783
本计算机的磁盘分区: C:\ D:\
```

本程序的运行结果受限于计算机的文件系统,不同的计算机运行结果可能不尽相同。通过File类创建的实例file指向了Example7_01.java即本程序的源文件,通过File类的各种文件就能够获取到该文件的相关属性信息和本文件系统的信息(如磁盘大小、可用空间等)。

7.2.2 FilenameFilter 接口

java.io.FilenameFilter 接口是一个过滤器,实现此接口的类实例可用于过滤文件名。该接口有一个抽象方法:

```
boolean accept(File dir, String name)
```

该方法用于测试某个文件是否应该包含在某一文件列表中。accept()方法必须接收一个 File 对象的参数,用来指定用于寻找一个特定文件的目录。

【例 7.2】 Example7_02.java

```java
import java.io.File;
import java.io.FilenameFilter;
public class Example7_02 {
    public static void main(String[] args) {
        //创建 File 对象 file,指定抽象路径为 c:\book
        File file = new File("c:/book");
        System.out.println("c:/book 目录下的所有文件和文件夹有:");
        //列出指定路径的文件夹内所有文件和文件夹
        String[] files = file.list();
        for(String s: files) {
            System.out.println(s);
        }
        System.out.println("----------------------------------");
        //过滤指定路径下的文件
        File[] filename = file.listFiles(new Filter());
        System.out.println("c:/book 目录下文本文件有:");
        for(File s: filename) {
            System.out.println(s);
        }
    }
}

/**
 * 定义 Filter 类,实现了 FilenameFilter 接口
 * 用于过滤指定目录下的文本文件(.txt)
 */
class Filter implements FilenameFilter {
    public boolean accept(File dir, String name) {
        if(dir != null && name.endsWith(".txt"))
            return true;
        return false;
    }
}
```

假设 c:\book 目录结构如图 7.5 所示,那么程序的运行结果为

data　　example　　ch1.txt　　ch2.txt　　ch3.txt　　data.txt　　Example01.java　　Example02.java　　Example03.java

图 7.5　c:\book 目录下的文件和文件夹

c:/book 目录下的所有文件和文件夹有：
ch1.txt
ch2.txt
ch3.txt
data
data.txt
example
Example01.java
Example02.java
Example03.java
----
c:/book 目录下文本文件有：
c:\book\ch1.txt
c:\book\ch2.txt
c:\book\ch3.txt
c:\book\data.txt

在本例中定义一个 Filter 类实现 FilenameFilter 接口，并且重写该接口中的 accept()方法，让 Filter 类过滤指定路径下的文本文件(.txt)。而在 FilenameFilterDemo 类中，以 Filter 类的实例作为 File 类的 listFiles()方法的参数，显示"c:\book"目录下的所有文本文件。读者也可以尝试使用匿名内部类或者 Lambda 表达式的方式来实现 FilenameFilter 接口。

7.3 字节流

计算机内很多数据是以字节为单位进行处理，这类数据保存的文件形式称为"二进制文件"，对于读写二进制文件，推荐使用 Java 字节流。

7.3.1 InputStream 类和 OutputStream 类

字节流包括输入字节流和输出字节流，java.io 包对应的顶层父类为：InputStream 和 OutputStream。如图 7.3 所示，这两个抽象类又分别包含着多个子类，这些子类针对不同的数据处理而定义的，如处理对象操作的对象流、处理内存缓冲区数据的缓冲流等。由于这些子类都继承自顶层抽象类 InputStream 和 OutputStream，因此有必要先介绍这两个抽象类的方法。

InputStream 类是用于处理输入字节流的抽象父类，InputStream 类的主要方法如表 7.3 所示。

表 7.3 InputStream 类的主要方法

方 法 名	说 明
int available()	返回当前可读的字节数
void close()	关闭输入流以释放占用的系统资源
void mark(int readlimit)	在输入流的当前位置设置一个标记(相当于放一个书签)
boolean markSupported()	测试输入流是否支持 mark()和 reset()方法
abstract int read()	从输入流中读取下一个字节的数据，返回该字节的 ASCII 码值，如果到文件的末尾，则返回-1
int read(byte[] b)	从输入流中读取一部分字节并将它们存放到字节数组 b 中，如果读取成功返回读取字节的个数，如果到文件的末尾返回-1

续表

方 法 名	说 明
int read(byte[] b, int off, int len)	从输入流中读取 len 字节将它们存放到字节数组 b 中,并且存放到 b 的 off 位置后面。如成功返回读取字节的个数,否则返回 −1
void reset()	重新设置标记到输入流中最近一次使用 mark() 方法指定的位置。该方法需要和 mark() 方法结合使用
long skip(long n)	从当前输入流中跳过并忽略 n 字节的输入。返回读取的字节数

OutputStream 类是 Java 用于处理输出字节流的抽象父类,OutputStream 类的主要方法如表 7.4 所示。

表 7.4 OutputStream 类的主要方法

方 法 名	说 明
void close()	关闭输出流并释放占用的系统资源
void flush()	刷新输出流并强制写出所有缓冲区的数据
abstract void write(int b)	将指定数据写到输出流中
void write(byte[] b)	将字节数组 b 中的全部数据写到输出流中
void write(byte[] b, int off, int len)	将字节数组 b 中从 off 位置开始长为 len 的字节写到输出流

由于这两个顶层抽象类下面又包含近 20 个子类,每个子类针对处理某一种特殊数据格式的 I/O 操作而专门设计,根据处理的对象不同,表 7.5 列出了常用的输入输出字节流子类。

表 7.5 常用的输入输出字节流子类

字节流子类	分类与作用
BufferedInputStream	缓冲流,从缓冲区读取输入流
BufferedOutputStream	缓冲流,向缓冲区写入输出流
ByteArrayInputStream	访问数组,从字节数组中读取输入流
ByteArrayOutputStream	访问数组,向字节数组中写入输出流
DataInputStream	处理基本数据类型,读取 Java 基本数据类型方法的输入流
DataOutputStream	处理基本数据类型,写入 Java 基本数据类型方法的输出流
FileInputStream	访问文件,读取磁盘文件的输入流
FileOutputStream	访问文件,向磁盘文件中写入数据的输出流
FilterInputStream	抽象父类过滤流,主要子类包括 BufferedInputStream、DataInputStream 等
FilterOutputStream	抽象父类过滤流,主要子类包括 BufferedInputStream 和 DataInputStream
ObjectInputStream	对象流,读取输入流中的对象数据
ObjectOutputStream	对象流,向输出流中写入对象数据
PushbackInputStream	推回输入流,向输入流返回一个字节的输入流
PipedInputStream	管道输入流
PipedOutputStream	管道输出流
PrintStream	打印流,包括 print()、printf()、println() 等方法的输出流
SequenceInputStream	顺序输入流,由两个或两个以上的顺序读取的输入流组成的输入流

7.3.2 文件字节流

FileInputStream 和 FileOutputStream 称为文件字节流,是两个最常用的字节流,用于对磁盘文件的读写操作。前面讲到 File 类只能够创建、删除、获取文件的相关信息,但是并不能打开和读写文件。那么一旦创建了文件流对象,系统就会创建与指定文件对象链接的字节流,然后就可以利用提供的方法(如 read()、write()等)对文件进行操作。

1. FileInputStream 类

FileInputStream 类用于从磁盘读取指定的文件,FileInputStream 提供了如表 7.6 所示的构造方法。

表 7.6 FileInputStream 类的构造方法

方 法 名	说 明
FileInputStream(File file)	根据 File 类对象创建一个文件字节输入流对象
FileInputStream(String name)	根据字符串 name 创建一个文件字节输入流对象

以下代码段示范了使用 FileInputStream 类的构造方法创建 FileInputStream 对象。

```
FileInputStream fis = new FileInputStream("c:\\Hello.java");
File file = new File("c:\\Hello.java");
FileInputStream fin = new FileInputStream(file);
```

其中,第 1 行使用的构造方法是以字符串为参数;第 2 行实例化了一个 File 类对象,然后作为第 3 行代码中 FileInputStream 构造方法的参数;为了简化起见,可以将第 2 行和第 3 行写成如下形式。

```
FileInputStream fin = new FileInputStream(new File("c:\\Hello.java"));
```

FileInputStream 继承 InputStream 类除 mark()、reset()、markSupported()方法以外的其他方法,还增加了 getChannel()和 getFD()两个方法。

【例 7.3】 Example7_03.java

```
import java.io.FileInputStream;
import java.io.IOException;
public class Example7_03 {
    public static void main(String[] args) {
        FileInputStream fis1 = null;
        FileInputStream fis2 = null;
        try{
            fis1 = new FileInputStream("c:\\book\\data.txt");
            fis2 = new FileInputStream("c:\\book\\data.txt");
            int b = 0,len = 0;
            System.out.println("使用 read()方法,每次读取 1 字节:");
            //使用循环,从文件开始位置读取字节,每次读取 1 字节,直到文件结尾
            while((b = fis1.read())!= -1) {
                System.out.print((char)b);
            }
            byte[] buff = new byte[64];
            System.out.println("\n 使用 read(byte[] b)方法,读取文件:");
            while((len = fis2.read(buff))!= -1){
                String s = new String(buff,0,len);
                System.out.print(s);
            }
        } catch(IOException e) {
            e.printStackTrace();
```

```
            }
            finally {
                //关闭字节流
                try {
                    if(fis1 != null)
                        fis1.close();
                    if(fis2 != null)
                        fis2.close();
                } catch (IOException e) {
                    e.printStackTrace();
                }
            }
        }
    }
```

假设 data.txt 文件内容为一个字符串：This is a demo for FileInputStream to read files from harddisk. ,那么程序的运行结果为

使用 read()方法,每次读取 1 字节：
This is a demo for FileInputStream to read files from harddisk.

使用 read(byte[] b)方法,读取文件：
This is a demo for FileInputStream to read files from harddisk.

由于 FileInputStream 类的构造方法和 read()方法均声明了异常,因此程序的相关代码需要加上异常处理。如果使用 read()方法从输入流中读数据,每次只能读取 1 字节或者固定长度的数据,通常使用循环语句读取整个文件的内容,当 read()方法返回值为 -1 时,表示已读到文件末尾。

注意：I/O 流占用系统资源,当程序不再使用 I/O 流时,一定要及时关闭。同时关闭 I/O 流的 close()方法也声明了异常。建议将调用 close()方法的代码放在 finally 语句块,同时使用 try-catch 处理 close()方法声明的异常。

2. FileOutputStream 类

FileOutputStream 类是一个用于向磁盘文件写入字节数据的输出类,若要对文件进行写入操作则必须先建立一个文件字节流对象,然后使用该对象的 write()方法向该文件中写入数据,表 7.7 列出了 FileOutputStream 类的构造方法。

表 7.7 FileOutputStream 类的构造方法

方 法 名	说 明
FileOutputStream(File file)	创建一个向 file 中写入数据的文件输出流
FileOutputStream(File file, boolean append)	创建一个是否向 file 尾部追加数据的文件输出流
FileOutputStream(String name)	创建一个向 name 中写入数据的输出文件流
FileOutputStream(String name, boolean append)	创建一个是否向 name 尾部追加数据的输出文件流

使用这 4 种构造方法创建文件输出字节流对象,下面的代码段演示了使用构造方法创建文件输出字节流对象。

```
FileOutputStream fos1 = new FileOutputStream("f1.txt");
FileOutputStream fos2 = new FileOutputStream("f2.txt",true);
FileOutputStream fos3 = new FileOutputStream(new File("f3.txt"));
FileOutputStream fos4 = new FileOutputStream(new File("f4.txt"),false);
```

这 4 种方式都可以创建一个文件输出字节流，第 2 行和第 4 行都使用了两个参数，当第 2 个参数为 true 时表示在该文件结尾追加数据；否则，将清除原有内容后添加新内容。

注意：使用 FileOutputStream 类创建文件输出字节流对象时，如果指定的文件不存在，它不会像 FileInputStream 那样抛出 FileNotFoundException 异常，而是根据指定文件名创建一个新文件。如果文件对象存在并且是目录时，或者创建文件失败时抛出 FileNotFoundException 异常，需要使用 try-catch 语句进行异常处理。如果该文件是只读的，则会产生 IOException 异常。

【例 7.4】 Example7_04.java

```java
import java.io.*;
public class Example7_04 {
    public static void main(String[] args) {
        FileInputStream fis = null;
        FileOutputStream fos = null;
        try {
            fis = new FileInputStream("c:/book/data/dataset.zip");
            fos = new FileOutputStream("c:/book/example/dataset.zip");
            byte buff[] = new byte[128];
            int len = 0;
            //使用 buff 方式读写数据
            long start = System.currentTimeMillis();
            if ((len = fis.read(buff)) != -1) {
                fos.write(buff, 0, len);
            }
            long end = System.currentTimeMillis();
            System.out.println("缓存方式,消耗时间" + (end - start) + "ms");

            int ch = 0;
            start = System.currentTimeMillis();
            //使用逐个字节读写方式
            while ((ch = fis.read()) != -1) {
                fos.write(ch);
            }
            end = System.currentTimeMillis();
            System.out.println("字节方式,消耗时间" + (end - start) + "ms");
        } catch (IOException e) {
            e.printStackTrace();
        } finally {
            //关闭文件流
            try {
                if (fos != null)
                    fos.close();
                if (fis != null)
                    fis.close();
            } catch (IOException e) {
                e.printStackTrace();
            }
        }
    }
}
```

运行结果：

缓存方式,消耗时间 1ms
字节方式,消耗时间 67997ms

本例分别使用两种方式实现文件的复制：方式一使用 read(byte[] buff)/write(byte[] buff)两个方法读写数据，称为缓存模式；方式二使用 read()/write(int data)方式，称为逐字节模式。通过对比，复制一个约 10MB 的数据，两种方式消耗的时间存在巨大差异，因此建议读者读写大文件时使用缓存模式。

7.3.3 过滤字节流

java.io 包提供了 FilterInputStream 类和 FilterOutputStream 类分别对其他输入输出流进行特殊处理，它们在读/写数据的同时可以对数据进行特殊处理。另外，它们还提供了同步机制，使得某一时刻只有一个线程可以访问一个输入输出流。FilterInputStream 类和 FilterOutputStream 类都是抽象类，它们均不能实例化对象。FilterInputStream 类有 3 个子类，分别是 BufferedInputStream、DataInputStream 和 PushbackInputStream。FilterOutputStream 类也有 3 个子类，分别是 BufferedOutputStream、DataOutputStream 和 PrintStream。FilterInputStream 类和 FilterOutputStream 类分别重写了父类 InputStream 和 OutputStream 的所有方法。

注意：使用过滤字节流时，由于过滤流不直接与底层的数据"打交道"，必须先指定节点流对象处理底层的数据，然后把节点流对象作为过滤流对象的实参使用；即必须把过滤流对象连接到某个输入输出节点流对象上，通常在过滤流的构造方法的参数中指定所要连接的节点流对象。例如：

```
FileInputStream fis = new FileInputStream("file.txt");
DataInputStream dis = new DataInputStream(fis);
```

下面将按照处理数据的方式对过滤流的每个子类进行介绍。

1. BufferedInputStream 类和 BufferedOutputStream 类

BufferedInputStream 类和 BufferedOutputStream 类称为缓冲字节流，它引入了针对内存缓冲区的操作，从而提高了读写数据的效率。计算机不同存储设备的读写速度是不匹配的，如 CPU 的处理速度与内存、硬盘的存取速度不尽相同。因此 Java 引入了缓冲流，使缓冲流在应用程序和外部设备之间增加一个内存缓冲区，当一个缓冲字节流对象和一个节点流相连接时，读写数据的操作不再与外部设备直接打交道，而是先把这些数据放在内存缓冲区，使得 CPU 同时还可以继续处理其他后台工作，一旦缓冲区满，CPU 一并把缓冲区的数据输入或输出到指定的文件或设备，这样极大地提高了读写数据效率和资源利用率。

缓冲区默认大小为 32B，也可以指定缓冲区的大小。对于缓冲字节流来说，它可以将 I/O 流连接到内存的缓冲区中，这样就可以一次对多个字节执行 I/O 操作，提高处理数据的速度。BufferedInputStream 和 BufferedOutputStream 相应地继承了父类 InputStream 和 OutputStream 的所有方法。BufferedInputStream 类有两个构造方法，如表 7.8 所示。

表 7.8 BufferedInputStream 类的构造方法

方 法 名	说 明
BufferedInputStream(InputStream in)	创建缓冲输入流并连接节点输入流 in，缓冲区为 32B
BufferedInputStream(InputStream in, int size)	创建缓冲输入流并连接节点输入流 in，缓冲区为 sizeB

缓冲区设置多大要依据程序的需要，如果操作的数据较大，可以适当将缓冲区设置大一些，如果缓冲区过小则无法体现缓冲流的优越性。最优的缓冲区大小常依赖于主机操作系

统、可使用的内存空间以及机器的配置等；一般缓冲区的大小为内存页或磁盘块等的整数倍，如 8912B。

BufferedOutputStream 类是缓冲输出字节流，使用此类的对象向数据宿输出数据时，并不是直接向数据宿写数据的，而是先把数据写入缓冲区，如果缓冲区满了之后再一次性地把缓冲区的数据输出到数据宿。BufferedOutputStream 类也提供了两个构造方法，见表 7.9。

表 7.9 BufferedOutputStream 类的构造方法

方 法 名	说　　明
BufferedOutputStream(OutputStream out)	创建一个新的缓冲输出流，将数据写入节点输出流 out
BufferedOutputStream（OutputStream out, int size)	创建一个新的缓冲输出流，将缓冲区大小为 sizeB 的数据写入节点输出流 out

【例 7.5】 Example7_05.java

```java
package henu.liang.ch7;
import java.io.*;
/**
 * 复制音乐
 */
public class Example7_05 {
    public static void main(String[] args) {
        FileInputStream fis = null;
        FileOutputStream fos = null;
        BufferedInputStream bis = null;
        BufferedOutputStream bos = null;
        try
        {
            fis = new FileInputStream("country road, take me home.wma");
            //使用节点流 FileInputStream 对象连接缓冲输入流,并指定缓冲区大小为 1024B
            bis = new BufferedInputStream(fis,1024);
            fos = new FileOutputStream("乡村小路带我回家.wma");
            //使用节点流 FileOutputStream 对象连接缓冲输出流,并指定缓冲区大小为 1024B
            bos = new BufferedOutputStream(fos,1024);
            byte[] buffer = new byte[1024];
            int len = 0;
            //循环读取输入流
            while((len = bis.read(buffer)) != -1)
            {
                //将 buffer 数组中的数据写入输出流
                bos.write(buffer,0,len);
            }
            //最近一次读取的数据,可能达不到 1024B,因此强制清空缓冲区
            bos.flush();
        }catch(Exception e)
        {
            e.printStackTrace();
        }
        finally
        {
            //关闭文件流
```

```
                try{
                    bos.close();
                    fos.close();
                }catch(IOException e)
                {
                    e.printStackTrace();
                }
            }
        }
    }
```

运行结果：

消耗时间：233ms

在此程序中，分别使用 FileInputStream 和 FileOutputStream 的对象作为节点流来连接过滤流 BufferedInputStream 类和 BufferedOutputStream 类的对象，从而实现文件的复制，程序处理过程见图 7.6。

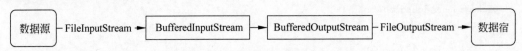

图 7.6　节点流与过滤流的处理过程

注意：对于 BufferedOutputStream，只有缓冲区满时才会将数据真正地送到输出流，但可以使用 flush()方法人为地将尚未填满的缓冲区中的数据送到输出流。

2. PushbackInputStream 类

在编译程序的词法分析阶段，经常需要超前读入一个字节以界定当前词的属性，然后再从缓冲区将该字节退回。PushbackInputStream 类就提供了这样的能力，它提供了一个方法将刚刚读入的字节退回到输入流中。PushbackInputStream 类提供两个构造方法，并且在顶层父类 InputStream 类的基础上又增加了 unread()方法，具体见表 7.10。

表 7.10　PushbackInputStream 类的构造方法和主要方法

方 法 名	说　明
PushbackInputStream(InputStream in)	创建过滤流对象，允许返回一个字节到节点流 in 中
PushbackInputStream(InputStream in, int size)	创建过滤流对象，它提供长度为 size 字节的缓冲区，最多可退回 size 字节返回到节点流 in
public void unread(int b)	退回一个字节，这个字节由低 8 位构成
public void unread(byte[] b)	退回 byte 数组 b 中的所有字节
public void unread(byte[] b, int off, int len)	退回 byte 数组 b 中从 off 位置开始的 len 字节

注意在回退的过程中，如果存放回退字节的缓冲区已满，就不能再进行回退操作，否则将产生 IOException 异常。下面是一个有关 PushbackInputStream 的实例。

【例 7.6】 Example7_06.java

```
import java.io.ByteArrayInputStream;
import java.io.IOException;
import java.io.PushbackInputStream;
public class Example7_06 {
    public static void main(String args[]) throws IOException {
        //声明一个字符串表达式
```

```java
            String s = "if(a == 6) b = 0;\\n";
            //将 s 转换为字节数组
            byte buf[] = s.getBytes();
            //使用字节数组输入流,读取字节数组 buf
            ByteArrayInputStream bais = new ByteArrayInputStream(buf);
            //以字节数组输入流对象作为节点流,连接 PushbackInputStream 对象
            PushbackInputStream pis = new PushbackInputStream(bais);
            int c;
            while ((c = pis.read()) != -1) {
                switch(c) {
                    case '=':
                        if ((c = pis.read()) == '=')
                            System.out.print("等于");
                        else {
                            System.out.print("赋值");
                            pis.unread(c);
                        }
                        break;
                    default:
                        System.out.print((char) c);
                        break;
                }
            }
        }
    }
}
```

运行结果:

if(a 等于 4) a 赋值 0;\n

本例使用 PushbackInputStream 类读取一个字符串 s,由于 s 中含有"=="和"=",要区别"=="和"=",就需要当读取到一个"=",再往后读取下一字节并判断该字节是否为"=",如果下一字节是"=",那么说明是"==",则程序输出"等于";否则是"=",需要使用 unread()方法回退该字节,并输出"赋值"。

3. PrintStream 类

PrintStream 为其他输出流添加了功能,使它们能够方便地打印各种数据类型的数据值。与其他输出流不同,PrintStream 不会抛出 IOException,而是通过 checkError()方法设置测试的内部标志来检测异常。另外,PrintStream 可在写入字节数组之后自动调用 flush()方法。PrintStream 类提供了多个构造方法以及重载了多个 println()方法以便能够打印多种数据类型的数据值。具体见表 7.11。

表 7.11 PrintStream 类的构造方法和主要方法

方 法 名	说 明
PrintStream(File file)	创建具有指定文件且不带自动刷新的新打印流
PrintStream(File file, String csn)	创建具有文件名和字符集且不带自动刷新的打印流
PrintStream(OutputStream out)	创建新的打印流
PrintStream(OutputStream out, boolean flush)	创建新的打印流,并指定是否自动刷新
PrintStream(String fileName)	创建具有文件名且不带自动刷新的新打印流
PrintStream(String fileName, String csn)	创建具有指定文件名和字符集无自动刷新的打印流
PrintStream append(char c)	向此输出流追加指定字符,等价于 print()

续表

方 法 名	说 明
PrintStream format(String format, Object… args)	以指定格式字符串和参数将字符串写入输出流
PrintStream printf(String format, Object… args)	以指定的格式打印 obj
void println(Object obj)	打印 obj,obj 可以是基本数据类型或对象,支持换行
void print(Object obj)	打印 obj,obj 可以是基本数据类型,也可以是对象
void write(int b)	将字节 b 写入此流
void write(byte[] buf, int off, int len)	将 len 字节从偏移量为 off 的字节数组写入此流
void close()	关闭流
void flush()	刷新流

【例 7.7】 Example7_07.java

```java
import java.io.FileOutputStream;
import java.io.IOException;
import java.io.PrintStream;

public class Example7_07 {
    public static void main(String[] args) {
        PrintStream ps = null;
        try {
            ps = new PrintStream(new
                    FileOutputStream("c:/book/readme.txt"));
            //定义字符串
            String author = "梁胜彬";
            //定义整数
            int amount = 10000;
            //定义小数
            float price = 59.6f;
            //定义字符
            char type = 'M';
            //格式化输出,字符串使用 %s、整数使用 %d、小数使用 %f、字符使用 %c
            ps.printf("作者: %s; 印量: %d; 定价: %5.2f; 类别: %c",
                    author, amount, price, type);
            ps.println();
            //使用 println()方法写入内容
            ps.println("《Java 面向对象程序设计》");
            byte[] buf = new byte[512];
            String press = "清华大学出版社";
            buf = press.getBytes();
            //使用 write 方法将 byte 数组中的数据写入文件
            ps.write(buf, 0, buf.length);
        } catch (IOException e) {
            e.printStackTrace();
        } finally {
            ps.close();
        }
    }
}
```

运行结果如图 7.7 所示。

本例同样使用 FileOutputStream 作为节点流打开文件 readme.txt,然后使用过滤流 PrintStream 连接节点流,本程序中分别使用了 println()方法、write()方法写入数据。

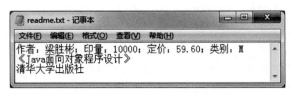

图 7.7 例 7.7 的运行结果

注意：在前面程序中经常用到 System.out.println()方法，实际上就是来自于 PrintStream 类。由于 out 是 System 类一个 PrintStream 类型的类变量，因此 System.out.println()方法也就容易理解了：访问 System 类的类变量 out，然后通过 out 调用 println()方法。

7.3.4 管道字节流

管道用来把一个程序、线程或程序块的输出连接到另一个程序、线程或程序块作为它们的输入。PipedInputStream 和 PipedOutputStream 作为管道的输入输出流。管道输入流作为一个通信管道的接收端，管道输出流则作为发送端。管道流必须是输入流输出流同时并用，即在使用管道前，两者必须进行连接。管道流的数据传输方式如图 7.8 所示。

图 7.8 管道流的数据传输

无论 PipedInputStream 类和 PipedOutputStream 类都提供了 connect()方法，可以使用 connect()方法建立一个管道进行数据传输。管道输入输出流可以用两种方式进行连接，一种方式是使用 connect()方法（最后一条语句中的 pis 和 pos 可以互换位置，有相同的效果）：

```
PipedInputStream pis = new PipedInputStream();
PipedOutputStream pos = new PipedOutputStream();
pis.connect(pos);
```

另一种连接方式是直接使用构造方法进行连接：

```
PipedInputStream pis = new PipedInputStream();
//实例化管道输出流对象 pos,并利用构造方法连接 pis
PipedOutputStream pos = new  PipedOutputStream(pis);
```

下面是一个管道流的实例，编写一个回声程序，输入一个字符串，然后回显输入的内容，程序通过输入"♯"结束运行。

【例 7.8】 Example7_08.java

```java
import java.io.IOException;
import java.io.PipedInputStream;
import java.io.PipedOutputStream;
public class Example7_08 {
    public static void main(String args[]) throws IOException {
        int ch = 0;
        //构造方法的形式构造管道流传输模式
        PipedInputStream pis = new PipedInputStream();
        PipedOutputStream pos = new PipedOutputStream(pis);
        //也可使用 connect()方法建立管道流传输模式,以下三行代码是实现方法
```

```
            //PipedInputStream pis = new PipedInputStream();
            //PipedOutputStream pos = new  PipedOutputStream();
            //pos.connect(pis);
            System.out.print("请输入内容,按♯结束程序：");
            //输入一个字符,然后回显到屏幕上,按♯结束程序
            while ((ch = System.in.read()) != '♯') {
                try {
                    pos.write(ch);
                    System.out.print((char) pis.read());
                } catch (IOException e) {
                    e.printStackTrace();
                }
            }
            pis.close();
            pos.close();
        }
    }
```

运行结果：

请输入内容,按♯结束程序：Hello!
Hello!
Bye♯
Bye

在本程序中,实现管道流构造方法来连接管道输入输出流,当然也可以利用 connect() 方法来连接,程序中的注释代码是实现方法。本程序的功能是实现从键盘输入一个字符,然后利用管道输出流传送给管道输入流,再利用管道输入流的 read()方法,读取此字符并输出到屏幕上。

7.3.5 顺序输入流

SequenceInputStream 类称为顺序输入流,它允许将几个输入流按顺序连接起来,让程序员看起来就像是一个流一样输入数据。顺序输入流提供了将多个不同的输入流统一为一个输入流的功能,这使得程序可能变得更加简洁。SequenceInputStream 类提供了一个构造方法：SequenceInputStream(InputStream s1, InputStream s2),可以将两个输入流 s1、s2 按照先后顺序合并为一个输入流。

【例 7.9】 Example7_09.java

```
import java.io.*;
public class Example7_09 {
    public static void main(String[] args) {
        FileInputStream f1,f2;
        BufferedReader br;
        String s;
        try{
            f1 = new FileInputStream("file1.txt");
            f2 = new FileInputStream("file2.txt");
            //实例化顺序输入流对象 fs,并将文件输入字节流 f1,f2 合并
            SequenceInputStream fs = new SequenceInputStream(f1, f2);
            //将 fs 作为节点流,转换为字符输入流
            br = new BufferedReader(new InputStreamReader(fs));
```

```
            //按行读取 file1.txt,file2.txt 中的内容
            while((s = br.readLine()) != null )
                System.out.println(s);
        }catch(IOException e){
            e.printStackTrace();
        }
    }
}
```

该程序执行时,其运行结果为先后把 file1.txt 和 file2.txt 中的内容输出到屏幕上。在本程序中,先用两个文件输入流对象打开这两个文件,然后使用 SequenceInputStream 将这两个文件输入流对象合并(注意输入流的顺序是按照参数的先后顺序执行的),最后将 SequenceInputStream 对象转换为字符流输出。

7.3.6 对象序列化

有时候需要将对象保存到磁盘文件或者网络中,保存对象的过程实质上就是对象持久化的过程,对象持久化(Persistence)是记录对象的状态以便将来具有再生的能力。Java 提供了对象流以实现对象的输入与输出,实现对象的持久化。但是,使用对象流之前必须将该对象序列化。所谓对象序列化是将对象的状态转换成字节流,并且以后可以通过这些值再生成相同状态的对象。简单来说,序列化是一种用来处理对象流的机制,而对象流也就是将对象的内容进行流化,我们可以对流化后的对象进行读写操作,也可将流化后的对象传输于网络之间。

如何进行对象序列化呢? java.io.Serializable 接口可以解决该问题。Serializable 接口没有提供任何抽象方法,一个 Java 类实现该接口只是为了标注该对象是可以被序列化的,然后就可以对该对象进行持久化。下面仍然以 Student 类为例,介绍该类的序列化方法。

```
/**
 *定义 Student 类,并实现序列化
 */
import java.io.Serializable;
public class Student implements Serializable {
    private String name;
    private transient int age;
    private String major;
    public Student(String name, int age, String major){
        this.name = name;
        this.age = age;
        this.major = major;
    }
    public String toString() {
        return "Name:" + this.name + ", Age:" + this.age + ", Major:" +
            this.major;
    }
}
```

可以看到,Student 类实现对象序列化的方法非常简单,只需 Student 类实现 Serializable 接口即可。

注意:序列化只能保存对象的实例变量,但不能保存类的任何方法和类变量,并且只保

存实例变量的值,对于变量的任何修饰符都不能保存。对于某些类型的对象如线程对象或流对象,其状态是瞬时的,这样的对象是无法保存其状态的。对于瞬时的成员变量,必须用 transient 关键字标明,否则编译器将报错。任何用 transient 关键字修饰的成员变量,持久化时该变量值将不会被保存。

另外,对象序列化可能涉及将对象存放到磁盘上或在网络上发送数据,这时可能产生安全问题。对于一些需要保密的数据,慎重考虑是否确实需要保存在永久介质中,否则为了保证安全,应在这些变量前加上 transient 关键字。

7.3.7 对象流

将一个对象序列化后,必须与一定的对象输出输入流联系起来,通过对象输出流将对象状态保存下来(将对象保存到文件中,或者通过网络传送到其他地方),再通过对象输入流将对象状态恢复。Java 中提供了 ObjectInputStream 类和 ObjectOutputStream 类分别实现了接口 ObjectInput 和 ObjectOutput,将前面介绍的数据流功能扩展到可以读写对象,ObjectOutput 接口用 writeObject()方法可以直接将对象保存到输出流中,而 ObjectInput 接口用 readObject()方法可以直接从输入流中读取一个对象。对象流的构造方法及方法与数据流的构造方法及方法基本相同,这里就不再详细介绍。

注意:从某种意义来看,对象流与数据流是相类似的,对象流也具有过滤流的特性。利用对象流来输入输出对象时,也不能单独使用,需要与其他字节流作为节点流连接起来使用。

下面是一个使用对象流操作序列化对象 Student 的例子,本例将两个学生对象存入磁盘文件,然后再从磁盘文件读取 Student 对象。

【例 7.10】 Example7_10.java

```
import java.io. * ;
public class Example7_10 {
    public static void main(String[] args) {
        FileOutputStream fos = null;
        ObjectOutputStream oos = null;
        Student melon = new Student("Melon",17,"Computer Science");
        Student megan = new Student("Megan",17,"Software Engineering");
        //将学生对象写入磁盘文件
        try {
            //声明 FileOutputStream 对象 fos,并打开文件 data.dat
            fos = new FileOutputStream("c:/book/data.dat");
            //将 fos 作为对象输出流的节点流
            oos = new ObjectOutputStream(fos);
            //将对象写入 data.dat
            oos.writeObject(melon);
            oos.writeObject(megan);
            //写入一个 null 对象,标识写入结束
            oos.writeObject(null);
        }catch (IOException e){
            e.printStackTrace();
        }finally {
            try{
                if(oos!= null)
                    oos.close();
```

```
        }catch (IOException e){
            e.printStackTrace();
        }
    }
    //从磁盘文件读取对象
    FileInputStream fis = null;
    ObjectInputStream ois = null;
    try {
        fis = new FileInputStream("c:/book/data.dat");
        ois = new ObjectInputStream(fis);
        Object obj = null;
        while ((obj = ois.readObject()) != null)
            System.out.println((Student)obj);
    }catch (ClassNotFoundException e1){
        e1.printStackTrace();
    }
    catch (IOException e2){
        e2.printStackTrace();
    }finally {
        try{
            if(ois != null)
                ois.close();
        }catch (IOException e){
            e.printStackTrace();
        }
    }
}
```

运行结果：

```
Name:Melon, Age:0, Major:Computer Science
Name:Megan, Age:0, Major:Software Engineering
```

Student 类定义时将成员变量 age 声明为 transient，表明 age 变量持久化将不保存。因此，从本例的结果看到从磁盘文件中还原两个学生对象时，age 变量的值均为 0。

7.4　字符流

如果读取的文件中含有中文等字符时，输出时可能是乱码，字节流每次仅能处理 1 字节（8 位）的数据，处理 ASCII 字符集字符时没有任何问题。但汉字至少要占 2 字节（16 位），因此使用字节流处理中文字符时会导致乱码。在 JDK 1.1 之前，java.io 包中的流只有普通的字节流（以 byte 为基本处理单位的流），这对于以 16 位的 Unicode 编码表示的字符流处理很不方便。自 JDK 1.1 开始，java.io 包中加入了专门用于字符流处理的类，它们是以 Reader 和 Writer 为基础派生的一系列类。同 InputStream 类和 OutputStream 类一样，Reader 和 Writer 也是抽象类，只提供了一系列用于字符流处理的接口。它们的方法与类 InputStream 和 OutputStream 类似，只不过其中的参数换成字符或字符数组。

注意：由于不同国家语言编码不同，如英文采用 ASCII 编码，简体中文采用 GB2312 编码，繁体中文采用 BIG5 编码等，造成编码的不统一，这给应用程序处理国际化带来了极大的困难。为此,1990 年由 Microsoft 等公司和机构提出设计一种统一的字符编码方案,以便处理各国的语言文字及符号,这种编码方案就是 Unicode 编码。Unicode 是一种在计算机上使用的 16 位字符编码,它为每种语言中的每个字符设定了统一并且唯一的二进制编码,以满足跨语言、跨平台进行文本转换、处理的要求。Java 也采用 Unicode 字符编码方案。

7.4.1 Reader 类和 Writer 类

Reader 类是所有字符输入流的顶层父类,它是抽象类,因此不能实例化为对象。Reader 类提供了如下方法,见表 7.12。

表 7.12 Reader 类的主要方法

方 法 名	说 明
int read()	读取单个字符,返回一个 0~65 535 范围内的整数
int read(char[] c)	将字符读入数组,返回读取的字符数,如到末尾返回 −1
abstract int read(char[] c, int o, int l)	将字符读入数组的一部分,返回读取的字符数,如到末尾返回 −1
long skip(long n)	跳过 n 个字符
boolean ready()	判断是否准备读取此流
boolean markSupported()	判断是否支持 mark()方法和 reset()方法
void mark(int readAheadLimit)	标记流中的当前位置
void reset()	重置流,若使用 mark()标记该流,则尝试在此位置重新定位该流
abstract void close()	关闭流

Writer 类是字符流的抽象父类,表 7.13 列出了 Writer 类的主要方法。

表 7.13 Writer 类的主要方法

方 法 名	说 明
Writer append(char c)	将字符 c 追加到此输出字符流
abstract void flush()	刷新此字符输出流
abstract void close()	关闭该字符输出流
void write(String str)	写入字符串 str
void write(int c)	写入字符 c
void write(char[] cbuf)	写入字符数组 cbuf
abstract void write(char[] cbuf, int off, int len)	写入字符组 cbuf 从位置 off 开始长度为 len 的部分元素
void write(String str, int off, int len)	写入字符串 str 从 off 位置开始长度为 len 的子串

像 InputStream 和 OutputStream 一样,Reader 和 Writer 也按照不同的作用定义了很多子类,表 7.14 列出了一些常用的输入输出字符流子类。

表 7.14 常用的输入输出字符流子类

字符流子类	分类与作用
CharArrayReader	字符数组输入流
CharArrayWriter	字符数组输出流
FileReader	文件输入流
FileWriter	文件输出流
StringReader	字符串输入流
StringWriter	字符串输出流
InputStreamReader	转换流,将字节转换为字符输入流

续表

字符流子类	分类与作用
OutputStreamWriter	转换流,将字节转换为字符输出流
FilterReader	过滤输入流
FilterWriter	过滤输出流
BufferedReader	缓冲输入流
BufferedWriter	缓冲输出流
PushbackReader	推回输入流,向输入流返回一个字符的输入流
PipedReader	管道输入流
PipedWriter	管道输出流
PrintWriter	打印字符流
LinedNumberReader	行处理字符流

7.4.2　InputStreamReader 类和 OutputStreamWriter 类

InputStreamReader 和 OutputStreamWriter 是 java.io 包中用于处理字节流转换字符流的转换类。从字节输入流读入字节时,按编码规范转换为字符;往字节输出流写入字符时先将字符按编码规范转换为字节。使用这两个类进行字符处理时,在构造方法中应指定字符编码规范,以便把以字节方式表示的流转换为特定平台上的字符表示。这两个类都有一个 getEncoding()方法,能够返回当前流使用的编码规范。表 7.15 列出了这两个类的构造方法。

表 7.15　InputStreamReader 类与 OutputStreamWriter 类的构造方法

方　法　名	说　　明
InputStreamReader(InputStream in)	创建使用默认字符集的输入字符流对象
InputStreamReader(InputStream in,String charsetName)	创建使用指定字符集的输入字符流对象
OutputStreamWriter(OutputStream out)	创建使用默认字符编码的输出字符流对象
OutputStreamWriter(OutputStream out,String charsetName)	创建使用指定字符集的输出字符流对象

【例 7.11】　Example7_11.java

```
import java.io.*;
public class Example7_11 {
    public static void main(String[] args) {
        //实例化一个 InputStreamReader 对象 isr,并且指定标准流作为其节点流
        InputStreamReader isr = new InputStreamReader(System.in);
        char[] cbuf = new char[128];
        FileOutputStream fos = null;
        OutputStreamWriter osr = null;
        int n = 0;
        try {
            fos = new FileOutputStream("c:/book/test.txt");
            //将 fos 作为 osr 的节点流
            osr = new OutputStreamWriter(fos);
            System.out.println("请输入内容:");
            //循环读取 test.txt 文件的内容,并将每行的内容存取到字符数组中 cbuf
            While:
            while ((n = isr.read(cbuf)) != -1) {
                //遍历数组
```

```
                    for (int i = 0; i < n; i++) {
                        //如果数组的第 i 个元素为'#',则退出外循环
                        if (cbuf[i] == '#') {
                            break While;
                        }
                        //如果数组的第 i 个元素为换行符,则说明当前行结束,终止外循环的
                        //本次循环
                        else if (cbuf[i] == '\n') {
                            //向文件中手动地输入一个换行符
                            osr.write('\r');
                            osr.write('\n');
                            continue While;
                        }
                        //写入数组中的第 i 个元素
                        osr.write(cbuf[i]);
                    }
                }
            } catch (IOException e) {
                e.printStackTrace();
            }finally {
                try {
                    if(osr!= null)
                        osr.close();
                }catch (IOException e){
                    e.printStackTrace();
                }
            }
        }
    }
```

本程序运行后,在控制台输入如下内容,程序运行完毕后将会在文件 test.txt 中写入如图 7.9 所示内容。

请输入内容:
《Java 面向对象程序设计》
清华大学出版社
2022.10
#

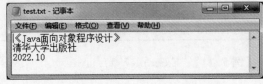

图 7.9 例 7.11 的某次运行结果

例 7.11 的主要功能是通过键盘输入若干字符,并将输入的字符保存到当前路径下的 test.txt 文件中。对程序进行分析:既然使用键盘输入,那么必然要使用标准输入流 System.in,由于又涉及文件的写操作,还需要使用 FileOutputStream 对象打开指定文件,并作为 OutputStreamReader 的节点流。

注意:如果读取的字符流不是来自本地(如网上某处与本地编码方式不同的机器),那么在构造字符输入流时就不能简单地使用默认编码规范,而应该指定一种统一的编码规范 ISO 8859_1,这是一种映射到 ASCII 码的编码方式,能够在不同平台之间正确转换字符。

```
InputStreamReader isr = new InputStreamReader(InputStream, "8859_1");
```

7.4.3 缓冲字符流

缓冲字符流 BufferedReader 和 BufferedWriter 与缓冲字节流 BufferedInputStream 和

BufferedOutputStream 相对应,其构造方法也相似。缓冲字符流也提供了支持对单个字符和字符数组处理的 read()和 writer()方法,在此就不再一一列举,另外还提供了整行字符的处理方法。

- String readLine():BufferedReader 类的方法,从输入流中读取一行字符,行结束标志为'\n'、'\r'或两者同时使用。
- void newLine():BufferedWriter 类的方法,向输出流中写入一个行结束标志,它不是简单的换行符'\n'或'\r',而是系统定义的行隔离标志(line separator)。

例 7.12 用 BufferedReader 和 BufferedWriter 实现与例 7.11 相同的功能。

【例 7.12】 Example7_12.java

```java
import java.io.*;
public class Example7_12 {
    public static void main(String[] args) {
        BufferedReader br = null;
        BufferedWriter bw = null;
        FileOutputStream fos = null;
        try {
            //以标准输入流作为节点流
            br = new BufferedReader(new InputStreamReader(System.in));
            String s = null;
            //OutputStreamReader 又作为 BufferedWriter 的节点流
            bw = new BufferedWriter(new OutputStreamWriter(new FileOutputStream("c:/test.txt")));
            System.out.println("请输入内容: ");
            //循环地读取输入的每行数据
            while ((s = br.readLine()) != null) {
                //如果该行以'#'结尾,那么结束输入
                if (s.endsWith("#")) {
                    //把'#'以前的字符写入文件
                    bw.write(s, 0, s.length() - 1);
                    //换行
                    bw.newLine();
                    //清空缓冲区
                    bw.flush();
                    //退出循环
                    break;
                } else {
                    //如果该行没有'#'结尾,将本行写入文件
                    bw.write(s);
                    //换行
                    bw.newLine();
                    //清空缓冲区
                    bw.flush();
                }
            }
        } catch (IOException e) {
            e.printStackTrace();
        } finally {
            try {
                if (br != null)
                    br.close();
                if (bw != null)
```

```
                    bw.close();
            } catch (IOException e) {
                e.printStackTrace();
            }
        }
    }
}
```

例 7.12 的运行结果和例 7.11 类似,此处不再给出。本例采用标准输入流作为 InputStreamReader 类的节点流,然后 InputStreamReader 又作为缓冲输入流 BufferedReader 的节点流;而在输出流中,由于需要把输入的字符保存到磁盘文件中,因此需要使用 FileOutputStream 打开文件 test.txt,并将该流作为 OutputStreamWriter 的节点流,然后 OutputStreamWriter 又作为缓冲输出流 BufferedWriter 的节点流使用。通过 while 循环每次读取输入的一行数据,同时把该行数据写入文件 test.txt 中,直到输入的数据以'#'结尾时结束循环。

注意:使用缓冲流时,最后如果缓冲区未满,若没有强制清空缓冲区或者关闭该流,那么缓冲区的数据将丢失。因此,在使用缓冲输出流时,最后务必要使用 flush()方法强制清空缓冲区,并使用 close()方法关闭该流。

7.4.4 文件字符流

FileReader 和 FileWriter 是与 FileInputStream 和 FileOutputStream 相对应的一对文件输入输出流。由于 FileInputStream 和 FileOutStream 对采用 Unicode 编码的字符支持不是很好,因此如果操作采用 Unicode 编码的文件时,可以使用 FileReader 类和 FileWriter 类,表 7.16 列出了这两个类的构造方法。

表 7.16 FileReader 类和 FileWriter 类的构造方法

方 法 名	说 明
FileReader(File file)	创建文件对象为 file 的文件输出流
FileReader(String fileName)	创建文件名为 fileName 的文件输入流
FileWriter(File file)	创建文件对象为 file 的文件输出流
FileWriter(File file, boolean append)	创建文件对象为 file,并指定是否为追加模式的文件输出流
FileWriter(String fileName)	创建文件名为 fileName 的文件输出流
FileWriter(String fileName,boolean append)	创建文件名为 fileName,并指定是否为追加模式的文件输出流

如是使用 FileReader 和 FileWriter 构造方法创建文件字符流的代码。

```
File f = new File("test.txt");
FileReader fr1 = new FileReader(f);
FileReader fr2 = new FileReader("c:/test.txt");
FileWriter fw1 = new FileWriter(f);
FileWriter fw2 = new FileWriter(f,true);            //设置追加模式为 true
FileWriter fw3 = new FileWriter("c:/test.txt");
FileWriter fw4 = new FileWriter("c:/test.txt",false);
```

FileReader 对象如果打开的文件不存在,将抛出 FileNotFoundException 异常。FileWriter 与 FileOutputStream 一样,当指定打开的文件不存在时,将会创建一个同名文件。例 7.13 是一个有关 FileReader 和 FileWriter 的例子。

【例7.13】 Example7_13.java

```java
import java.io.*;
import java.util.*;
/**
 * 从键盘向文件test.txt中输入内容,将这些内容追加到test.txt中,以'#'结尾结束输入
 * 并使用FileReader读取该文件的内容
 */
public class Example7_13 {
    public static void main(String[] args) {
        Scanner scan = new Scanner(System.in);
        File f = new File("c:/book/example7_13.txt");
        FileWriter fw = null;
        FileReader fr = null;
        System.out.println("输入内容: ");
        try{
            //使用FileWriter对象以追加模式打开文件
            fw = new FileWriter(f,true);
            while(scan.hasNext()){
                String line = scan.nextline();
                //将该行字符串追加到文件的末尾
                fw.write(line);
                fw.write("\r\n");
                //如果以#结尾,退出循环
                if(line.endsWith("#"))
                    break;
            }
        }catch(IOException e) {}
        finally {
            try {
                if(fw!= null)
                    fw.close();
            }catch(IOException e) {}
        }
        try{
            System.out.println("开始读文件……");
            //读文件
            fr = new FileReader(f);
            int n = 0;
            //循环读取文件的内容
            while((n=fr.read()) != -1){
                System.out.print((char)n);
            }
            fr.close();
        }catch (IOException e){}
        finally {
            try {
                if(fr!= null)
                    fr.close();
            }catch(IOException e) {}
        }
    }
}
```

运行结果:

输入内容：
Java 面向对象程序设计
清华大学出版社出版
梁胜彬著
♯
开始读文件……
Java 面向对象程序设计
清华大学出版社出版
梁胜彬著
♯

从运行结果可以看出，FileReader 和 FileWriter 类不仅可以读写英文字符，也可以读写中文字符，它们全面支持 Unicode 字符集，解决了文件字节流带来的乱码问题。

7.4.5 管道字符流

与管道字节流用法类似，管道字符流 PipedReader 和 PipedWriter 也必须同时使用，犹如水管一般，一端使用 PipedReader 对象向管道中输入字符，而在另一端使用 PipedWriter 对象连接管道并输出字符。管道字符流建立方式同样有两种：一种使用构造方法指定；另一种使用管道字符流对象的 connect()方法连接。创建管道流并连接的代码如下。

```java
//(1)创建管道输出字符流对象 pw,并把 pw 作为构造管道输入流对象 pr 的参数
PipedWriter pw = new PipedWriter();
PipedReader pr = new PipedReader(pw);
//(2)创建管道输入字符流和输出字符流对象 in 和 out
PipedReader in = new PipedReader();
PipedWriter out = new PipedWriter();
//使用 connect()方法连接
in.connect(out);
```

PipedReader 和 PipedWriter 类的构造方法及其他方法与 PipedInputStream 和 PipedOutputStream 类似，此处不再列举。例 7.14 是一个管道字符流的例子。

【例 7.14】 Example7_14.java

```java
import java.io.*;
public class Example7_14 {
    public static void main(String[] args) {
        PipedWriter writer = null;
        PipedReader reader = null;
        try {
            //创建一个 PipedWriter 对象 writer
            writer = new PipedWriter();
            //创建一个 PipedReader 对象 reader
            reader = new PipedReader();
            //wirter 连接 reader
            writer.connect(reader);
            //从键盘上接收一行输入
            BufferedReader br = new BufferedReader(new
                    InputStreamReader(System.in));
            System.out.println("输入内容: ");
            String s = br.readLine();
            //将 s 转换为字符数组
            char[] arr = s.toCharArray();
```

```java
            //将字符数组内容输入到管道流
            writer.write(arr, 0, arr.length);
            //清空缓冲区
            writer.flush();
            //读取管道流中的数据并输出到屏幕上
            while (reader.ready()) {
                System.out.print((char) reader.read());
            }
        } catch (IOException e) {
            e.printStackTrace();
        }finally {
            try{
                //关闭管道流
                reader.close();
                writer.close();
            }catch (IOException e){}
        }
    }
}
```

运行结果：

输入内容：
我们使用管道字符流测试,We use PipedReader and PipedWriter test the example
我们使用管道字符流测试,We use PipedReader and PipedWriter test the example

程序运行时从键盘接收一行字符串，使用 PipedWriter 对象将它写入管道流，然后使用 PipedReader 对象读取管道流中的数据并输出到屏幕上。

7.4.6 PrintWriter 类

PrintWriter 功能与 PrintStream 类似，除了可以针对基本数据类型进行处理之外，PrintWriter 还可以接受 Writer 对象作为输出的对象。表 7.17 列出了 PrintWriter 类的构造方法和主要方法。

表 7.17 PrintWriter 类的构造方法和主要方法

方 法 名	说 明
PrintWriter(File file)	创建具有指定文件且不带自动行刷新的打印流
PrintWriter(OutputStream out)	创建新的打印流
PrintWriter(OutputStream out, boolean flush)	创建新的打印流，并指定是否自动刷新
PrintWriter(Writer out,Boolean flush)	创建一个指定是否刷新的打印流
PrintWriter append(char c)	向此输出流追加指定字符，等价于 print()
PrintWriter format(String format, Object args)	以指定格式字符串和参数将字符串写入输出流
PrintWriter printf(String format, Object args)	以指定格式字符串和参数将一个格式字符串写入输出流
void println(Object x)	打印，支持换行
void print(Object obj)	打印，可以是基本数据类型，也可以是对象
void write(int b)	将字节 b 写入此流
void write(char[] buf, int off, int len)	将 len 字节从偏移量为 off 的字符数组写入此流
void write(String s)	写入字符串

【例 7.15】 Example7_15.java

```java
import java.io.*;
public class Example7_15 {
    public static void main(String[] args) {
        PrintWriter pw = null;
        try {
            //实例化 PrintWriter 对象 pw
            pw = new PrintWriter(
                new FileWriter("c:/book/example7_15.txt"));
            //定义字符串
            String press = "清华大学出版社";
            //定义整数
            int amount = 10000;
            //定义小数
            float price = 66.60f;
            //定义字符
            char type = 'M';
            //使用 println()方法写入内容
            pw.println("《Java 面向对象程序设计》");
            String s = "作者:梁胜彬";
            //格式化输出,字符串使用%s、整数使用%d、小数使用%f、字符使用%c
            pw.printf("出版社: %s; 印量: %d; 定价: %5.2f; 类别: %c", press, amount, price, type);
            pw.println();
            char[] buf = new char[512];
            buf = s.toCharArray();
            //使用 write 方法将 byte 数组中的数据写入文件
            pw.write(buf, 0, buf.length);
        } catch (IOException e) {
            e.printStackTrace();
        } finally {
            pw.close();
        }
    }
}
```

运行结果与图 7.7 相似,PrintWriter 类与 PrintStream 类的方法是对应的。PrintStream 可以将 Java 的基本数据类型等数据直接转换为系统预设编码下对应的字节,再输出至 OutputStream 中,而这里的 PrintWriter 其功能上与 PrintStream 类似,除了接收 OutputStream 之外,也可以接收 Writer 对象作为输出的对象,还可以使用 println()之类的方法把该对象输出。

7.5 RandomAccessFile 类

无论是字节流还是字符流,都只能顺序地读写文件。而类 RandomAccessFile 的实例支持随机地读写文件。随机读写文件的行为类似于一个隐含字节数组,有一个指向该隐含数组的光标,称为文件指针;输入操作从文件的开始处读取字节,并随着读取进度而移动文件指针。如果随机存取文件以 rw 模式创建,表示 RandomAccessFile 允许对文件可以进行读和写两种操作,写操作从文件的开始处写入字节,并随着写入进度而移动文件指针。

RandomAccessFile 类直接继承于 java.lang.Object 类,并且同时实现了接口 DataInput 和 DataOutput,因此,它支持读写基本数据类型,同时它也提供了支持随机文件操作的方法。表 7.18 列出了 RandomAccessFile 类的构造方法和主要方法。

表 7.18 RandomAccessFile 类的构造方法和主要方法

方 法 名	说 明
RandomAccessFile(File file,String mode)	创建文件为 file,指定操作模式的随机存取文件流
RandomAccessFile(String name,String mode)	创建文件名为 name,指定操作模式的随机存取文件流
long getFilePointer()	返回此文件中的当前偏移量
void seek(long pos)	将文件指针调到所需位置
long length()	返回此文件的长度

由于 RandomAccessFile 类实现了 DataInput 和 DataOutput 接口,因此该类也提供有 readXXX() 和 writeXXX() 方法(其中,XXX 代表 int、char 等 8 种基本数据类型),具体参见 DataInputStream 和 DataOutputStream 类中相关方法的说明,在此不再列举。创建随机存取文件流对象的代码如下。

```
File f = new File("data.dat");
RandomAccessFile raf1 = new RandomAccessFile(f,"r");;
RandomAccessFile raf2 = new RandomAccessFile(f, "rw");
RandomAccessFile raf3 = new RandomAccessFile("file1.txt", "r");
RandomAccessFile raf4 = new RandomAccessFile("file2.txt", "rw");
```

上述代码段分别使用 File 对象及字符串构建了指定文件名的 RandomAccessFile 对象;而操作文件的模式(mode)可以有以下几种。

- r:只读,任何写操作都将抛出 IOException 异常。
- rw:读写,指定的文件不存在时会创建该文件;文件存在时,读操作不会改变原文件内容,写操作会改变文件内容。
- rws:同步读写,等同于读写,但任何写操作的内容都被直接写到物理文件,包括文件内容和文件属性。
- rwd:数据同步读写,等同于读写,但任何写操作的内容都直接写到物理文件,不包括文件属性内容的修改。

【例 7.16】 Example7_16.java

```
import java.io.IOException;
import java.io.RandomAccessFile;
public class Example7_16 {
    public static void main(String[] args) {
        RandomAccessFile raf = null;
        try { //以随机访问方式读写本源程序文件
            raf = new RandomAccessFile("c:/book/example7_16.txt", "rw");
            System.out.println("执行前文件指针的位置为: " +
                    raf.getFilePointer());
            byte[] buf = new byte[128];
            int hasRead = 0;
            //循环读取文件
            while ((hasRead = raf.read(buf)) > 0) {
                System.out.print(new String(buf, 0, hasRead));
            }
```

```
                System.out.println("\n执行前文件指针的位置为: " +
                        raf.getFilePointer());
                System.out.println("文件的长度为: " + raf.length());
                //将文件指针移向文件的末尾
                raf.seek(raf.length());
                //在文件末尾追加下面的字符串
                raf.write("\r\n//这是追加的内容".getBytes());
            } catch (IOException e) {
                e.printStackTrace();
            } finally {
                //关闭流
                try {
                    if (raf != null)
                        raf.close();
                } catch (IOException e) {
                    e.printStackTrace();
                }
            }
        }
    }
```

运行结果：

执行前文件指针的位置为：0
《Java 面向对象程序设计》
出版社：清华大学出版社；印量：10000；单价：66.60；类别：M
作者：梁胜彬
执行前文件指针的位置为：136
文件的长度为：136

例 7.16 写入文件的内容如图 7.10 所示。可以发现，使用 RandomAccessFile 类可以使用 seek()方法移动文件指针随机读写文件中任何位置的数据；也可以使用 readXXX()方法和 writeXXX()方法读写基本数据类型的数值。

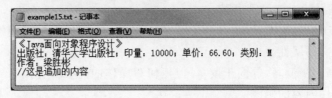

图 7.10 例 7.16 的运行结果

7.6 思政案例：学习强国，挑战答题

"学习强国"学习平台是由中宣部主管，以深入学习宣传习近平新时代中国特色社会主义思想为主要内容，以互联网大数据为支撑的思想文化聚合平台，是贯彻落实习近平总书记关于加强学习、建设学习大国重要指示精神、推动全党大学习的有力抓手，是新形势下强化理论武装和思想教育的创新探索，是推动习近平新时代中国特色社会主义思想学习宣传贯彻不断深入的重要举措。

"学习强国"学习平台由 PC 端、手机客户端两大终端组成。"学习强国"自 2019 年 1 月上线以来，内容知识不断丰富，聚合了大量期刊、公开课、视频等资料。同时，推出了形式多样的积分活动，用户通过"每日答题""挑战答题""四人赛"等答题活动赢得学习积分。特别是"挑战答题",富有挑战性,参赛者在无答案提示的情况下,必须连续答对 5 题才能获得学习积分,否则得 0 分。

本节案例以 Java I/O 流模拟实现"挑战答题"功能模块。"挑战答题"的规则:①程序从题库(文本文件)中随机抽取试题;②用户连续答题正确 5 题或以上者奖励学习积分 5 分;③用户可以有一次复活机会,复活成功者可继续答题一次。

设计思路:

本案例设计三个类:Test、Xuexi 和 Example7_17。Test 表示测试试题对象;Xuexi 表示挑战答题类,该类提供了答对计数器 num,复活标志 flag,积分 score 等属性,以及两个方法:加载试题的 load()方法和挑战答题的 compete()方法;Example7_17 为主类。程序的总体流程如下。

(1)将试题库以固定的格式保存为文本文件,如图 7.11 所示,题目与答案放在一行,二者使用"#"分隔。

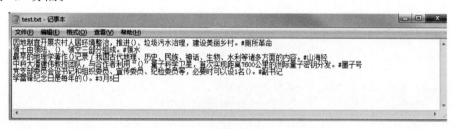

图 7.11 试题格式

(2)逐行读取试题库文本文件,解析出题目与答案并将其封装在 Test 对象。
(3)将 Test 对象存入 ArrayList 对象。
(4)启动挑战答题时,遍历 ArrayList 对象,判断用户输入的答案与标准答案是否一致。如果一致,计数器累加;否则,判断是否复活,如复活则继续答题,否则退出比赛。

【例 7.17】 Example7_17.java

```java
import javax.swing.*;
import java.io.BufferedReader;
import java.io.FileReader;
import java.io.IOException;
import java.util.ArrayList;
import java.util.Scanner;
//主类
public class Example7_17 {
    public static void main(String[] args) {
        Xuexi xuexi = new Xuexi("周颖", 0, 0, 0);
        xuexi.competition("e:/test.txt");
        if (xuexi.getScore() == 6)
            System.out.println("恭喜你,获得" + xuexi.getScore() + "分");
        else
            System.out.println("获得" + xuexi.getScore() + "分");
    }
}
//试题类
class Test {
    private String title;
    private String answer;
    //省略 setter 和 getter 方法
```

```java
}
//挑战答题类
class Xuexi {
    //答对数目
    private int num;
    //复活标志,0:未使用,1:已使用
    private int flag;
    //积分
    private int score;
    //用户
    private String user;

    public Xuexi() {
    }

    public Xuexi(String user, int num, int flag, int score) {
        this.user = user;
        this.num = num;
        this.flag = flag;
        this.score = score;
    }
    //省略 setter 和 getter 方法

    public ArrayList<Test> load(String url) {
        ArrayList<Test> list = new ArrayList<Test>();
        BufferedReader br = null;
        try {
            br = new BufferedReader(new FileReader(url));
            String line = null;
            while ((line = br.readLine()) != null) {
                Test test = new Test();
                int i = line.indexOf("#");
                String title = line.substring(0, i);
                String answer = line.substring(i + 1);
                test.setAnswer(answer);
                test.setTitle(title);
                list.add(test);
            }
        } catch (IOException e) {
            e.printStackTrace();
        }
        return list;
    }

    public void competition(String url) {
        ArrayList<Test> list = load(url);
        for(Test t:list){
            System.out.println(t.getTitle());
            System.out.print("填写答案:");
            Scanner scanner = new Scanner(System.in);
            String reply = scanner.next();
            if (reply.equals(t.getAnswer())) {
                //System.out.println("恭喜你,本题答对了!");
                num++;
            } else {
                if (getFlag() == 1) {
                    break;
```

```
            } else {
                int tips = JOptionPane.showConfirmDialog(null,
        "是否复活比赛?",
        "提示",
        JOptionPane.YES_NO_OPTION, JOptionPane.QUESTION_MESSAGE);
                //如果复活比赛
                if (tips == JOptionPane.YES_OPTION) {
                    setFlag(1);
                } else {
                    break;
                }
            }
        }
    }
    if (num >= 5)
        setScore(6);
    else {
        setScore(0);
    }
    }
}
```

运行结果:

因地制宜开展农村人居环境整治,推进()、垃圾污水治理,建设美丽乡村。
填写答案:厕所革命
领土由领陆、()、领空三部分组成。
填写答案:领水
最早的地理学著作()记录了我国古代地理、历史、民族、神话、生物、水利等诸多方面的内容。
填写答案:山海经
中科大潘建伟教授团队,与合作者利用"()"量子科学卫星,首次实现距离 7600 千米的洲际量子密钥分发。
填写答案:墨子号
党支部委员会设书记和组织委员、宣传委员、纪检委员等,必要时可以设 1 名()。
填写答案:副书记
学雷锋纪念日是每年的()。
填写答案:3 月 5 日
恭喜你,获得 6 分

小结

  本章介绍 Java 读写数据的方法,InputStream 和 OutputStream 是所有字节流类的"祖先",读写数据的单位是字节。Reader 和 Writer 是所有字符流类的"祖先",读写数据的单位是字符。

  File 类用于创建、删除指定的文件或目录,并且可以获取该文件或目录的属性信息及所在磁盘的信息等,但 File 类不能打开文件。

  FileInputStream/FileOutputStream、FileReader/FileWriter 和 RandomAccessFile 是处理本地文件的类。可以对文件进行读写操作,RandomAccessFile 还可以随机地读写指定文件。

  BufferedInputStream/BufferedOutputStream 和 BufferedReader/BufferedWriter 提供了缓冲区,达到一定数量时再送到目的文件,以减少阻塞次数,提高读写效率,适合读写大文件。

  PipedInputStream/PipedOutputStream 和 PipedReader/PipedWriter 是管道流,要求管道输入流和管道输出流同时使用,适合网络编程。

第8章

多 线 程

支持多用户多任务已是现代操作系统的基本功能。多用户和多任务允许用户并发执行多个任务,提高计算机资源使用效率。多用户和多任务是在操作系统层面上实现的,而Java则是从编程语言的级别提供多线程技术,从而提升CPU资源利用率。通常一个任务(Task)就是一个进程(Process),而一个任务又可以包含多个顺序执行流,每个执行流就是一个线程(Thread),包含多线程的应用程序称为多线程程序。

本章要点
- 线程简介;
- 创建线程;
- 线程生命周期及控制;
- 线程优先级与调度;
- 线程同步机制;
- 线程通信;
- 守护线程;
- 线程组。

8.1 线程简介

第1~7章介绍的Java程序属于单线程程序,即每个程序都只有一个入口(main()方法)、一个出口以及一个顺序执行序列,在程序执行过程中的任意时刻,都只有一个单独的执行点。

8.1.1 线程概述

现实生活中存在着很多并发现象,例如,人的消化系统、呼吸系统、循环系统等在同时运转着,应用程序也可以如此。目前计算机操作系统都支持多任务,而应用程序在运行过程中存在着并发执行的多个顺序流,每个顺序流称为一个线程,并且它们彼此间互相独立。Java从编程语言的层级上支持多线程技术。

从概念上说,单线程是一个进程内部的一个顺序控制流。线程是一种比进程更加微观的实体,可以认为是代码块级的,因此线程本身并不能独立运行,必须依托进程运行。一个程序可以实现多个线程并发执行，完成特定的功能。

注意：并发执行的含义是指操作系统中管理的时间片会平均分配给每个线程，从而保证所有的线程都能够在极短的时间内得到处理。每个时间片只能执行一个线程，但由于时间片是一个很小的时间单元，CPU 的执行速度又非常快，因此，CPU 能够在很短的时间内切换线程，给人的错觉是多个线程在"同时"执行。实际上，CPU 仍然是轮流执行多个线程的。

8.1.2 线程与进程

进程本质上是一个正在执行的程序，操作系统引入进程的概念之后实现了多任务的目标。程序在运行时会转换为一个或多个进程。因此，进程与程序相比最大的区别在于进程是一个动态的概念，每个进程都要占用一定的内存空间和系统资源，并且各个进程之间是相互独立的，从而计算机在同时运行多个程序时能够相互独立，互不影响。例如，读者可以一边使用 IDEA 编写 Java 程序，一边查阅 API 文档，同时还可以浏览网页。

注意：进程有以下几个特征。

- 并发性：任何进程都可以同其他进程一起并发执行；
- 动态性：进程是程序的一次执行过程，进程是动态产生、动态消亡的；
- 独立性：进程是一个能独立运行的基本单位，同时也是系统分配资源和调度的独立单位；
- 结构特征：进程由程序、数据和进程控制块三部分组成；
- 异步性：由于进程间的相互制约，使进程具有执行的间断性，即进程按各自独立的、不可预知的速度向前推进。

线程的引入与进程相似，多线程技术也是为了支持并发操作，最大限度地提高 CPU 的利用率；线程也要占用系统资源，与其他线程抢夺 CPU 的使用权。可以说，线程是一种轻量级的进程，线程是进程的组成单元，一个进程可以拥有多个线程。但是线程与进程的区别在于：线程不能独立存在，它必须依附于进程而存在，即一个线程必须有父进程。另外，线程处理的数据也不是独立的，同类的多个线程是共享同一块内存空间和一组系统资源的，而线程本身的数据通常只存放在 CPU 的寄存器以及一个供程序执行时使用的堆栈。另外，线程的产生以及线程间的切换要比进程快捷很多。

注意：线程与进程主要有以下区别。

- 两者的粒度不同，一个进程可以包含一个或多个线程。进程是由操作系统来管理的，而线程是由进程调度与管理的；
- 不同进程的代码、内部数据和状态是完全独立的，而一个进程中包含的多个线程是共享内存空间和系统资源的，有可能互相影响，因此，线程间的通信较进程而言方便一些；
- 线程本身的数据一般只有寄存器数据和堆栈数据，线程的切换比进程切换的负担要小。

线程的出现并不是为了取代进程，而是对进程的有益补充。一个进程支持多个线程，从而在微观上实现更加"精细化"的并发控制。一个设计良好的程序，合理地使用多线程技术可以提高程序的性能和处理数据的吞吐量；由于每个线程都要占用系统资源，如果过度使用线程,可能会导致程序的性能下降,甚至系统崩溃。

8.1.3 多线程的优势

传统的单线程程序执行是按照自上而下的顺序执行的,参见例 8.1 的程序。

【例 8.1】 Example8_01.java

```java
public class Example8_01 {
    public static void main(String[] args) {
        ThreadObject t = new ThreadObject();
        t.run();
        int j = 1;
        while(true){
            System.out.println("main thread executed " + j++ + " times");
        }
    }
}
class ThreadObject {
    public void run(){
        int i = 1;
        while(true){
            System.out.println("ThreadObject executed " + i++ + " times");
        }
    }
}
```

main()方法创建一个 ThreadObject 对象 t,并调用 run()方法,且 run()方法是一个无限循环,同时 main()方法中也包括一个无限循环。那么作为单线程程序,本程序执行时只能执行对象 t 的 run()方法,main 方法中的 while 循环没有机会执行。

将上述程序 ThreadObject 类定义为线程类,即让 ThreadObject 继承 Thread 类,并在 main()方法中通过 start()方法启动该线程类的对象 t,具体如例 8.2 所示。

【例 8.2】 Example8_02.java

```java
public class Example8_02 {
    public static void main(String[] args) {
        ThreadObject t = new ThreadObject();
        t.start();
        int j = 1;
        while(true){
            System.out.println("main thread executed " + j++ + " times");
        }
    }
}
class ThreadObject extends Thread{
    public void run(){
        int i = 1;
        while(true){
            System.out.println("ThreadObject executed " + i++ + " times");
        }
    }
}
```

某次运行结果如图 8.1 所示。

从运行结果可知,main()方法中的循环体和线程类都得到了执行的机会,达到并发执行的效果。综上所述,多线程具有以下优势:

- 相对多任务,多个线程能够直接共享数据和资源,多线程编程简单、效率高,能够轻易地实现线程间的通信;
- 在网络开发中,当一个客户端与服务器建立连接,需要服务器开辟一个新线程处理连接。因此多线程技术适合于开发服务程序,如 Web 服务、聊天服务等;
- 多线程技术适合于开发有多种交互接口的程序,如聊天程序的客户端、网络下载工具等。

```
main thread executed 953357 times
main thread executed 953358 times
ThreadObject executed 1130950 times
ThreadObject executed 1130951 times
ThreadObject executed 1130952 times
ThreadObject executed 1130953 times
main thread executed 953359 times
main thread executed 953360 times
main thread executed 953361 times
main thread executed 953362 times
ThreadObject executed 1130954 times
ThreadObject executed 1130955 times
ThreadObject executed 1130956 times
ThreadObject executed 1130957 times
```

图 8.1 例 8.2 某次执行结果

- 适合人机交互且具有一定计算规模的程序,由于频繁交互,事件众多,使用多线程技术可以降低问题复杂度,同时提高程序的吞吐量。

8.2 线程创建

Java 线程也是一种对象,java.lang 包中提供了两个与线程相关的 API:Thread 类和 Runnable 接口。自定义的线程类可以继承 Thread 类或者实现 Runnable 接口。

8.2.1 Thread 类

支持多线程技术是 Java 语言的一个重要优势,Java 提供了 Thread 类来表示线程对象。线程由以下三部分组成。

- 虚拟 CPU:封装在 java.lang.Thread 类中,它控制着整个线程的运行;
- 执行的代码:传递给 Thread 类,由 Thread 类控制顺序执行;
- 处理的数据:传递给 Thread 类,是在代码执行过程中需要处理的数据。

当生成一个 Thread 类的对象之后,就产生了一个线程对象,通过该对象可以启动线程、终止线程或者暂时挂起线程等。这些线程状态的切换是依靠 Thread 类的相应方法实现的,表 8.1 列出了 Thread 类的构造方法和主要方法。

表 8.1 Thread 类的构造方法和主要方法

方 法 名	说 明
Thread()	创建一个没有名称的线程对象
Thread(String name)	创建一个名称为 name 的线程对象
Thread(Runnable target)	创建一个以 target 为参数的线程对象
Thread(Runnable target, String name)	创建一个以 target 为参数、名称为 name 的线程对象
static Thread currentThread()	返回当前的线程对象
long getId()	返回该线程的 ID,每个线程都有一个唯一的 ID
final String getName()	返回该线程的名称

续表

方　法　名	说　　明
final int getPriority()	返回该线程的优先级
Thread.State getState()	返回该线程的状态,以监视系统的运行状态
void interrupt()	中断线程
static boolean interrupted()	判断当前线程是否已经中断,若中断则清除中断状态
final boolean isAlive()	判断线程是否处于活动状态
final boolean isDaemon()	判断线程是否为守护线程
boolean isInterrupted()	判断该线程是否已经中断,且线程的状态不受此方法影响
final void join()	等待该线程终止
void run()	线程的主体
final void setName(String n)	设置线程的名称
final void setPriority(int p)	设置线程的优先级
static void sleep(long millis)	使该线程休眠 millis 毫秒(ms)
void start()	启动该线程,JVM 会调用该线程对象的 run()方法
static void yield()	暂停当前线程,让处于活动状态的线程重新抢占控制权

Thread 类提供了诸多构造方法和方法,在这些方法中有获取或设置线程对象的属性(如设置线程的名称 setName()、取得线程的优先级 getPriority()等);有切换线程生命周期中相关状态的方法(如启动线程 start()、线程等待 wait()、休眠 sleep()等);还有线程体 run()方法。

8.2.2　Runnable 接口

Runnable 接口是 java.lang 包中提供的一个接口,该接口中只有一个抽象方法 run()。那么实现此接口的类必须实现 run()方法,实现此 Runnable 接口的对象可以作为 Thread 构造方法的参数以创建一个线程对象。

事实上,java.lang.Thread 类也实现了 Runnable 接口,并且对该接口的 run()方法进行了空实现。因此,可以认为 Thread 的子类都需要覆盖 run()方法,以实现该线程的具体功能。

8.2.3　继承 Thread 类创建线程

通过继承 Thread 类的方式创建线程需要让自定义的线程类继承 Thread 类,并且重写 Thread 类的 run()方法。

【例 8.3】　Example8_03.java

```
public class Example8_03 extends Thread {
    String name;
    public Example8_03(String name) {
        super(name);
    }
    //重写 run()方法,在该方法中实现该线程的主体功能
    public void run() {
        for (int i = 1; i < 4; i++) {
            //Example01 是一个线程类,调用父类 Thread 类的 getName()方法获取线程名称
```

```java
            System.out.println(this.getName() + ":" + i);
        }
        //取得该线程的名称和优先级
        System.out.println(this.getName() + "的优先级为:" +
                this.getPriority());
    }
    public static void main(String[] args) {
        //创建3个线程
        Example8_03 exampleA = new Example8_03("A#");
        Example8_03 exampleB = new Example8_03("B#");
        Example8_03 exampleC = new Example8_03("C#");
        //设置线程的优先级
        exampleA.setPriority(MAX_PRIORITY);
        exampleB.setPriority(MIN_PRIORITY);
        exampleC.setPriority(NORM_PRIORITY);
        //启动线程
        exampleA.start();
        exampleB.start();
        exampleC.start();
    }
}
```

某次运行结果：

```
A#:1
A#:2
A#:3
A#的优先级为:10
B#:1
B#:2
B#:3
B#的优先级为:1
C#:1
C#:2
C#:3
C#的优先级为:5
```

在本程序中线程类 Example8_03 继承 Thread 类，并且覆盖了 run()方法，在此方法中实现了该线程的主要功能，即循环3次并且输出该线程每次循环的次数。本例创建了三个线程对象并设置了三种不同优先级。

注意：启动线程对象不能直接调用 run()方法，而是使用 Thread 类的 start()方法启动线程。

各线程采用抢占式的方式来争夺 CPU 的使用权，所以每次的运行结果不同。

注意：同时启动多个相同的线程时，多个线程争夺 CPU 的使用权，并不是优先级高的线程就一定先于优先级低的线程执行完毕，应该这样认为：优先级高的线程比优先级低的线程先执行完毕的概率较大。

8.2.4 实现 Runnable 接口创建线程

另一种创建线程类的方式是实现 Runnable 接口。由于 Java 是单继承机制，因此采用实现 Runnable 接口的方式创建线程类应用更广泛。

例 8.4 在例 8.3 的基础上改用实现 Runnable 接口的方式创建线程类。

【例 8.4】 Example8_04.java

```java
public class Example8_04 implements Runnable{
    public static void main(String[] args) {
        Example8_04 example = new Example8_04();
        Thread threadA = new Thread(example,"A");
        Thread threadB = new Thread(example,"B");
        Thread threadC = new Thread(example,"C");
        threadA.setPriority(Thread.MAX_PRIORITY);
        threadB.setPriority(Thread.NORM_PRIORITY);
        threadC.setPriority(Thread.MIN_PRIORITY);
        threadA.start();
        threadB.start();
        threadC.start();
    }

    @Override
    public void run() {
        for (int i = 1; i < 4; i++) {
            //Example01 是一个线程类,调用父类 Thread 类的 getName()方法获取线程名称
            System.out.println(Thread.currentThread().getName() + ":" + i);
        }
        //取得该线程的名称和优先级
        System.out.println(Thread.currentThread().getName() + "的优先级为:" +
            Thread.currentThread().getPriority());
    }
}
```

在本例中,因为 Example8_04 类实现了 Runnable 接口,所以该类必须重写 run()方法。Example8_04 类不是 Thread 类的子类,无法访问 Thread 类的 getName()、getPriority()方法。可以使用 Thread 类的类方法 currentThread()获取当前的线程对象。

8.3 线程生命周期

线程是程序内部的一个顺序控制流,它具有一个特定的生命周期。在一个线程的生命周期中,它总处于某种状态中。线程的状态表示了线程正在进行的活动以及在这段时间内线程能完成的任务。

8.3.1 生命周期概述

与进程一样,线程的生命周期也包括五个状态:新建、就绪、运行、阻塞和死亡。任何一个线程总是处于这五种阶段的某个状态。

(1)新建状态(New)。使用 new 运算符实例化一个线程类对象,并且该对象还未使用 start()方法启动该对象,这个阶段称为新建状态。新建状态只在堆内为线程对象分配空间,该线程对象还无法抢占 CPU 使用权。

(2)就绪状态(Runnable)。就绪状态也称为可运行状态,线程对象调用 start()方法之后,该线程处于就绪状态,意味着该线程随时可以运行,它需要和其他处于就绪状态的线程争

夺 CPU 的使用权。在某一时间片，CPU 只能被一个线程使用，该线程称为正在运行的线程。

（3）运行状态（Running）。当线程获得 CPU 使用权时，即处于运行状态。运行状态执行线程的 run()方法。CPU 是一种共享资源，操作系统解决处理器资源共享使用的方法是采用"时分复用共享"，将 CPU 资源从时间上分割成更小的时间单位供线程使用。每个线程获得 CPU 使用权后会占用一段时间，这段时间称为时间片（time slice）。当一个线程用完其时间片时，会被剥夺 CPU 使用权，再次进入就绪状态。因此从宏观上看，有多个并发线程分时、交替地使用 CPU 资源。

（4）阻塞状态（Blocked）。阻塞状态包括三种情况：睡眠状态、等待状态和挂起状态。一般来说，就绪状态和阻塞状态是可以相互切换的。

（5）死亡状态（Dead）。一旦线程对象的 run()方法执行完毕或者线程异常终止，就意味着该线程进入死亡状态。JVM 会销毁线程对象占用的系统资源。一个线程死亡之后不会再回归到线程的其他状态。

新建状态和死亡状态在线程的整个生命周期内都是只经历一次，线程的其他三个状态可以经历多次。图 8.2 描述了线程的各个状态及其切换方法。

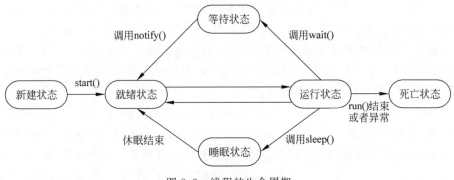

图 8.2　线程的生命周期

8.3.2　新建状态

使用 new 运算符新建线程对象之后，该线程就处于新建状态，此时它和其他 Java 对象一样，仅仅在内存的堆中分配了内存，并初始化了实例变量。此时线程对象中的 run()方法并没有执行。

处于新建状态的线程对象使用 start()方法启动该线程。一旦启动线程，该线程就处于就绪状态，JVM 将为该线程创建方法的调用栈和计数器等。处于此状态的线程并没有开始运行，它只是表明该线程具备了可以运行的条件，具体什么时候运行取决于 JVM 的调度策略。

注意：启动线程应使用 start()方法，而不能直接调用线程对象的 run()方法。通过使用 start()方法可以安全地启动线程对象，Java 将 run()方法当作线程执行体来处理；而如果直接调用 run()方法，run()方法作为普通方法执行，导致程序不再认为它是线程类，而是单线程结构运行。

创建线程对象后，启动该线程对象应使用 start()方法，而不能直接调用 run()方法执行线程体。

8.3.3 就绪状态

当线程处于创建状态时,调用线程对象的 start() 方法启动线程并进入就绪状态,为线程分配所需的资源,安排其运行。处于就绪状态的线程意味着它随时都有可能获得 CPU 的使用权。凡是处于就绪状态的线程对象,被视为活动的(Alive),调用 isAlive() 方法测试就绪状态的线程对象时返回 true。

就绪状态并不是运行状态(Running),Java 虚拟机通过调度算法来保证这些线程共享使用 CPU(如抢占式算法等)。

8.3.4 阻塞状态

处于阻塞状态的线程,意味着其失去了竞争 CPU 使用权的资格。线程在以下四种情况下进入阻塞状态:

- 处于运行状态的线程执行了 sleep() 方法,使该线程对象进入睡眠状态;
- 调用 suspend() 方法,该方法会挂起线程对象;
- 为等候一个条件变量,线程对象调用 wait() 方法,使之处于等待状态;
- 输入输出流中发生线程阻塞,也可以使处于就绪状态的线程进入阻塞状态。

对于这 4 种导致线程处于阻塞状态的情况,有特定的方法使线程返回可运行状态。

- 如果线程处于睡眠状态,sleep() 方法的参数为休眠时间,以毫秒为计时单位,当指定时间过后,线程自动切换到就绪状态。
- 如果一个线程被挂起,需调用 resume() 方法来返回。同样,由于 suspend() 方法会导致死锁,从 JDK 1.2 之后,suspend() 方法和 resume() 方法已过时,不推荐使用。
- 如果线程在等待条件变量时停止等待,需要该条件变量所在的对象调用 notify() 或 notifyAll() 方法,那么处于等待状态的线程会返回就绪状态。notify() 方法与 notifyAll() 方法的区别在于,前者仅使指定的线程对象从等待状态切换到就绪状态,而后者则可以让所有处于等待状态的线程切换到就绪状态。
- 如果在 I/O 流中发生线程阻塞,则特定的 I/O 指令将结束这种阻塞状态。

注意: 上述每种方法都仅对相应的情况才有作用,例如,当一个线程睡眠并且睡眠时间还没有结束时,调用 resume() 方法是无效的,并且还会导致异常。

8.3.5 死亡状态

一个线程对象遇到以下 3 种情况,会结束并且进入死亡状态。

- 自然撤销。自然撤销是指从线程的 run() 方法执行完毕后正常退出。
- 强制退出。调用线程的实例方法 stop() 可以强制停止当前线程。由于 stop() 方法可能导致死锁,目前该方法已不推荐使用。
- 线程执行时遇到一个未捕获的异常,线程被终止并且进入死亡状态。

一个处于死亡状态的线程不能再返回到其他状态,JVM 的垃圾回收器会自动清除处于死亡状态的线程对象所占用的系统资源。

8.4 线程调度与控制

Java 提供线程调度器来监控处于就绪状态的所有线程。线程调度器按照线程的优先级决定调度哪些线程执行。一般来说，Java 的线程调度器采用时间片轮转算法使多个线程轮换获得 CPU 的时间片，这样看起来像是多个线程在"并发"运行。

然而，根据实际的应用，每个线程重要程度也不尽相同，有时候想让某些线程优先执行，那么可以设置这些线程的优先级高一些，这样它们获得 CPU 的时间片多一点。同时线程的调度是抢先式的，一般来说，优先级高的线程会优先抢占到 CPU 并得以执行。

多个线程处于就绪状态时，若线程的优先级相同，线程调度器按时间片轮转方式或独占方式来分配线程的执行时间。

8.4.1 线程优先级

在 Java 中线程的优先级是用 1～10 这 10 个数字来表示的，分为以下三个级别。

- 低优先级：一般把数值为 1～4 的称为低优先级，其中，类变量 Thread.MIN_PRIORITY 最低，数值为 1。
- 默认优先级：如果一个线程对象没有指定优先级，默认优先级为 5。默认优先级由类变量 Thread.NORM_PRIORITY 表示。
- 高优先级：一般把数值为 6～10 的称为高优先级，其中，类变量 Thread.MAX_PRIORITY 最高，数值为 10。

具有相同优先级的多个线程，若它们都为高优先级 Thread.MAX_PRIORITY，则每个线程都是独占式的，也就是说，这些线程将被顺序执行；若该优先级不是高优先级，则这些线程将同时执行，也就是说，这些线程的执行是无序的。

线程被创建后，可以用 getPriority() 方法来获得线程的优先级，使用 setPriority(int p) 方法在线程被创建后改变线程的优先级。

【例 8.5】 Example8_05.java

```java
public class Example8_05 extends Thread {
    public static void main(String args[]) {
        PriorityThread p = new PriorityThread();
        Thread min = new Thread(p, "MIN");
        //设置 min 的优先级为 Thread.MIN_PRIORITY
        min.setPriority(Thread.MIN_PRIORITY);
        //norm 的优先级为默认优先级
        Thread norm = new Thread(p, "NORM");
        Thread max = new Thread(p, "MAX");
        //设置 max 的优先级为 Thread.MAX_PRIORITY
        max.setPriority(Thread.MAX_PRIORITY);
        //启动线程
        min.start();
        norm.start();
        max.start();
    }
}
```

```
//定义线程类
class PriorityThread implements Runnable {
    public void run() {
        for (int i = 1; i < 4; i++)
            System.out.println(Thread.currentThread().getName() +
                "循环了：" + i + "次");
    }
}
```

某次运行结果：

```
MAX 循环了：1 次
MAX 循环了：2 次
MAX 循环了：3 次
NORM 循环了：1 次
NORM 循环了：2 次
NORM 循环了：3 次
MIN 循环了：1 次
MIN 循环了：2 次
MIN 循环了：3 次
```

在本例中，实例化了3个不同优先级的线程对象。线程的优先级高并不能保障每次执行时都优先执行，只能认为优先级高的线程对象获得CPU时间片的概率更高一些，它最先运行完毕的可能性也较低优先级的线程对象要大。但这并不意味着每次运行时优先级高的线程对象都会优先运行或者优先执行完毕。

8.4.2 线程休眠

处于运行状态的线程通过调用 sleep() 方法可进入休眠状态，休眠是阻塞状态的一种情形。sleep(long ms) 方法的参数为休眠时间，以毫秒为单位。线程的休眠时间结束后，将自动转换为就绪状态。sleep() 方法声明 InterruptedException 异常，调用时需要处理相关异常。

例 8.6 实现了一个数字时钟，在线程类 DigitalClock 的线程体 run() 方法中定义了一个无限循环，获取当前系统时间并且显示到窗体中。然后让线程休眠1s再获取时间并显示。

【例 8.6】 Example8_06.java

```
import javax.swing.*;
import java.time.LocalTime;
public class Example8_06{
    public static void main(String[] args) {
        DigitalClock dc = new DigitalClock("Time");
        Thread t = new Thread(dc);
        t.start();
    }
}
//定义线程类，该类同时是一个 JFrame 窗体
class DigitalClock extends JFrame implements Runnable{
    JLabel label = new JLabel();
    public DigitalClock(String title){
        super(title);
        this.setBounds(500,300,200,100);
        this.add(label);
```

```
            this.setVisible(true);
            this.setDefaultCloseOperation(JFrame.EXIT_ON_CLOSE);
    }
    @Override
    public void run() {
        while (true) {
            LocalTime time = LocalTime.now();
            String s = time.getHour() + ":" + time.getMinute() +
                    ":" + time.getSecond();
            label.setHorizontalAlignment(JLabel.CENTER);
            //设置标签的文本为当前时间
            label.setText(s);
            try {
                //休眠 1s
                Thread.sleep(1000);
            }catch (InterruptedException e){
                e.printStackTrace();
            }
        }
    }
}
```

运行结果如图 8.3 所示。

DigitalClock 类实现了 Runable 接口，run 方法的循环体获取当前系统时间并使用 JLabel 组件对象显示，然后休眠 1s。本例使用 Swing 的组件如 JFrame、JLabel 等，有关 Swing 的知识在第 9 章详细介绍。

图 8.3　例 8.6 的运行结果

8.4.3　线程让步

线程让步指处于运行状态的线程让出 CPU 使用权，该线程又返回到就绪状态，与其他就绪状态的线程再次去抢夺 CPU 使用权。线程让步通过 yield()方法实现，yield()方法是 Thread 类的一个类方法，作用是将当前线程对象正在执行的权力交给其他线程，当前执行的线程到就绪线程队列的最后等待，若队列空，该方法无效。yield()方法只是让当前线程对象暂停一下，让系统重新调度处于就绪状态的线程对象，完全也有可能调度后执行的还是同一个线程对象。一般来说，重新调度之后与被暂停线程对象优先级相同或者比它优先级高的线程对象获取 CPU 使用权的可能性较大。

【例 8.7】　Example8_07.java

```
public class Example8_07 {
    public static void main(String[] args) {
        YieldThread yt = new YieldThread();
        //创建两个线程
        Thread t1 = new Thread(yt,"线程 A");
        Thread t2 = new Thread(yt,"线程 B");
        //开启两个线程
        t1.start();
        t2.start();
    }
}
```

```
class YieldThread implements Runnable {
    public void run() {
        for (int i = 0; i < 6; i++) {
            System.out.println(Thread.currentThread().getName() +
                "---" + i);
            if (i == 3) {
                System.out.println(Thread.currentThread().getName() +
                    "线程让步");
                Thread.yield();
            }
        }
    }
}
```

某次运行结果：

线程 A---0
线程 B---0
线程 B---1
线程 B---2
线程 B---3
线程 B 线程让步
线程 A---1
线程 A---2
线程 A---3
线程 A 线程让步
线程 A---4
线程 A---5
线程 B---4
线程 B---5

在本程序中的线程体 run()方法中设置了当 i 等于 3 时,暂停当前正在执行的线程,系统调度器重新调度线程。

8.4.4 线程插队

如同现实生活中的"插队",Thread 类提供了 join()方法实现线程插队的功能。当某个线程的执行流调用了 join()方法,调用的线程将被阻塞,直到插队线程执行结束,该线程才会返回到就绪状态。

【例 8.8】 Example8_08.java

```java
public class Example8_08 {
    public static void main(String[] args) {
        JoinThread jh = new JoinThread();
        Thread t1 = new Thread(jh, "1#");
        System.out.println("当前执行的线程为: " +
                Thread.currentThread().getName());
        //实例化 1#线程并启动
        t1.start();
        for (int j = 0; j < 5; j++) {
            System.out.println("main 线程运行了" + j + "次");
            if (j == 2) {
                try {
                    //t1 线程插队
```

```
                t1.join();
                System.out.println("当前执行的线程为: " +
                        Thread.currentThread().getName());
            } catch (InterruptedException e) {
                e.printStackTrace();
            }
        }
    }
}

class JoinThread implements Runnable {
    public void run() {
        System.out.println("开始执行: " +
                Thread.currentThread().getName() + "线程");
        for (int i = 1; i < 6; i++) {
            System.out.println(Thread.currentThread().getName() +
                    "运行了" + i + "次");
        }
        System.out.println(Thread.currentThread().getName() +
                "线程执行完毕");
    }
}
```

某次运行结果：

```
当前执行的线程为: main
main 线程运行了 0 次
main 线程运行了 1 次
main 线程运行了 2 次
开始执行: 1# 线程
1# 运行了 1 次
1# 运行了 2 次
1# 运行了 3 次
1# 运行了 4 次
1# 运行了 5 次
1# 线程执行完毕
当前执行的线程为: main
main 线程运行了 3 次
main 线程运行了 4 次
```

8.4.5 线程中断

Thread 类提供了 interrupt() 方法，用来中断正在运行的线程对象，同时还提供了 interrupted() 方法和 isInterrupted() 两个方法用来判断线程是否已经中断。

【例 8.9】 Example8_09.java

```
public class Example8_09 implements Runnable {
    private double d = 0.0;
    public void run() {
        try {
            //检查程序是否发生中断
            while (!Thread.interrupted()) {
                System.out.println("I am running!");
```

```java
                    //让线程休眠 20ms
                    Thread.sleep(20);
                    //线程计算数据
                    System.out.println("Calculating...");
                    for (int i = 0; i < 100000; i++) {
                        d = d + (Math.PI + Math.E) / d;
                    }
                }
            } catch (InterruptedException e) {
                System.out.println("Exited by Exception");
            }
            System.out.println("run() of t is interrupted!");
        }

        public static void main(String[] args) throws Exception {
            //将任务交给一个线程执行
            Thread t = new Thread(new Example8_09());
            t.start();
            //运行一段时间中断线程
            Thread.sleep(100);
            System.out.println("****************************");
            System.out.println("Interrupted Thread!");
            System.out.println("****************************");
            //使用 interrupt()方法中断线程
            t.interrupt();
        }
    }
```

运行结果:

```
I am running!
Calculating...
I am running!
Calculating...
I am running!
Calculating...
I am running!
Calculating...
I am running!
****************************
Interrupted Thread!
****************************
Exited by Exception
run() of t is interrupted!
```

本例 main()方法实例化了线程对象 t 并启动了它，然后调用 sleep()方法让主线程 main 休眠 100ms，此后的 100ms 线程对象 t 获得了 CPU 的使用权，并运行其线程体。100ms 之后，主线程又重新和线程对象 t 抢占 CPU 使用权，一旦主线程获得了 CPU 的使用权，它会继续向下运行 main()方法的后续代码，即调用 interrupt()方法中断线程对象 t。然而，如果只使用 interrupt()方法中断线程，但程序仍会继续运行，如果不强制结束，程序将一直运行下去。因此需要使用 interrupted()方法判断中断是否已经发生，如已经发生中断，它会清除中断标志。程序把 interrupt()和 interrupted()方法结合起来使用，从而能够正常地中断程序的运行。

注意：interrupt()、interrupted()和isInterrupted()方法的区别在于：interrupt()方法用于中断某一个正在执行的线程对象；而interrupted()方法用于使用interrupt()方法之后判断该线程对象是否已经中断，若已经中断它会清除中断标志；isInterrupted()方法也是判断线程对象是否已经中断，但它不会清除中断标志。并且interrupted()方法是类方法，而isInterrupted()方法是实例方法。

interrupt()方法不会中断一个正在运行的线程对象。该方法实际的功能是：在线程受到阻塞时抛出一个中断信号，使线程得以退出阻塞状态。如果线程对象被wait()、join()和sleep()等方法阻塞，那么，该线程对象将接收到一个中断异常（InterruptedException），从而提前终结阻塞状态。因此，如果线程对象被上述几种方法阻塞，一般正确停止线程的方式是设置共享变量，并调用interrupt()方法（注意应该先设置变量）。如果线程没有被阻塞，调用interrupt()将不起作用；否则，线程将产生异常（线程必须事先预备好处理此状况），接着逃离阻塞状态。在任何一种情况下，线程对象首先都将检查共享变量然后再停止。

8.5 线程同步

程序开发中引入多线程机制，极大提高了CPU等资源的利用率，简化了复杂场景下的程序设计。但多线程在资源竞争过程中也会出现一些副作用，如死锁、读脏数据等。

以读脏数据为例，多个线程同时读写共享数据时，很容易出现数据不一致的情况。在这种情况下，每个线程就必须要考虑与它一起共享数据的其他线程的状态与行为，否则无法保证共享数据的一致性，从而造成程序执行结果有误。

8.5.1 多线程引发的问题

多线程并发执行并且这些线程共享数据时，会引起数据的不一致，形成"脏数据"。下面以银行存取款为例演示多线程共享数据容易引发的问题。

【例8.10】 Example8_10.java

```
/**
 * 程序的主类
 */
public class Example8_10 {
    public static void main(String[] args) {
        Bank bank = new Bank("0001", 2000);
        //实例化并启动两个线程对象
        for (int i = 0; i < 2; i++) {
            new Operation(i + "#", bank, 1200).start();
        }
    }
}

/**
 * 线程类,实现了同步存取款操作
 */
class Operation extends Thread {
    //银行账号
    Bank bank;
    //操作金额
```

```java
        double mount;
        public Operation(String name) {
            super(name);
        }
        public Operation(String name, Bank bank, double mount) {
            super(name);
            this.bank = bank;
            this.mount = mount;
        }
        public void run() {
            //取款操作
            bank.withdrawal(mount);
            //bank.deposite(mount);
        }
    }

/**
 * 银行账号类
 */
class Bank {
    //余额
    private double balance;
    //账号
    private String account;
    public Bank() {
    }
    public Bank(String a, double b) {
        setAccount(a);
        balance = b;
    }
    /**
     * 获取余额
     *
     * @return balance
     */
    public double getBalance() {
        return balance;
    }
    public void setBalance(double b) {
        this.balance = b;
    }
    public void setAccount(String account) {
        this.account = account;
    }
    public String getAccount() {
        return account;
    }
    /**
     * 存钱
     *
     * @param dAmount 存款金额
     */
    public void deposite(double dAmount) {
        this.setBalance(this.getBalance() + dAmount);
        System.out.println("存款" + dAmount + "元,当前余额为:" + this.
```

```java
                    getBalance() + "元。");
        }
        /**
         * 取款
         *
         * @param dAmount 取款金额
         */
        public void withdrawal(double dAmount) {
            if (this.getBalance() >= dAmount) {
                System.out.println(Thread.currentThread().getName() +
                        "取款成功!请取走您的现金:" + dAmount + "元");
                this.setBalance(this.getBalance() - dAmount);
                System.out.println("当前余额为:" + this.getBalance() + "元。");
            } else {
                System.out.println("余额不足");
            }
        }
    }
```

某次运行结果:

```
1#取款成功!请取走您的现金:1200.0元
当前余额为:800.0元。
0#取款成功!请取走您的现金:1200.0元
当前余额为:-400.0元。
```

本例定义 3 个类:银行业务类 Bank、线程操作类 Operation 和主类 Example8_10,其中,Bank 类是定义银行账户信息及存钱和取钱方法;Operation 类是线程类,模拟取钱操作;BankOperation 是主类,在其 main()方法中创建并启动两个线程对象。

运行结果显然不符合实际情况,从一个银行账号(余额为 2000 元)连续取钱两次,每次均取款 1200 元,正常情况下应该是当进行第 2 次取款操作时,系统应判定余额不足,然后拒绝取款操作。然而运行结果并非如此,原因在于多个线程同时操作银行余额(balance 变量),并发操作导致把 balance 变量读脏所致。相似的情形很多,如栈的出栈和进栈操作等。解决这类问题的方法是使用线程的同步机制,将访问共享数据(如 balance 变量)的代码加上"锁",同一时刻只允许一个线程访问加锁的代码。

8.5.2 使用 synchronized 关键字实现线程同步

Java 引入"对象互斥锁"的概念(又称为监视器)来实现不同线程对共享数据操作的同步。"对象互斥锁"不允许多个线程对象同时访问同一个条件变量,实质上,是把多个线程对象并行的访问共享数据改为串行的访问数据,即同一时刻最多只有一个线程对象访问共享数据。

Java 提供了使用 synchronized 关键字实现线程同步的,包括两种用法:synchronized 修饰方法和 synchronized 修饰程序块。

1. synchronized 修饰方法

通过在方法声明中加入 synchronized 关键字来声明 synchronized 方法,以例 8.10 中的 withdrawal()方法为例,使用 synchronized 的语法格式如下。

```java
public synchronized void withdrawal(double dAmount){方法体}
```

synchronized 方法控制对类成员变量的访问：每个类实例对应一把锁，类实例需获得调用 synchronized 方法的锁方能执行该方法，否则所属线程阻塞；该方法一旦执行，就独占该锁，直到从该方法返回时才将锁释放，此后被阻塞的线程方能获得该锁，重新进入可执行状态。这种机制确保了同一时刻对于每一个类实例，其所有声明为 synchronized 的方法中至多只有一个处于可执行状态(因为至多只有一个能够获得该类实例对应的锁)，从而有效避免了类成员变量的访问冲突。

对例 8.10 的 Bank 类存款与取款方法改进如下。

```java
//存款
public synchronized void deposite(double dAmount) {
    this.setBalance(this.getBalance() + dAmount);
    System.out.println("存款" + dAmount + "元,当前余额为: " + this.
        getBalance() + "元。");
}
//取款
public synchronized void withdrawal(double dAmount) {
    if (this.getBalance() >= dAmount) {
        System.out.println(Thread.currentThread().getName() +
            "取款成功!请取走您的现金: " + dAmount + "元");
        this.setBalance(this.getBalance() - dAmount);
        System.out.println("当前余额为: " + this.getBalance() + "元。");
    } else {
        System.out.println("余额不足");
    }
}
```

改进后的程序运行结果如下。

```
0#取款成功!请取走您的现金: 1200.0 元
当前余额为: 800.0 元。
余额不足
```

synchronized 方法的缺陷是若声明为 synchronized 的方法,若方法体较为庞大,将会大大影响效率,因为执行时同步的整个方法将独占资源,其他线程只能等待。

2. synchronized 修饰程序块

通过 synchronized 关键字来声明 synchronized 程序块。语法格式如下。

```
synchronized(lock)
{
    //允许访问控制的代码
}
```

同步程序块必须获得对象的锁方能执行,具体机制同前所述。由于可以针对任意代码块,且可任意指定上锁的对象,故灵活性较高。

下面是对银行类的修改,由原来 synchronized 修饰的方法改为修饰程序块,具体如下。

【例 8.11】 Example8_11.java

```java
public class Example8_11 {
    public static void main(String[] args) {
        Banks bank = new Banks("0001", 2000);
        //实例化并启动两个线程对象
        for (int i = 0; i < 2; i++) {
```

```java
                new Operations(i + "#", bank, 1200).start();
        }
    }
}

/**
 * 线程类,实现了同步存取款操作
 */
class Operations extends Thread {
    //银行账号
    Banks bank;
    //操作金额
    double mount;
    public Operations(String name) {
        super(name);
    }
    public Operations(String name, Banks bank, double mount) {
        super(name);
        this.bank = bank;
        this.mount = mount;
    }
    public void run() {
        //取款操作
        synchronized (bank) {
            if (bank.getBalance() >= mount) {
                System.out.println(Thread.currentThread().getName() +
                        "取款成功!请取走您的现金: " + mount + "元");
                bank.setBalance(bank.getBalance() - mount);
                System.out.println("当前余额为: " + bank.getBalance() + "元。");
            } else {
                System.out.println("余额不足");
            }
        }
    }
}

/**
 * 银行业务类
 */
class Banks {
    //余额
    private double balance;
    //账号
    private String account;
    public Banks() {
    }
    public Banks(String a, double b) {
        setAccount(a);
        balance = b;
    }
    /**
     * 获取余额
     *
     * @return balance
```

```java
     */
    public double getBalance() {
        return balance;
    }
    public void setBalance(double b) {
        this.balance = b;
    }
    public void setAccount(String account) {
        this.account = account;
    }
    public String getAccount() {
        return account;
    }
    /**
     * 存钱
     * @param dAmount 存款金额
     */
    public synchronized void deposite(double dAmount) {
        this.setBalance(this.getBalance() + dAmount);
        System.out.println("存款" + dAmount + "元,当前余额为: " +
            this.getBalance() + "元。");
    }
}
```

本例修改银行业务类 Banks,在 run()方法中使用 synchronized 对实现取款操作的程序块进行了同步操作,特别是对共享变量 bank 进行控制,任何线程对象必须获得 bank 变量的锁方能访问被同步的程序块,从而实现了多个线程对象安全地访问共享数据。

8.6 线程通信

多个线程同时被阻塞,它们中的一个或者全部都在等待某个资源被释放,而该资源又被其他线程锁定,从而导致每一个线程都要等其他线程释放其锁定的资源,造成了所有线程都无法正常结束。导致死锁的原因比较多,主要归纳为以下几种原因。

- 互斥使用,当资源被一个线程使用时,其他线程不能使用。
- 不可抢占,资源请求者不能强制从资源占有者手中夺取资源,资源只能由资源占有者主动释放。
- 请求和保持,当资源请求者在请求其他资源的同时保持对原有资源的占有。
- 循环等待,存在一个等待队列,形成了一个等待环路。

程序设计时要极力避免死锁,那么线程间通信协同工作是避免死锁的重要前提。线程间的通信通常使用的方式有:通过访问共享变量的方式和使用管道流方式。

8.6.1 使用共享变量实现线程间通信

仍以银行存款取款操作为例,假如家长作为存款线程,学生为取款线程。学生和家长对同一银行账号进行取款和存款操作。银行账号中有足够余额时,家长线程暂停向银行账号存款,并通知学生线程可以取款;当余额不足时,学生线程暂停取款并通知家长线程存款。我们设置一个布尔型的变量 money,当 money 为 true 时,表明该银行账号有余额,此时学生线程处于就绪状态,家长线程阻塞;反之,当 money 为 false 时表明该银行账号余额不足,学生线程需要变换为阻塞状态,家长线程为就绪状态。

【例 8.12】 Example8_12.java

```java
/**
 * 主类
 */
public class Example8_12 {
    public static void main(String[] args) {
        MyBank bank = new MyBank("0002", 0);
        //实例化取款线程和存款线程
        StudentThread wt = new StudentThread("取款者", bank, 2000);
        ParentThread dt = new ParentThread("存款者", bank, 2000);
        //启动线程
        wt.start();
        dt.start();
    }
}
/**
 * 学生线程,模拟取款,在本线程中实现 10 次取款操作
 */
class StudentThread extends Thread {
    MyBank bank;
    double mount;
    public StudentThread(String name, MyBank bank, double dAmount) {
        super(name);
        this.bank = bank;
        this.mount = dAmount;
    }
    public void run() {
        for (int i = 0; i < 3; i++) {
            try {
                bank.withdrawal(mount);
                Thread.sleep(500);
            } catch (InterruptedException e) {
                e.printStackTrace();
            }
        }
    }
}
/**
 * 家长线程,模拟存款,在本线程中实现 10 次存款操作
 */
class ParentThread extends Thread {
    MyBank bank;
    double mount;
    public ParentThread(String name, MyBank bank, double dAmount) {
        super(name);
        this.bank = bank;
        this.mount = dAmount;
    }
    public void run() {
        for (int i = 0; i < 3; i++) {
            try {
```

```java
                        bank.deposite(mount);
                        Thread.sleep(500);
                    } catch (InterruptedException e) {
                        e.printStackTrace();
                    }
                }
            }
        }
    }

    /**
     * 银行账号类
     */
    class MyBank {
        //余额
        private double balance;
        //账号
        private String account;
        //银行账号中是否有钱标志,初始为false
        private boolean money = false;
        public MyBank() {
        }
        public MyBank(String a, double b) {
            setAccount(a);
            balance = b;
        }
        /**
         * 获取余额
         * @return balance
         */
        public double getBalance() {
            return balance;
        }
        public void setBalance(double b) {
            this.balance = b;
        }
        public void setAccount(String account) {
            this.account = account;
        }
        public String getAccount() {
            return account;
        }
        /**
         * 存钱
         * @param dAmount 存款金额
         * @throws InterruptedException
         */
        public synchronized void deposite(double dAmount) throws InterruptedException {
            //如果账号中有钱,暂停本线程
            if (money) {
                wait();
            }
            //否则进行存款操作
            else {
                this.setBalance(this.getBalance() + dAmount);
                System.out.println(Thread.currentThread().getName() + "存款" +
                        dAmount + "元,当前余额为: " + this.getBalance() + "元。");
```

```java
            money = true;
            notifyAll();
        }
    }
    /**
     * 取款
     * @param dAmount 取款金额
     * @throws InterruptedException
     */
    public synchronized void withdrawal(double dAmount) throws InterruptedException {
        //如果money为false,即银行账号中没钱,暂停本线程
        if (!money) {
            wait();
        }
        //否则进行取款操作
        else {
            if (this.getBalance() >= dAmount) {
                System.out.print(Thread.currentThread().getName() +
                        "取款成功!请取走您的现金: " + dAmount + "元。");
                this.setBalance(this.getBalance() - dAmount);
                System.out.println("当前余额为: " + this.getBalance() + "元。");
            }
            if (this.getBalance() <= 0) {
                money = false;
                notifyAll();
            }
        }
    }
}
```

某次运行结果片段:

存款者存款 2000.0 元,当前余额为: 2000.0 元。
取款者取款成功!请取走您的现金: 2000.0 元。当前余额为: 0.0 元。
存款者存款 2000.0 元,当前余额为: 2000.0 元。
取款者取款成功!请取走您的现金: 2000.0 元。当前余额为: 0.0 元。
存款者存款 2000.0 元,当前余额为: 2000.0 元。

本例定义了 4 个类:银行账号类 MyBank、取款线程类 StudentThread、存款 ParentThread 和主类 Example8_12。其中,MyBank 类主要实现银行账号的存取款操作,并声明一个共享变量 money,表示当前账号中是否有钱。同时,由于两个线程对象都要操作 balance 变量,因此存款方法 withdrawal() 和取款方法 deposite() 都声明为同步方法。StudentThread 类在其线程体 run() 方法中模拟 10 次取款操作,而 ParentThread 类在其线程体 run() 方法中模拟 10 次存款操作。

在本例中 MyBank 类中的 deposite() 方法中如果 money 为 true,则调用 wait() 方法使线程进入等待状态,否则,若 money 为 false,则进行存款操作并修改 money 为 true,然后调用 notifyAll() 方法通知处于等待状态的线程进入就绪状态,实质上,notifyAll() 方法通知的是处于等待状态的取款线程;withdrawal() 方法正好与 deposite() 方法相反。

注意:使用 wait() 方法会抛出 InterruptedException 异常,需要对其捕获。另外,wait() 方法使线程处于等待状态,而要使处于等待状态的线程切换到就绪状态,必须使用 notify() 或 notifyAll() 方法。wait()、notify() 和 notifyAll() 方法必须在同步方法或同步代码块中被调用。

8.6.2 使用管道流实现线程间通信

管道流可以连接两个线程间的通信,一个线程发送数据到输出管道,另一个线程从输入管道读出数据。通过使用管道流,达到实现多个线程间通信的目的。

一旦创建并连接了管道流对象,就可以利用多线程的通信机制对磁盘中的文件通过管道流进行数据的读写,从而使多线程应用程序在实际应用中发挥更大的作用。下面的例子有两个线程在运行,一个写线程向管道流中输出信息,一个读线程从管道流中读入信息。

【例 8.13】 Example8_13.java

```java
import java.io.*;
public class Example8_13 {
    public static void main(String[] args) {
        PipedInputStream in;
        PipedOutputStream out;
        //建立管道流,并启动线程对象
        try {
            out = new PipedOutputStream();
            in = new PipedInputStream(out);
            new WriterThread(out).start();
            new ReaderThread(in).start();
        } catch (IOException e) {
            e.printStackTrace();
        }
    }
}
/**
 * 写数据线程
 */
class WriterThread extends Thread {
    //将数据输出
    private PipedOutputStream pos;
    private String data[] = {"how", "are", "you", "today?"};
    public WriterThread(PipedOutputStream o) {
        pos = o;
    }
    public void run() {
        PrintStream p = new PrintStream(pos);
        for (int i = 0; i < data.length; i++) {
            p.println(data[i]);
            p.flush();
            System.out.println("线程写数据:" + data[i]);
        }
        p.close();
        p = null;
    }
}
/**
 * 读数据线程
 */
class ReaderThread extends Thread {
    //从中读数据
    private PipedInputStream pis;
```

```java
    public ReaderThread(PipedInputStream i) {
        pis = i;
    }
    public void run() {
        String line;
        BufferedReader d;
        boolean reading = true;
        d = new BufferedReader(new InputStreamReader(pis));
        while (reading && d != null) {
            try {
                line = d.readLine();
                if (line != null) System.out.println("线程读数据:" + line);
                else reading = false;
            } catch (IOException e) {
            }
        }
        try {
            Thread.currentThread();
            Thread.sleep(4000);
        } catch (InterruptedException e) {
        }
    }
}
```

运行结果：

线程写数据:how
线程写数据:are
线程写数据:you
线程写数据:today?
线程读数据: how
线程读数据: are
线程读数据: you
线程读数据: today?

在本例中，定义了 3 个类，分别是向管道流中写数据的 WriterThread 线程类、从管道流中读数据的 ReaderThread 线程类以及主类 Example8_13。其中，在 WriterThread 类中声明了 PipedOutputStream 类型的成员变量 pos，并且把 pos 作为过滤流 PrintStream 的节点流使用，然后把字符数组 data 中的各元素写入管道流中；在 ReaderThread 类中，声明了 PipedInputStream 类型的成员变量 pis，并且把 pis 作为过滤流 BuffedReader 的节点流使用，然后读取管道流中的数据；最后，主类中建立并连接了管道流对象，然后启动两个线程对象，从而通过管道流实现了这两个线程对象之间传送数据。

8.7 守护线程

线程可以分为两类：用户线程和守护线程（又叫后台线程）。前面介绍的线程均属于用户线程，用于完成某些用户指定的工作。守护线程是为其他线程提供服务的线程，它一般应该是一个独立的线程，它的 run()方法是一个无限循环。通常，守护线程用来监视其他线程的运行情况，也可以处理一些相对不太紧要的任务。守护线程配合其他线程一起完成特定的功能，如在客户机/服务器模式下，服务器的作用是持续等待用户发来请求，并按请求完成客户的工作,实质上,服务器的这个作用主要是通过使用守护线程来完成的。

Thread类提供了isDaemon()和setDaemon()方法,可以用isDaemon()方法确定一个线程是否守护线程,也可以用setDaemon()方法来设定一个线程为守护线程。

【例8.14】 Example8_14.java

```java
import java.io.BufferedReader;
import java.io.IOException;
import java.io.InputStreamReader;
public class Example8_14 extends Thread {
    public Example8_14(String name) {
        super(name);
    }
    public void run() {
        for (int i = 0; i < 10; i++) {
            //判断是否是守护线程
            if (this.isDaemon()) {
                System.out.println(this.getName() +
                    "是守护线程,并且运行了" + i + "次");
            } else {
                System.out.println(this.getName() +
                    "是用户线程,并且运行了" + i + "次");
            }
        }
    }
    public static void main(String[] args) {
        System.out.print("请输入Y或N用来设置是否为守护线程: ");
        BufferedReader br = new BufferedReader(new InputStreamReader
            (System.in));
        String s = null;
        Example8_14 dtd = new Example8_14("Daemon");
        try {
            s = br.readLine();
        } catch (IOException e) {
            e.printStackTrace();
        }
        if (s.endsWith("Y"))
            //设置为守护线程
            dtd.setDaemon(true);
        else
            dtd.setDaemon(false);
        dtd.start();
    }
}
```

运行结果:

请输入Y或N用来设置是否为守护线程: Y

在本例中,通过使用setDaemon()设置一个线程是否为守护线程,如果参数为true为守护线程,否则为用户线程。需要注意的是,必须在线程启动之前调用setDaemon()方法。使用isDaemon()方法可以用来判断一个线程是否守护线程。

注意:守护线程与其他线程的区别:如果守护线程是唯一运行着的线程,程序会自动退出,即守护线程不影响程序的正常退出;守护线程一般不用来执行关键任务,只做一些辅助性的工作。

8.8 线程组

所有线程都隶属于一个线程组（ThreadGroup），可以是一个默认线程组，也可以是一个创建线程时具体指定的线程组。把若干线程放到线程组中，便于对线程统一管理。例如，线程组调用 interrupt() 方法，相当于该线程组中的所有线程都调用 interrupt() 方法。表 8.2 列出 ThreadGroup 类的构造方法和主要方法。

表 8.2　ThreadGroup 类的构造方法和主要方法

方 法 名	作 用
ThreadGroup(String name)	构造一个名称为 name 的新线程组
ThreadGroup(ThreadGroup parent, String name)	构造一个指定父线程组和名称的新线程组
int activeCount()	线程组下的所有活动线程数（递归）
int activeGroupCount()	返回此线程组中活动线程组（递归）
int enumerate(ThreadGroup[] list)	线程组下的所有活动线程数（递归）
final void destroy()	销毁此线程组及其所有子组
final int getMaxPriority()	返回此线程组的最高优先级
final boolean isDaemon()	测试此线程组是否为一个守护线程组
final ThreadGroup getParent()	返回此线程组的父线程组
final String getName()	返回此线程组的名称

创建一个线程加入到指定的线程组，可以使用线程类的以下构造方法。
- Thread(ThreadGroup group, String name)
- Thread(ThreadGroup group, Runnable target)
- Thread(ThreadGroup group, Runnable target, String name)

下面是一个创建线程并加入到指定线程组及 ThreadGroup 类常见方法的例子。

【例 8.15】　Example8_15.java

```
public class Example8_15 {
    public static void main(String[] args) {
        //获得当前的线程组，即默认线程组 main
        ThreadGroup sys = Thread.currentThread().getThreadGroup();
        sys.list(); //(1)
        //设置线程组优先级为 9
        sys.setMaxPriority(Thread.MAX_PRIORITY - 1);
        //设置 main 线程的优先级加 1
        Thread curr = Thread.currentThread();
        curr.setPriority(curr.getPriority() + 1);
        sys.list(); //(2)
        //创建一个新线程组 group
        ThreadGroup group = new ThreadGroup("测试线程组");
        group.setMaxPriority(Thread.MAX_PRIORITY);
        //创建线程对象 t 并添加到线程组 group
        Thread t = new Thread(group, "A");
        t.setPriority(Thread.MAX_PRIORITY);
        group.list(); //(3)
        //设置 group 的优先级为 8
        group.setMaxPriority(Thread.MAX_PRIORITY - 2);
```

```
            group.setMaxPriority(Thread.MAX_PRIORITY);
            group.list(); //(4)
            //向线程组 group 中添加 t
            t = new Thread(group, "B");
            t.setPriority(Thread.MAX_PRIORITY);
            group.list(); // (5)
            System.out.println("启动所有线程: ");
            //创建一个线程数组,长度为 sys 的活动线程数
            Thread[] all = new Thread[sys.activeCount()];
            //把当前线程组 sys 中的所有活动线程加入到数组 all 中
            sys.enumerate(all);
            //遍历数组,并启动数组中的各元素
            for (int i = 0; i < all.length; i++) {
                if (!all[i].isAlive())
                    all[i].start();
            }
            System.out.println("线程均已启动!");
        }
    }
```

运行结果：

```
java.lang.ThreadGroup[name = main, maxpri = 10]
    Thread[main, 5, main]
    Thread[Monitor Ctrl - Break, 5, main]
java.lang.ThreadGroup[name = main, maxpri = 9]
    Thread[main, 6, main]
    Thread[Monitor Ctrl - Break, 5, main]
java.lang.ThreadGroup[name = 测试线程组, maxpri = 9]
java.lang.ThreadGroup[name = 测试线程组, maxpri = 9]
java.lang.ThreadGroup[name = 测试线程组, maxpri = 9]
启动所有线程:
线程均已启动!
```

本例首先获得当前默认的线程组 main,并设置 main 线程组的优先级为 9;然后设置当前的线程 main 主线程的优先级加 1(即从默认优先级 5 加 1 后变为 6);接着又创建线程名为 A 和 B 的两个线程并加入到线程组 group 中,最后通过 enumerate()方法获得所有处于活动状态的线程并启动它们。程序中使用 list()方法将线程组的信息输出到控制台上。

8.9 思政案例：苏炳添,中国速度!

在 2020 东京奥运会上,代表着"中国速度"的苏炳添于 2021 年 8 月 1 日晚在东京奥林匹克体育场,在 100 米半决赛中跑出 9 秒 83,成功晋级男子百米决赛,同时创造了新的亚洲纪录,成为第一位闯入奥运百米决赛的黄种人。

作为中国短跑的领军人物,32 岁的苏炳添一直在挑战自我,努力创造属于中国的奇迹。在随后进行的东京奥运会男子 4×100 米接力决赛中,联袂谢震业、吴智强、汤星强以 37 秒 79 的成绩取得第四名。2022 年 2 月 28 日,国际体育仲裁法庭判决英国田径运动员违反了反兴奋剂规则取消奖牌,中国男力接力队递补获得铜牌,这个成绩追平了该项目的国家纪录和奥运会最好成绩。众所周知,接力跑是田径比赛中唯一的集体项目,而男子 4×100 米接

力赛代表着一个国家在男子短跑领域的综合实力,不仅要求一个国家在短跑领域有足够的人才储备且水平出众,还要求团队成员配合默契,技术稳定。

接力比赛中,持棒队员要在规定区域内将接力棒传递给下一位接力者,在比赛中间只能有一名队员在其规定棒次比赛,且每位队员有且只有一次接力机会。这就像四个线程在执行任务,且在任何一个时间段内只能有一个线程在运行状态,其他线程处于阻塞状态。线程间还必须使用同步机制,保证线程在其"100 米"比赛过程中不被其他线程中断。

本案例定义了一个 Runner 类模拟接力比赛,实现接力跑队员从接棒到完成自己的 100 米比赛的过程。四个线程共享操作总跑步距离变量 num。在主类 Example8_16 中创建了四个线程对象(队员),并启动这四个线程进入"比赛"状态。

【例 8.16】 Example8_16.java

```java
import java.util.Random;
public class Example8_16 {
    public static void main(String[] args) {
        Runner runner = new Runner();
        Thread su = new Thread(runner,"Su Bingtian");
        Thread wu = new Thread(runner,"Wu Zhiqiang");
        Thread xie = new Thread(runner,"Xie Zhenye");
        Thread tang = new Thread(runner,"Tang Xingqiang");
        su.start();
        wu.start();
        xie.start();
        tang.start();
    }
}

//接力赛跑的线程,实现 Runnable
class Runner implements Runnable {
    //模拟跑步长度为 400 米,四名"队员"(线程)共享操作该变量
    static int num = 400;
    private String thread;
    Object lock = new Object();
    public void run() {
        while (true) {
            synchronized (lock) {
                if (num == 0) {
                    break;
                }
                thread = Thread.currentThread().getName();
                num--;
                try {
                    //开始 100 米接力
                    if (num % 100 == 1) {
                        System.out.println(thread + "拿到了接力棒……");
                        //模拟该队员跑步用时
                        int time = new Random().nextInt(10000);
                        Thread.sleep(time);
                    }
                    //完成 100 米比赛
                    if (num % 100 == 0) {
                        System.out.println(thread + "完成 100 米了跑接力!");
```

```
                        return;
                    }
                } catch (InterruptedException e) {
                }
            }
        }
    }
}
```

某次运行结果：

Tang Xingqiang 拿到了接力棒……
Tang Xingqiang 完成 100 米了跑接力！
Xie Zhenye 拿到了接力棒……
Xie Zhenye 完成 100 米了跑接力！
Su Bingtian 拿到了接力棒……
Su Bingtian 完成 100 米了跑接力！
Wu Zhiqiang 拿到了接力棒……
Wu Zhiqiang 完成 100 米了跑接力！

中国男子田径队不畏强手，不惧"宿命论"，勤奋训练，顽强拼搏，通力协作，创造了令世人瞩目的中国速度。他们的这种精神也激励我们青年一代，在平凡的岗位上努力奋斗，精诚配合，争创一流业绩！

小结

本章首先介绍线程的基本概念，线程实质上是程序的执行流，通过多线程实现并发操作，从而提高 CPU 的利用率。然后，介绍了实现线程的两种方法：实现 Ruannable 接口和继承 Thread 类。Thread 类是 java.lang 包中定义的类，Thread 类提供 3 种类型的方法：分别是有关线程属性的方法如 getName()、setPriority()等，线程生命周期的设置如 sleep()方法等以及线程体 run()方法。当新线程被启动时，Java 运行系统调用该线程的 run()方法，它是 Thread 的核心。其次，介绍线程生命周期，线程生命周期包括 5 个基本状态：创建、就绪、运行、阻塞和死亡。再次，线程间的通信方式有两种：管道流和共享变量。多个线程竞争资源时，需要用同步的方法协调资源。使用 synchronized 的关键字设定同步区，从而保证共享数据的一致性。多个线程中执行时既可能竞争资源，又需要相互合作，使用 wait()和 notify()/notifyAll()方法起到协调作用，使多个线程协同工作。需要注意的是，wait()和 notify()/notifyAll()方法必须放在同步区中。最后，介绍了守护线程和线程组。使用 setDaemon()方法可以设置一个线程对象为守护线程，使用 isDaemon()方法用于判断线程对象是否为守护线程。Java 还提供了线程组 ThreadGroup 用于管理多个线程对象。

第 9 章

Java GUI 编程

图形用户界面(Graphical User Interface,GUI)是以图形界面的形式实现人机交互的方式,与早期以命令行方式操作计算机相比,图形用户界面在视觉上更容易接受、更简单直观,图形用户界面设计的优劣直接影响到应用软件的易用性。Java 自 JDK 1.0 就提供了 AWT (Abstract Window Toolkit,抽象窗体工具包),但是 AWT 并不是完全面向对象的,对图形方面的支持也不尽如人意,从 JDK 1.2 开始又提供了 Swing 类包。本章将重点讲解布局管理、Swing 组件,以及事件处理机制等。

本章要点
- GUI 概述;
- 容器;
- 布局管理;
- Swing 常用控件;
- 事件处理机制。

9.1 GUI 概述

组件是面向对象思想和现代软件工程发展的产物,组件集成了一定的功能模块,提供了公用接口以便外部调用,具有良好的可重用性。Java Swing 类库中提供了丰富的组件,如按钮、菜单、列表框等。容器也是一种特殊的组件,Java 中的容器包括 Frame、Dialog、Panel 等。容器中可以放置其他组件,并且通过布局管理器(Layout Manager)管理容器中各组件的位置。

每个组件都会触发动作事件,Java 中不同的事件由不同的监听器(Listener)处理,组件是事件源,而监听器主要用来监听来自指定事件源产生的动作事件。

JDK 1.0 提供了一个基本的 GUI 类库即 AWT,基于跨平台的考虑,希望可以兼顾 Windows 和 UNIX/Linux 等操作系统,以便在所有平台上都能运行,因此,AWT 只提供了最基本的图形组件。但是,在实际的应用中,AWT 设计的 GUI 出现了一些问题:如使用 AWT 设计的图形用户界面视觉效果较差,缺乏个性化风格;另外,由于要兼顾各种操作系统,AWT 只能抽取所有操作系统共同的元素,所以它以牺牲程序的运行速度来换取跨平台。

Swing 是一个具有丰富组件的 GUI 工具包,它是组成 JFC(Java Foundation Classes, Java 基础类库)的核心部分,它的层次结构如图 9.1 所示。Swing 以 AWT 为基础,与 AWT 相比,它是一个轻量级的组件集。Swing 组件替换了大部分 AWT 组件,是 AWT GUI 设计与编程的有益补充和加强。Swing 以面向对象的方法实现了一个跨平台的 GUI 工具集,提供了各种用于 GUI 设计的标准组件,大致上可以将这些类归纳为四类:图形界面组件,事件处理对象,图形和图像工具,布局管理器。

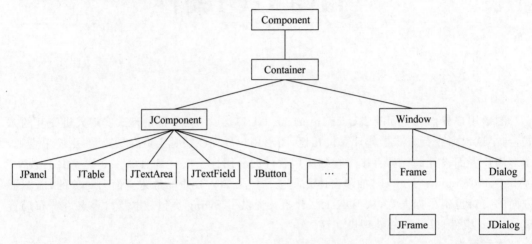

图 9.1　Swing 组件的层次结构

所有 AWT 编程相关的类都在 java.awt 包及其子包中,java.awt 及子包中包含一个完整的类集以支持 GUI 程序的设计。Swing 包含在 javax.swing 包中,Swing 为几乎所有的 AWT 组件提供了对应的实现。一般来说,区分 AWT 组件与 Swing 组件的重要标志就是 Swing 组件是以对应的 AWT 组件名称前加上字母 J,如 AWT 中按钮类为 Button,而对应 Swing 中则为 JButton。

9.2　容器

在 GUI 程序设计中,最基本的元素就是组件(Component,也称为控件),如按钮、菜单、文本框等,这些常见的组件位于组件包 java.awt.Component 中。容器(Container)也是组件包中特殊的组件,其他组件必须放置在容器中。容器对象可以调用 Component 类的所有方法,表 9.1 列出了 Component 类的常用方法。

表 9.1　java.awt.Component 类的常用方法

方　法　名	说　　明
public void add(PopupMenu popup)	向该组件中添加弹出式菜单 popup
public String getName()	获得组件的名称
public int getX()	返回组件原点的当前 x 坐标
public int getY()	返回组件原点的当前 y 坐标
public int getWidth()	返回组件的当前宽度
public int getHeight()	返回组件的当前高度

续表

方 法 名	说 明
public void setBounds(int x, int y,int width, int height)	设置组件的大小和位置
public void setName(String name)	设置组件的名称为 name
public void setLocation(int x, int y)	设置组件的位置
public void setSize(int width, int height)	调整组件的大小
public void setVisible(boolean b)	设置组件是否可见

容器分为两类：窗体和对话框。Swing 组件对应提供了 JFrame 和 JDialog。表 9.2 列出了 Container 类的一些常用方法，无论是窗体还是对话框对象都可以使用 Container 类的这些方法。

表 9.2　java.awt.Container 类的常用方法

方 法 名	说 明
public Component add(Component comp)	向此容器中添加一个组件
public int getComponentCount()	返回此容器中所有组件的个数
public Component getComponent(int n)	获得此容器中的第 n 个组件
public Component[] getComponents()	获得此容器中的所有组件
public void remove(Component comp)	删除此容器中的一个组件 comp
public void setLayout(LayoutManager mgr)	设置此容器的布局管理器

9.2.1　JFrame

JFrame 是 GUI 程序设计中最常用的容器，JFrame 是 javax.swing 包的组件，并且它是 Frame 的直接子类。表 9.3 列出了 javax.swing.JFrame 类的构造方法和常用方法。

表 9.3　javax.swing.JFrame 类的构造方法和常用方法

方 法 名	说 明
JFrame()	构造一个无标题的窗体，初始不可见
JFrame(String title)	构造一个标题为 title 的窗体，初始不可见
String getTitle()	获取窗体的标题
void setTitle(String title)	设置窗体的标题为 title
Image getIconImage()	获取窗体的图标
void setIconImage(Image image)	设置窗体的图标
MenuBar getJMenuBar()	获取菜单栏
void setJMenuBar(MenuBar mb)	设置菜单栏
boolean isResizable()	判断是否可以改变窗体的大小
void setResizable(boolean resizable)	设置可以更改窗体的大小
void setLayout(LayoutManager manager)	设置布局管理器
static void setDefaultLookAndFeelDecorated(boolean l)	设置默认的外观样式
setDefaultCloseOperation(int operation)	设置默认关闭操作
Container getContentPane()	获取容器对象

例 9.1 使用 JFrame 创建一个窗体，并使用 FlowLayout 布局管理器对其中的两个按钮进行布局管理。

【例 9.1】 Example9_01.java

```java
import java.awt.*;
import javax.swing.*;
public class Example9_01{
    JFrame f;
    JButton btnOK;
    JButton btnCancel;
    public Example9_01()
    {
        //设置窗体的外观样式,注意必须在实例化 JFrame 之前设置
        JFrame.setDefaultLookAndFeelDecorated(true);
        //实例化 JFrame,并设置标题为"JFrame 窗体"
        f = new JFrame("JFrame 窗体");
        //实例化两个 JButton 对象
        btnOK = new JButton("确认");
        btnCancel = new JButton("取消");
        //设置 f 的布局方式
        f.setLayout(new FlowLayout());
        //向 f 中添加 btnOK 和 btnCancel
        f.add(btnOK);
        f.add(btnCancel);
        //设置 f 为可见
        f.setVisible(true);
        //设置 f 的大小
        f.setSize(200,200);
        //设置单击"关闭"按钮时退出程序
        f.setDefaultCloseOperation(JFrame.EXIT_ON_CLOSE);
    }
    public static void main(String[] args) {
        //实例化 FrameDemo 对象
        new Example9_01();
    }
}
```

图 9.2 例 9.1 的运行结果

运行结果如图 9.2 所示。

在本例导入 java.awt 和 javax.swing 包,并在程序中声明了 JFrame 类型的窗体 f,以及两个 JButton 类型的按钮对象 btnOK 和 btnCancel。在构造方法中指定窗体 f 的布局管理方法为 FlowLayout；另外还设置了窗体的默认样式、大小、可见性和退出方式。

注意： 单击"关闭"按钮并不会使程序退出,代码 f.setDefaultCloseOperation(JFrame.EXIT_ON_CLOSE)的作用是关闭窗体的同时退出程序；开发人员也可以在窗体的相应事件中添加代码实现,一般使用 System 类的 exit()方法结束程序。

在 GUI 程序设计中,还经常使用以下方法对窗体进一步设置。

- setBounds(int x,int y, int width,int height)：用于设置窗体的位置和大小。
- pack()：改变窗体的大小以合适的大小出现。
- setFont(Font f)：设置该组件的字体。
- setEnabled(boolean b)：设置该组件是否可用。
- setForeground(Color c)：设置组件的前景色。
- setBackground(Color c)：设置组件的背景色。

9.2.2 JPanel

JPanel 称为面板,是一种透明的容器。JPanel 通常与其他容器嵌套实现一个较为复杂的程序界面。但是 JPanel 容器不能够独立存在,它必须依托其他容器(如 JFrame)而存在。JPanel 是 javax.swing.JComponent 类的子类,下面是一个有关 JPanel 的例子。

【例 9.2】 Example9_02.java

```java
import javax.swing.*;
public class Example9_02 {
    public static void main(String[] args) {
        JFrame.setDefaultLookAndFeelDecorated(true);
        //实例化 JFrame 窗体对象 f
        JFrame f = new JFrame("Panel Demo");
        //实例化 JPanel 对象 p
        JPanel p = new JPanel();
        JTextField tfText = new JTextField("Text",20);
        JButton btnSend = new JButton("Send");
        //把 tfText,btnSend 放置到面板 p 中
        p.add(tfText);
        p.add(btnSend);
        //把 p 放置到窗体 f 中
        f.add(p);
        f.setVisible(true);
        f.setDefaultCloseOperation(JFrame.EXIT_ON_CLOSE);
        f.setBounds(400, 200, 300, 100);
    }
}
```

图 9.3 例 9.2 的运行结果

运行结果如图 9.3 所示。

在此例中,实例化了一个单行文本框对象和一个按钮对象,并且把它们放置到 JPanel 对象 p 中。JPanel 容器的默认布局管理器为 FlowLayout。由于 JPanel 容器并不能单独存在,因此把 p 放置到 JFrame 窗体 f 中。由于窗体 f 也没有显式指定布局方式,那么将采用 JFrame 默认布局方式即 BorderLayout,实质上,面板 p 放置在 BorderLayout 的 Center 位置。

注意:通过例 9.2 可以看出 JPanel 容器有以下特点。

- JPanel 外在表现为一种透明的矩形区域,在该区域内可以放置组件,也可以嵌套 JPanel 容器。
- JPanel 不能独立存在,JPanel 容器必须嵌套在 JFrame、JDialog 等容器中。
- 如果没有显式指定 JPanel 的布局管理方式,其默认的布局管理器为 FlowLayout。

9.2.3 对话框

对话框是 GUI 程序中经常用到的一种组件,同时也是一种容器。Java 提供的对话框组件包括 JDialog 和 JOptionPane 等。

1. JDialog 对话框

JDialog 对话框也是一种容器,JDialog 对话框可分为两种,分别是模态对话框和非模态

对话框。模态对话框是指用户需要处理完当前对话框后才能继续与其他窗口交互的对话框,而非模态对话框是当前对话框不关闭的情况下也允许与其他窗口交互的对话框。JDialog 类的构造方法如表 9.4 所示。

表 9.4 javax.swing.JDialog 类的构造方法

方 法 名	说 明
JDialog(Frame owner)	用于创建一个非模态的对话框。参数 owner 为对话框所有者(顶级窗口 JFrame)
JDialog(Frame owner,String title)	创建一个具有指定标题的非模态对话框
JDialog(Frame owner,boolean modal)	创建一个有指定模式的无标题对话框
JDialog(Frame owner,String title,boolean modal)	创建一个有指定模式的标题为 title 的对话框

【例 9.3】 Example9_03.java

```java
import javax.swing.*;
import java.awt.*;
import java.awt.event.ActionEvent;
import java.awt.event.ActionListener;
import java.util.concurrent.Executors;
import java.util.concurrent.ScheduledExecutorService;
import java.util.concurrent.TimeUnit;

//主类
public class Example9_03 extends JFrame {
    private static JButton button;
    private static Example9_03 timer;

    public static void main(String[] args) {
        timer.setDefaultLookAndFeelDecorated(true);
        timer = new Example9_03();
        button = new JButton("显示对话框");
        button.addActionListener(new ActionListener() {
            @Override
            public void actionPerformed(ActionEvent e) {
                TimeDialog d = new TimeDialog();
                //timer 是程序主窗口类,弹出的对话框 10 秒后消失
                int result = d.showDialog(timer, "对方想要和你语音是否接受?", 10);
                System.out.println(" === result: " + result);
            }
        });
        //设置按钮的大小及显示位置
        button.setBounds(2, 5, 120, 30);
        timer.getContentPane().setLayout(null);
        timer.getContentPane().add(button);
        timer.setSize(new Dimension(400, 200));
        timer.setTitle("对话框案例");
        timer.setLocation(500, 200);
        timer.setVisible(true);
        timer.setDefaultCloseOperation(JFrame.EXIT_ON_CLOSE);
    }
}
```

```java
class TimeDialog {
    private String message = null;
    private int seconds = 0;
    private JLabel label = new JLabel();
    private JButton confirm, cancel;
    private JDialog dialog = null;
    int result = -5;

    public int showDialog(JFrame father, String message, int sec) {
        this.message = message;
        seconds = sec;
        label.setText(message);
        label.setBounds(80, 6, 200, 20);
        //创建一个定时任务类对象
        ScheduledExecutorService s =
                Executors.newSingleThreadScheduledExecutor();
        confirm = new JButton("接受");
        confirm.setBounds(100, 40, 60, 20);
        confirm.addActionListener(new ActionListener() {
            @Override
            public void actionPerformed(ActionEvent e) {
                result = 0;
                TimeDialog.this.dialog.dispose();
            }
        });
        cancel = new JButton("拒绝");
        cancel.setBounds(190, 40, 60, 20);
        cancel.addActionListener(new ActionListener() {
            @Override
            public void actionPerformed(ActionEvent e) {
                result = 1;
                TimeDialog.this.dialog.dispose();
            }
        });
        //创建模态对话框
        dialog = new JDialog(father, true);
        dialog.setTitle("提示:本窗口将在" + seconds + "秒后自动关闭");
        dialog.setLayout(null);
        dialog.add(label);
        dialog.add(confirm);
        dialog.add(cancel);
        s.scheduleAtFixedRate(new Runnable() {
            @Override
            public void run() {
                TimeDialog.this.seconds--;
                if (TimeDialog.this.seconds == 0) {
                    //关闭对话框
                    TimeDialog.this.dialog.dispose();
                } else {
                    dialog.setTitle("提示:本窗口将在" + seconds + "秒后自动关闭");
                }
            }
        }, 1, 1, TimeUnit.SECONDS);
        dialog.pack();
        dialog.setSize(new Dimension(350, 100));
```

```
            dialog.setLocationRelativeTo(father);
            dialog.setVisible(true);
            return result;
        }
    }
```

运行结果如图 9.4 所示。

本例定义了两个类：TimerDialog 和 Example9_03。在 TimerDialog 中创建了模态对话框 dialog，本例使用 ScheduledExecutorService 接口创建一个定时任务对象，该接口基于线程池技术，每个调度任务都会分配到线程池中的一个线程执行，即每个任务是并发执行，互不影响；通过调用 scheduleAtFixedRate（Runnable command,int delay,int period,int unit）方法定时执行一个具体任务，该方法四个参数的作用如下。

图 9.4 例 9.3 的运行结果

- command：代表任务实例，本例通过匿名内部类实现倒计时。
- delay：设置初始化延迟时间，以 s 以为单位。
- period：设置间隔时间，以 s 以为单位。
- unit：设置计时单位，本例以 s 为单位。

主类 Example9_03 为按钮注册动作监听器（ActionListener），因此当用户单击按钮时将弹出对话框。关于事件的有关内容将在 9.4 节介绍。

2. JOptionPane 类

javax.swing.JOptionPane 类可以创建四种类型的对话框：消息对话框、选项对话框、输入对话框和确认对话框。这四类对话框由 JOptionPane 类的 4 个方法生成。

- static void showMessageDialog(Component parent, Object message, String title, int messageType)：本方法生成一个消息对话框，样式如图 9.5 所示。其中，参数 parent 表示父窗体对象，message 为对话框显示消息内容，title 为对话框标题，messageType 为 JOptionPane 提供的整型常量。
- static int showOptionDialog(Component parent, Object message, String title, int messageType, Icon icon, Object[] options, Object init)：本方法生成一个选项对话框，样式如图 9.6 所示。其中，参数 options 为选项，init 为默认选项。该方法返回值为 int 类型，即 options 数组的索引值。

图 9.5 消息对话框

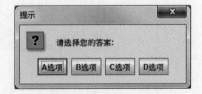

图 9.6 选项对话框

- static String showInputDialog(Component parent, Object message, String title, int messageType)：本方法生成一个输入对话框，样式如图 9.7 所示。该方法的返回值为 String 类型，即输入的文本内容。

- static int showConfirmDialog(Component parent，Object message，String title，int optionType，int messageType)：本方法生成一个确认对话框，样式如图 9.8 所示。其中，参数 optionType 为整型常量，指定对话框中的按钮类型，取值如 YES_NO_OPTION，YES_NO_CANCEL_OPTION，OK_CANCEL_OPTION 等。该方法的返回值为 int 类型，表示用户确认的按钮索引值，以 0 序开始。

图 9.7 输入对话框　　　　　　　　图 9.8 确认对话框

注意：JOptionPane 提供以下五种消息类型常量以显示不同的图标。
- ERROR_MESSAGE：错误消息；
- INFORMATION_MESSAGE：提示消息；
- WARNING_MESSAGE：警告消息；
- QUESTION_MESSAGE：提问消息；
- PLAIN_MESSAGE：简约无图标。

例 9.4 创建一个窗体，并放置了 4 个按钮，用户单击按钮后将弹出相应的对话框。

【例 9.4】 Example9_04.java

```java
import javax.swing.*;
import java.awt.event.ActionEvent;
import java.awt.event.ActionListener;
public class Example9_04 implements ActionListener {
    private JFrame f;
    private JButton msg,option,input,confirm;
    //初始化程序界面
    public void init(){
        JFrame.setDefaultLookAndFeelDecorated(true);
        f = new JFrame("JOptionPane 对话框");
        msg = new JButton("消息对话框");
        option = new JButton("选项对话框");
        input = new JButton("输入对话框");
        confirm = new JButton("确认对话框");
        //设置按钮大小及位置
        f.setBounds(400,300,440,100);
        msg.setBounds(5,5,100,30);
        option.setBounds(110,5,100,30);
        input.setBounds(215,5,100,30);
        confirm.setBounds(320,5,100,30);
        //为按钮注册监听器
        msg.addActionListener(this);
        option.addActionListener(this);
        input.addActionListener(this);
        confirm.addActionListener(this);
        f.getContentPane().setLayout(null);
        f.getContentPane().add(msg);
```

```java
        f.getContentPane().add(option);
        f.getContentPane().add(input);
        f.getContentPane().add(confirm);
        f.setVisible(true);
        f.setDefaultCloseOperation(JFrame.EXIT_ON_CLOSE);
    }
    public static void main(String[] args) {
        new Example9_04().init();
    }
    //事件处理
    public void actionPerformed(ActionEvent e){
        //获取按钮上的显示文字
        String cmd = e.getActionCommand();
        if("消息对话框".equals(cmd)){
            JOptionPane.showMessageDialog(null,
                    "这是消息对话框",
                    "提示",
                    JOptionPane.INFORMATION_MESSAGE);
        }
        else if("选项对话框".equals(cmd)) {
            String[] options = {"A 选项", "B 选项", "C 选项", "D 选项"};
            int result = JOptionPane.showOptionDialog(null,
                    "请选择您的答案:",
                    "提示",
                    JOptionPane.OK_CANCEL_OPTION,
                    JOptionPane.QUESTION_MESSAGE,
                    null,
                    options,
                    "A 选项");
            System.out.println("您的选择:" + result);
        }
        else if("输入对话框".equals(cmd)){
            String result = JOptionPane.showInputDialog(null,
                    "输入您的名字:",
                    "提示",JOptionPane.INFORMATION_MESSAGE);
            System.out.println("你的名字:" + result);
        }
        else if("确认对话框".equals(cmd)){
            int result = JOptionPane.showConfirmDialog(null,
                    "确认要退出程序吗?","提示",
                    JOptionPane.YES_NO_OPTION,
                    JOptionPane.WARNING_MESSAGE);
            if(result == 0)
                System.exit(0);
            else if(result == 1)
                return;
            else
                return;
        }
    }
}
```

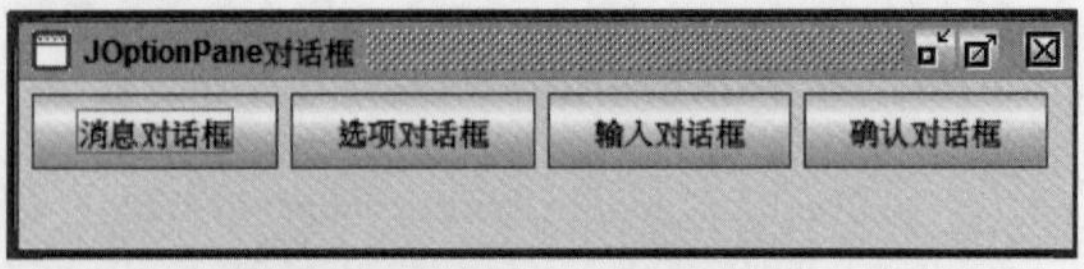

图 9.9 例 9.4 的运行结果

运行结果如图 9.9 所示。

本例为 4 个按钮注册了动作监听器,当用户单击不同的按钮时,将相应弹出不同的对话框,如图 9.5～图 9.8 所示。特别是选项对话框、输入对话框和确认对话框与用户有交互行为,程序可根据用户的输入内容或操作进行后续判断。

9.3 布局管理

熟悉 Windows 编程的读者可能对 Java GUI 设计不太习惯,在 Windows 程序设计中,开发人员可以直接拖拉控件放到窗体中,是一种所见即所得的开发模式。由于 Java 应用程序要兼顾在不同平台上的通用性,Java 组件在容器中的具体位置是通过布局管理器 LayoutManager 实现的。LayoutManager 只是一个接口,AWT 包提供了 FlowLayout、BorderLayout、GridLayout、GridBagLayout 和 CardLayout 五种布局管理器,Swing 又增加了 BoxLayout 布局管理器,这些类均实现了 LayoutManager 接口。

每种容器都默认支持一种布局,如 Panel、JPanel 的默认布局管理器为 FlowLayout,Frame、JFrame、JDialog 等容器的默认布局管理器为 BorderLayout。容器对象通过 setLayout()方法为之设置布局管理方式,当然也可以将布局管理方式设置为 null。

9.3.1 FlowLayout 布局管理器

FlowLayout 是一种简单的布局管理器,其主要思想是让容器内的组件按照行优先的方式排列,一行排列到边界后就回折到下一行继续排列,以此类推。

FlowLayout 类提供了 3 个构造方法和一些方法用于设置对齐方式、水平间隙及垂直间隙等,表 9.5 列出了 FlowLayout 类的构造方法和常用方法。

表 9.5 FlowLayout 类的构造方法和常用方法

方法名	说明
FlowLayout()	构造 FlowLayout 对象,居中对齐,默认水平和垂直间隙 5px
FlowLayout(int align)	构造 FlowLayout 对象并指定对齐方式,默认水平和垂直间隙 5px
FlowLayout(int align,int h, int v)	构造 FlowLayout 对象,具有指定的对齐方式以及水平和垂直间隙
int getAlignment()	获得此布局管理器的对齐方式
void setAlignment(int align)	设置此布局管理器的对齐方式
int getHgap()	获得水平间隙
void setHgap(int hgap)	设置水平间隙
int getVgap()	获得垂直间隙
void setVgap(int vgap)	设置垂直间隙

【例 9.5】 Example9_05.java

```
import javax.swing. * ;
import java.awt. * ;
public class Example9_05 {
    static JFrame f;
    static JButton[] btn = new JButton[5];
    public static void main(String[] args) {
        JFrame.setDefaultLookAndFeelDecorated(true);
        f = new JFrame("FlowLayout 布局");
        //设置窗体 f 为 FlowLayout,采用居中对齐,水平和垂直间隙都是 5px
        f.setLayout(new FlowLayout(FlowLayout.CENTER,5,5));
```

```
        for(int i = 0;i < btn.length;i++){
            btn[i] = new JButton("button" + i);
            f.getContentPane().add(btn[i]);
        }
        f.setVisible(true);
        f.setBounds(400,300,300,200);
        f.setDefaultCloseOperation(JFrame.EXIT_ON_CLOSE);
    }
}
```

运行结果如图 9.10 所示。

本例创建一个 JFrame 窗体并采用 FlowLayout 布局,居中对齐,然后放置了 5 个 Button 对象,当窗体的宽度不够时,部分按钮将移至下一行。

注意:使用 setLayout()方法可以设置容器的布局管理方式,例如,设置容器的布局管理器为 FlowLayout,可以使用下面的代码:

图 9.10 例 9.5 的运行结果

```
setLayout(new FlowLayout());
```

另外,采用 FlowLayout 布局管理的容器,其内部组件的位置并不是固定的,而是随着容器的大小改变而改变。

9.3.2 BorderLayout 布局管理器

BorderLayout 是 Frame 和 JFrame 的默认布局管理器,BorderLayout 把窗体分隔成 NORTH、SOUTH、EAST、WEST 和 CENTER 五个区域,并且根据窗体的大小自动调整组件的大小。向 BorderLayout 布局管理器中添加组件时需要指明组件放置的区域,如果未指定组件放置的区域,则默认为 CENTER 区域,并且根据其初始大小和容器大小的约束(Constraints)对组件进行布局。NORTH 和 SOUTH 区域的组件可以在水平方向上进行拉伸,而 EAST 和 WEST 组件可以在垂直方向上进行拉伸;CENTER 组件在水平和垂直方向上都可以进行拉伸,从而填充所有剩余空间。

BorderLayout 类提供了两个构造方法和常用方法,具体详见表 9.6。

表 9.6 BorderLayout 类的构造方法和常用方法

方 法 名	说 明
BorderLayout()	构造组件间无间隙的 BorderLayout 实例
BorderLayout(int hgap, int vgap)	构造指定组件间水平间隙和垂直间隙的 BorderLayout 实例
float getLayoutAlignmentX(Container p)	返回沿 x 轴的对齐方式
float getLayoutAlignmentY(Container p)	返回沿 y 轴的对齐方式
int getHgap()	获取组件间水平间距
int getVgap()	获取组件间垂直间距
void setHgap(int hgap)	设置组件间水平间距
void setVgap(int vgap)	设置组件间垂直间距
void layoutContainer(Container target)	使用此布局管理器对 target 容器进行布局管理

【例 9.6】 Example9_06.java

```java
import javax.swing.*;
import java.awt.*;
import java.awt.event.*;
import java.io.*;
public class Example9_06 {
    JTextField txtPath = new JTextField("填写路径与文件名",20);
    JTextArea txtContent = new JTextArea(30,20);
    JFrame frame = new JFrame("Text");
    JButton btnSave = new JButton("保存");
    JButton btnOpen = new JButton("打开");
    public void init(){
        frame.setBounds(400,300,400,300);
        //设置窗体的布局管理方式为 BorderLayout
        frame.setLayout(new BorderLayout());
        //文本框放在 BorderLayout 的 NORTH 区域
        frame.add(txtPath,BorderLayout.NORTH);
        frame.add(txtContent);
        //创建一个面板 panel,并将保存、打开按钮放在 panel 上
        JPanel panel = new JPanel();
        panel.add(btnSave);
        panel.add(btnOpen);
        //panel 放到窗体的 BorderLayout 的 SOUTH 区域
        frame.add(panel,BorderLayout.SOUTH);
        frame.setDefaultCloseOperation(JFrame.EXIT_ON_CLOSE);
        frame.setVisible(true);
        //打开按钮注册事件监听器
        btnOpen.addActionListener(new ActionListener() {
            @Override
            public void actionPerformed(ActionEvent e) {
                if(txtPath.getText()!= null || txtPath.getText()!= ""){
                    FileReader fr = null;
                    try{
                        fr = new FileReader(txtPath.getText());
                        char[] ch = new char[128];
                        int len = 0;
                        String txt = "";
                        while((len = fr.read(ch))!= -1){
                            String s = new String(ch,0,len);
                            txt = s + "\n";
                        }
                        txtContent.setText(txt);
                        fr.close();
                    }catch (IOException e1){
                        e1.printStackTrace();
                    }
                }
            }
        });
        //保存按钮注册动作监听器
        btnSave.addActionListener(new ActionListener() {
            @Override
            public void actionPerformed(ActionEvent e) {
```

```
                    if(txtPath.getText()!= null || txtPath.getText()!= ""){
                        FileWriter fw = null;
                        try {
                            fw = new FileWriter(txtPath.getText());
                            fw.write(txtContent.getText());
                            fw.close();
                        }catch (IOException e2){
                            e2.printStackTrace();
                        }
                    }
                }
            });
            //文本框注册焦点监听器
            txtPath.addFocusListener(new FocusListener() {
                @Override
                public void focusGained(FocusEvent e) {
                    if(txtPath.getText().equals("填写路径与文件名"))
                        txtPath.setText("");
                }
                @Override
                public void focusLost(FocusEvent e) { }
            });
        }
        public static void main(String[] args) {
            Example9_06 example9_06 = new Example9_06();
            example9_06.init();
        }
    }
```

运行结果如图 9.11 所示。

本例将窗体的布局管理方式设置为 BorderLayout 布局管理方式,并把单行文本框放在 BorderLayout 的 NORTH 区域,多行文本框放在 BorderLayout 的 CENTER 区域,两

图 9.11 例 9.6 的运行结果

个按钮放置在面板上,然后将面板放到 BorderLayout 的 SOUTH 区域。BorderLayout 的五个区域会随着容器的大小而发生变化。

注意:使用 BorderLayout 布局管理器时需要注意以下 3 点。

- 如果没有在 NORTH、WEST、EAST、SOUTH 这 4 个区域的任一区域放置组件时,CENTER 区域会覆盖未放置组件的区域;
- 理论上讲,BorderLayout 布局管理器最多只能放置 5 个组件,在同一个区域上同时放置两个及其以上的组件时,只能显示最后放置的组件;
- 如果要在使用 BorderLayout 布局管理器的容器中放置 5 个以上的组件,可以在 BorderLayout 布局管理器的任何一个区域再次嵌套其他容器,如 JPanel。

9.3.3 GridLayout 布局管理器

GridLayout 布局管理器把容器以矩形网格的形式对容器中的组件进行布局管理,每个网格大小相同且其中最多可以放置一个组件。GridLayout 布局管理器按照容器中添加组件的先后顺序以行优先的方式依次放置到各个网格中。GridLayout 类提供了 3 个构造方

法，表 9.7 列出了 GridLayout 类的构造方法和常见方法。

当然 GridLayout 类也提供了诸如设置和获取组件间间隙的方法，此处就不再一一列举。

表 9.7　GridLayout 类的构造方法和常见方法

方　法　名	说　　明
GridLayout()	创建具有默认值的 GridLayout 实例
GridLayout(int r, int c)	创建行数为 r 和列数为 c 的 GridLayout 实例
GridLayout(int r, int c, int hgap, int vgap)	创建指定行数和列数及间隙的 GridLayout 实例
void addLayoutComponent(String n, Component c)	将指定名称的组件添加到该布局管理器实例中
void removeLayoutComponent(Component c)	从该布局管理器实例中删除指定的组件
int getColumns()	获取该布局管理器实例的列数
int getRows()	获取该布局管理器实例的行数
void setColumns(int c)	设置该布局管理器实例的列数
void setRows(int r)	设置该布局管理器实例的行数

【例 9.7】　Example9_07.java

```java
import javax.swing.*;
import java.awt.*;
public class Example9_07 extends JFrame {
    public Example9_07(String s) {
        super(s);
        //设定容器采用 3 行 2 列的 GridLayout 布局管理方式,间隙为 3px
        setLayout(new GridLayout(3,2,3,3));
        add(new JButton("1"));
        add(new JButton("2"));
        add(new JButton("3"));
        add(new JButton("4"));
        add(new JButton("5"));
        add(new JButton("6"));
        setDefaultCloseOperation(JFrame.EXIT_ON_CLOSE);
    }
    public static void main(String[] args) {
        Example9_07 example = new Example9_07("GridLayout 实例");
        example.setVisible(true);
        example.pack();
    }
}
```

图 9.12　例 9.7 的运行结果

运行结果如图 9.12 所示。

在本例中设置了容器的布局管理器为 GridLayout，把容器分为 3 行 2 列，然后按照行优先的方式依次向这 6 个网格中添加了 6 个按钮对象。

注意：当使用 GridLayout 布局管理器的容器设定的网格个数大于组件个数时，多余的网格将以空白形式存在；而当容器设定的网格个数小于组件个数时，GridLayout 布局管理器的行数保持不变，但会适当地增加列数，以满足容纳所有组件的需求。

9.3.4　GridBagLayout 布局管理器

GridBagLayout 布局管理器是 AWT 中最为灵活但也最为复杂的一种布局管理器，它是在 GridLayout 的基础上发展而来的,它也是将容器中的组件按照行、列的方式放置,但各组件所占的空间可以互不相同。同时它需要借助于 GridBagConstraints 类来对容器中每个组件施加空间限制。GridBagConstraints 类提供了一些相应的属性和常量来设置对组件的空间限制,具体如下。

(1) **gridx,gridy**:其中,gridx 指明组件显示区域左端在容器中的位置,若为 0,则组件处于最左端的单元。它是一个非负的整数,其默认值为 GridBagConstraints.RELATIVE,表明把组件放在前一个添加到容器中的组件的右端。gridy 指明组件显示区域上端在容器中的位置,若为 0,则组件处于最上端的单元。它是一个非负的整数,其默认值为 GridBagConstraints.RELATIVE,表明把组件放在前一个添加到容器中的组件的下端。

(2) **gridwidth,gridheight**:其中,gridwidth 指明组件显示区在一行中所占的网格单元数(宽度)。它是一个非负的整数,其默认值为 1,若其值为 GridBagConstraints.REMAINDER,表明该组件是一行中最后一个组件;若其值为 GridBagConstraints.RELATIVE,表明该组件紧挨着该行中最后一个组件。gridheight 指明组件显示区在一列中所占的网格单元数(高度)。它是一个非负的整数,其默认值为 1,若其值为 GridBagConstraints.REMAINDER,表明该组件是一列中最后一个组件;若其值为 GridBagConstraints.RELATIVE,表明该组件紧挨着该列中最后一个组件。

(3) **fill**:fill 属性指明当组件所在的网格单元的区域大于组件所请求的区域时,是否改变组件的尺寸:是按照水平方向填满显示区,还是按垂直方向填满显示区。其取值如下。

- GridBagConstraints.NONE:默认值,保持原有尺寸,两个方向都不填满。
- GridBagConstraints.HORIZONTAL:按水平方向填满显示区,高度不变。
- GridBagConstraints.VERTICAL:按垂直方向填满显示区,宽度不变。
- GridBagConstraints.BOTH:两个方向上都填满显示区。

(4) **ipadx,ipady**:指定布局中组件的内部填充,对组件最小大小的添加量。组件的宽度至少为其最小宽度加上 ipadx 像素。类似地,组件的高度至少为其最小高度加上 ipady 像素。

(5) **insets**:insets 指明了组件与其显示区边缘之间的距离,大小由一个 Insets 对象指定。Insets 类有以下四个属性。

- top 上端间距。
- bottom 下端间距。
- left 左端间距。
- right 右端间距。

其默认值为一个上述四个属性值都为 0 的对象,即

new Insets(0, 0, 0, 0);

(6) **archor**:archor 属性指明了当组件的尺寸小于其显示区时,其在显示区中放置该组件的位置,其值可为:

- GridBagConstraints.CENTER(默认值)
- GridBagConstraints.NORTH
- GridBagConstraints.NORTHEAST
- GridBagConstraints.EAST
- GridBagConstraints.SOUTHEAST

- GridBagConstraints.SOUTH
- GridBagConstraints.SOUTHWEST
- GridBagConstraints.WEST
- GridBagConstraints.NORTHWEST

（7）**weightx，weighty**：其中，weightx 指明当容器扩大时，如何在列间为组件分配额外的空间，其值可以从 0.0 到 1.0，默认值为 0.0。weighty 指明当容器扩大时，如何在行间为组件分配额外的空间，其值可以从 0.0 到 1.0，默认值为 0.0。若两者都为 0，所有组件都团聚在容器的中央，因为此时所有额外空间都添加在网格单元与容器边缘之间。数值越大表明组件的行或列将占有更多的额外空间，若两者都为 1.0，表明组件的行或列将占有所有的额外空间。

【例 9.8】 Example9_08.java

```java
import javax.swing.*;
import java.awt.*;

public class Example9_08 extends JFrame {
    /**
     * 向 GridBagLayout 布局管理器 gridbag 中添加 JButton 对象
     * @param name: JButton 对象的名称
     * @param gridbag: 布局管理器实例名
     * @param c: GridBagConstraints 约束对象
     */
    protected void addButton(String name, GridBagLayout gridbag,
                             GridBagConstraints c) {
        JButton btn = new JButton(name);
        gridbag.setConstraints(btn, c);
        add(btn);
    }
    /**
     * 为 GridBagLayoutDemo 初始化界面
     */
    public void init() {
        //实例化 GridBagLayout 对象 gridbag
        GridBagLayout gridbag = new GridBagLayout();
        //实例化 GridBagConstraints 约束对象
        GridBagConstraints c = new GridBagConstraints();
        //设置本容器采用 GridBagLayout 布局管理器
        setLayout(gridbag);
        //设定当网格的大小比组件的大时,组件向垂直和水平方向均扩充
        c.fill = GridBagConstraints.BOTH;
        //设定当容器扩大时,组件的列占用额外的空间
        c.weightx = 1.0;
        //向容器中添加 Button1,Button2,Button3
        addButton("Button1", gridbag, c);
        addButton("Button2", gridbag, c);
        addButton("Button3", gridbag, c);
        //指定本行中添加最后一个组件,即把 Button4 放在第一行的最后边
        c.gridwidth = GridBagConstraints.REMAINDER;
        addButton("Button4", gridbag, c);
        //重新设置 weightx
```

```
                c.weightx = 0.0;
                //把 Button5 添加到第二行
                addButton("Button5", gridbag, c);
                //设定 Button6 在该行中紧临着最后一个组件
                c.gridwidth = GridBagConstraints.RELATIVE;
                addButton("Button6", gridbag, c);
                //设定 Button7 为该行中的最后一个组件
                c.gridwidth = GridBagConstraints.REMAINDER;
                addButton("Button7", gridbag, c);
                //设定 Button8 水平占 1 个网格,垂直占 2 个网络,并且随着容器在垂直方向扩充而
                //扩充
                c.gridwidth = 1;
                c.gridheight = 2;
                c.weighty = 1.0;
                addButton("Button8", gridbag, c);
                //重新设置 weighty
                c.weighty = 0.0;
                //设定 Button9 为本行的最后一个组件,垂直方向占一个网格
                c.gridwidth = GridBagConstraints.REMAINDER;
                c.gridheight = 1;
                addButton("Button9", gridbag, c);
                addButton("Button10", gridbag, c);
                setSize(350, 200);
                setDefaultCloseOperation(JFrame.EXIT_ON_CLOSE);
        }
        public static void main(String args[]) {
                Example9_08 example = new Example9_08();
                example.setTitle("GridBagLayout 实例");
                example.init();
                example.setVisible(true);
        }
}
```

运行结果如图 9.13 所示。

通过本例可以发现:当一个容器的布局方式为 GridBagLayout 时,往其中添加一个组件时,必须先用 GridBagConstraints 对象设置该组件的空间限制。而 GridBagConstraints 对象通过使用相关属性来限制添加到组件中的位置及大小。

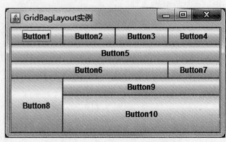

图 9.13 例 9.8 的运行结果

9.4 Swing 常用组件

由于 AWT 需要调用其运行平台的图形用户界面来创建和平台一致的对等体,因此 AWT 对平台有一定的依赖性,只能使用各种系统平台都兼顾的公共组件,所以 AWT 组件相对来说比较简单而且执行效率不高。从 Java 2 开始提供 Swing 组件来替代 AWT 组件。与 AWT 组件相比,Swing 组件具有以下特点。

- 基于 MVC(Model-View-Controller,模型-视图-控制器)架构:Swing 遵循 MVC 架构,MVC 是现有的编程语言中在设计图形用户界面时一种通用的思想,其主要思路是把数据的内容本身和显示方式分离开,这样就使得数据的显示更加灵活多样。模

型(Model)封装了数据和状态的底层显示,视图(View)是模型的可视化表示法,而控制器(Controller)则指定了如何处理用户输入。当模型发生改变时,它会通知所有依赖它的视图,视图使用控制器指定其相应机制。
- **平台无关性**:Swing 组件真正地实现了平台无关性,不依赖于任何平台。
- **可存取性支持**:所有 Swing 组件都实现了 Accessible 接口,提供对可存取性的支持,使得辅助功能如屏幕阅读器能够十分方便地从 Swing 组件中得到信息。
- **支持键盘操作**:Swing 组件使用 JComponent 类的 registerKeyboardAction()方法,能使用户通过键盘操作来替代鼠标驱动 GUI 上 Swing 组件的相应动作。实质上相当于热键,使得用户仅用键盘即可进行操作。
- **支持图标**:与 AWT 的组件不同,许多 Swing 组件如 JButton、JLabel 等,除了使用文字外,还可以使用图标(Icon)修饰。

实际上,几乎所有的 AWT 组件都有 Swing 组件与之对应,下面将具体介绍 Swing 常见组件的用法。

9.4.1 基本组件

Swing 提供了丰富的组件对象,下面列出的是一些基本组件。
- JButton:按钮,可接受单击操作。
- JCheckBox:复选框组件,可以被选定和取消选定的项,它将其状态显示给用户。
- JComboBox:下拉列表框组件。
- JLabel:标签组件,用于放置提示性文本。
- JList:列表框组件,可以添加多项条目。
- JTextArea:多行文本框组件。
- JTextField:单行文本框组件。
- JPasswordField:密码框。

注意:Swing 组件与 AWT 组件的名称区别在于 Swing 组件在对应 AWT 组件的名称上多了一个打头字母"J"。但也有例外,在 Swing 组件中:
- JComboxBox 对应于 AWT 的组件为 Choice。
- JCheckBox 对应于 AWT 的组件为 Checkbox,注意在 AWT 中的字母 b 为小写。
- JCheckBoxMenuItem 对应于 AWT 的组件为 CheckboxMenuItem,同样注意在 AWT 中的字母 b 为小写。
- JFileChooser 对应于 AWT 的组件为 FileDialog。

这些基本组件用法比较简单,读者可以查阅 API 文档了解它们的方法、常量及构造方法等详细信息,下面的例子使用相关组件实现了一个用户注册功能界面。

【例 9.9】 Example9_09.java

```
import javax.swing.*;
import java.awt.*;
public class Example9_09 {
    JFrame f;
    public void init() {
        JFrame.setDefaultLookAndFeelDecorated(true);
        f = new JFrame("用户注册");
```

```java
//创建单行文本框,文本长度为10
JTextField tfName = new JTextField(10);
//创建密码框
JPasswordField pfPassword = new JPasswordField(10);
JPasswordField pfRepeat = new JPasswordField(10);
//下拉列表框,提供两个选项
JComboBox cbCatalogs = new JComboBox();
cbCatalogs.addItem("管理员");
cbCatalogs.addItem("普通用户");
//创建单选选项
JRadioButton rbMale = new JRadioButton("男");
JRadioButton rbFemale = new JRadioButton("女");
//选项组
ButtonGroup bg = new ButtonGroup();
//把创建的单选选项放到选项组,才能单选。
bg.add(rbMale);
bg.add(rbFemale);
//创建复选框
JCheckBox cbReading = new JCheckBox("阅读");
JCheckBox cbWriting = new JCheckBox("写作");
JCheckBox cbChatting = new JCheckBox("聊天");
//多行文本框,显示5行40列
JTextArea taIntroduction = new JTextArea(5, 40);
//创建JScrollPane
JScrollPane pane = new JScrollPane(taIntroduction);
//pane.setViewport();
pane.setVerticalScrollBarPolicy(
    JScrollPane.VERTICAL_SCROLLBAR_AS_NEEDED);
pane.setHorizontalScrollBarPolicy(
    JScrollPane.HORIZONTAL_SCROLLBAR_NEVER);
JLabel lbName = new JLabel("用户名:");
JLabel lbPassword = new JLabel("密  码:");
JLabel lbRepeat = new JLabel("确认密码:");
JLabel lbCatalogs = new JLabel("用户类别:");
JLabel lbSex = new JLabel("性别:");
JLabel lbFavorate = new JLabel("爱好:");
JLabel lbIntro = new JLabel("简介:");
JButton btnSubmit = new JButton("提交");
JButton btnReset = new JButton("重置");
JPanel p1 = new JPanel();
p1.add(rbMale);
p1.add(rbFemale);
JPanel p2 = new JPanel();
p2.add(cbReading);
p2.add(cbWriting);
p2.add(cbChatting);
JPanel p3 = new JPanel();
p3.add(btnSubmit);
JPanel p4 = new JPanel();
p4.add(btnReset);
f.setLayout(new GridLayout(8, 2, 5, 5));
f.add(lbName);
f.add(tfName);
f.add(lbPassword);
f.add(pfPassword);
f.add(lbRepeat);
f.add(pfRepeat);
```

```
        f.add(lbSex);
        f.add(p1);
        f.add(lbCatalogs);
        f.add(cbCatalogs);
        f.add(lbFavorate);
        f.add(p2);
        f.add(lbIntro);
        f.add(pane);
        f.add(p3);
        f.add(p4);
        f.setVisible(true);
        f.setSize(450, 300);
        f.setTitle("用户注册");
        f.setDefaultCloseOperation(JFrame.EXIT_ON_CLOSE);
    }
    public static void main(String[] args) {
        new Example9_09().init();
    }
}
```

运行结果如图 9.14 所示。

本例演示了 JTextField、JTextArea、JPasswordField、JLabel、JComboBox、JRadioButton、JCheckBox、CheckboxGroup、ButtonGroup、JButton 组件的基本用法。请注意，若要将多个 JRadioButton 归为一组，则要把这些 JRadioButton 使用 add()方法添加到 ButtonGroup 对象中。

图 9.14 例 9.9 的运行结果

另外，如果组件需要加上滚动条，则必须将该组件设置在 JScrollPane 中，然后定义 JScrollPane 对象的滚动条策略。

9.4.2 菜单

菜单是 GUI 的主要组件之一，菜单可以分为两类：下拉式菜单和弹出式菜单。菜单一般又由三部分组件：菜单栏（JMenuBar）、菜单（JMenu）和菜单项（JMenuItem）。它们之间的关系是：菜单项放置在某一个菜单对象中，而菜单对象应添加到菜单栏中，最后菜单栏应放置在 JFrame 等容器中。使用鼠标单击菜单中的某一个菜单项时，就产生了一个 ActionEvent。监听器对象需要向每个菜单项注册，单击该菜单项之后，描述该菜单项的 ActionEvent 就会被发送给所对应的监听器对象，该监听器接收到事件后，会按照给定的动作处理事件。

1. 下拉式菜单的设计

下拉式菜单的设计可以分为以下 5 个步骤。

（1）创建菜单栏对象，在 AWT 中菜单栏为 MenuBar，Swing 中菜单栏为 JMenuBar。如下代码创建一个空菜单栏。

```
JMenuBar menubar = new JMenuBar();
```

（2）创建菜单对象，在 AWT 中菜单为 Menu，Swing 中菜单为 JMenu。如下代码创建一个菜单对象,并加入到菜单栏对象中。

```
JMenu fileMenu = new JMenu("文件(F)");
menubar.add(fileMenu);
```

(3) 创建菜单项对象,在 AWT 中菜单项为 MenuItem,Swing 中菜单项为 JMenuItem,如下代码演示创建菜单项并添加到菜单对象。

```
JMenuItem newFileItem = new JMenuItem("新建(N)");
fileMenu.add(newFileItem);
```

(4) 把菜单栏添加到指定的容器中,详见如下代码,其中,jFrame 为一个 JFrame 容器对象。

```
jFrame.setJMenuBar(menubar);
```

(5) 为菜单项注册 ActionListener 监听器,并实现该监听器中的抽象方法 actionPerformed(ActionEvent e),通过使用 e.getSource()或者 e.getActionCommand()方法来判断用户所单击的菜单项,然后添加具体处理该事件的代码。

完成上述操作后,就可以看到图形用户界面了。还可以使用 addSeparator()方法给菜单项之间添加分隔线,放置位置与添加到菜单的先后顺序有关。

```
fileMenu.addSeparator();
```

也可以给菜单项添加助记符和加速键,具体如下。

```
//将'N'设为"新建"菜单项的助记符
newFileItem.setMnemonic ('N');
//将 Ctrl + N 设置为"新建"菜单项的加速键
saveFile.setAccelerator(KeyStroke.getKeyStroke (KeyEvent.VK_N,InputEvent.
CTRL_MASK));
```

加速键设置参数 KeyEvent.VK_N 也可以用字符'N'替代,需要注意必须为大写,不能为小写字母;使用 setMnemonic()设置助记符也是如此,字符必须为大写的。另外,设置助记符也可以使用 JMenuItem 类的另外一个构造方法 JMenuItem(String item,char M)实现,如下代码使用构造方法为"新建"菜单项设置助记符。

```
JMenuItem newItem = new JMenuItem("新建(N)",'N');
//注意 JCheckBoxMenuItem 菜单项不能使用此种方法,仍需要使用 setMnemonic()
//方法设置助记符
JCheckBoxMenuItem autoWrappedItem = new JCheckBoxMenuItem("自动换行(W)");
autoWrappedItem.setMnemonic('W');
```

但是,JCheckBoxMenuItem 菜单项无此构造方法,仍需要使用 setMnemonic()方法设置助记符,读者需要留意。

注意:若是使用 AWT 中的菜单组件,为菜单添加快捷键与 Swing 有所不同,可以使用以下两种方式添加快捷键。

- 使用 MenuItem 类的构造方法 MenuItem(String label,MenuShortcut s)添加快捷键。

```
MenuItem newFileItems = new MenuItem("新建", new MenuShortcut('N'));
```

- 使用 MenuItem 类的构造方法 MenuItem(String label)创建菜单项对象,然后再使用该类的 setShortcut()方法为菜单项对象添加快捷键。

```java
MenuItem newFileItems = new MenuItem("新建");
newFileItems.setShortcut(new MenuShortcut('N'));
```

此外，使用 setToolTipText() 方法可以为菜单及菜单项对象设置提示信息。下面的例子是一个仿 Windows 记事本程序，利用多行文本框、菜单等为实现了记事本程序的界面设计部分。

【例 9.10】 Example9_10.java

```java
import javax.swing.*;
import java.awt.*;
import java.awt.event.ActionEvent;

public class Example9_10 {
    private JMenuBar mb;
    private JTextArea txtMain;
    private JFrame f;
    private JScrollPane pane;
    private JPopupMenu popMenu;
    /**
     * 初始化程序界面
     */
    public void init()
    {
        f = new JFrame("Java 记事本");
        f.setLayout(new BorderLayout());
        txtMain = new JTextArea(80,10);
        //实例化一个 JScrollPane 对象,并且把多行文本框对象 txtMain 放入其内部
        //并且带有垂直滚动条
        pane = new JScrollPane(txtMain,
                JScrollPane.VERTICAL_SCROLLBAR_AS_NEEDED,
                JScrollPane.HORIZONTAL_SCROLLBAR_NEVER);
        //将 pane 放入 f 的 CENTER 区域
        f.add(pane);
        //创建菜单
        mb = new JMenuBar();
        JMenu fileMenu = new JMenu("文件");
        JMenu editMenu = new JMenu("编辑");
        JMenu optionMenu = new JMenu("格式");
        JMenu viewMenu = new JMenu("查看");
        JMenu helpMenu = new JMenu("帮助");
        //文件菜单
        JMenuItem newItem = new JMenuItem("新建");
        newItem.setAccelerator(KeyStroke.getKeyStroke('N',
                ActionEvent.CTRL_MASK));
        JMenuItem openItem = new JMenuItem("打开");
        openItem.setAccelerator(KeyStroke.getKeyStroke('O',
                ActionEvent.CTRL_MASK));
        JMenuItem saveItem = new JMenuItem("保存");
        saveItem.setAccelerator(KeyStroke.getKeyStroke('S',
                ActionEvent.CTRL_MASK));
        JMenuItem printItem = new JMenuItem("打印");
        printItem.setAccelerator(KeyStroke.getKeyStroke('P',
                ActionEvent.CTRL_MASK));
        JMenuItem exitItem = new JMenuItem("退出");
        fileMenu.add(newItem);
        fileMenu.add(openItem);
```

```java
            fileMenu.add(saveItem);
            fileMenu.addSeparator(); //添加分隔栏
            fileMenu.add(printItem);
            fileMenu.addSeparator();
            fileMenu.add(exitItem);
            //编辑菜单
            JMenuItem undoItem = new JMenuItem("取消");
            undoItem.setAccelerator(KeyStroke.getKeyStroke('Z',
                    ActionEvent.CTRL_MASK));
            JMenuItem cutItem = new JMenuItem("剪切");
            cutItem.setAccelerator(KeyStroke.getKeyStroke('X',
                    ActionEvent.CTRL_MASK));
            JMenuItem copyItem = new JMenuItem("复制");
            copyItem.setAccelerator(KeyStroke.getKeyStroke('C',
                    ActionEvent.CTRL_MASK));
            JMenuItem pasteItem = new JMenuItem("粘贴");
            pasteItem.setAccelerator(KeyStroke.getKeyStroke('V',
                    ActionEvent.CTRL_MASK));
            JMenuItem searchItem = new JMenuItem("查找");
            searchItem.setAccelerator(KeyStroke.getKeyStroke('F',
                    ActionEvent.CTRL_MASK));
            JMenuItem allItem = new JMenuItem("全选");
            allItem.setAccelerator(KeyStroke.getKeyStroke('A',
                    ActionEvent.CTRL_MASK));
            JMenuItem dateItem = new JMenuItem("时间/日期");
            editMenu.add(undoItem);
            editMenu.addSeparator();
            editMenu.add(cutItem);
            editMenu.add(copyItem);
            editMenu.add(pasteItem);
            editMenu.addSeparator();
            editMenu.add(searchItem);
            editMenu.addSeparator();
            editMenu.add(allItem);
            editMenu.addSeparator();
            editMenu.add(dateItem);
            //格式菜单
            JCheckBoxMenuItem autoWrappedItem =
                new JCheckBoxMenuItem("自动换行");
            JMenuItem fontItem = new JMenuItem("字体...");
            optionMenu.add(autoWrappedItem);
            optionMenu.addSeparator();
            optionMenu.add(fontItem);
            //查看菜单
            JCheckBoxMenuItem statusBarItem = new JCheckBoxMenuItem("状态栏");
            viewMenu.add(statusBarItem);
            //帮助菜单
            JMenuItem aboutItem = new JMenuItem("关于 Java 记事本");
            helpMenu.add(aboutItem);
            //把菜单添加到菜单栏中
            mb.add(fileMenu);
            mb.add(editMenu);
            mb.add(optionMenu);
            mb.add(viewMenu);
```

```
        mb.add(helpMenu);
        //设置 mb 为 f 的菜单栏
        f.setJMenuBar(mb);
        f.setVisible(true);
        f.setBounds(400, 300, 300, 200);
    }
    public static void main(String[] args) {
        new Example9_10().init();
    }
}
```

菜单项可分为三种类型：JMenuItem、JCheckBoxItem 和 JRadioButtonMenuItem。JMenuItem 是最常见的菜单项，JCheckBoxItem 是一个类似 JCheckBox 组件的菜单项，而 JRadioButtonMenuItem 则是一个类似 JRadioButton 组件的菜单项。在本例中使用了 JMenuItem 和 JCheckBoxItem 两种菜单项以及菜单 JMenu、菜单栏 JMenuBar 为记事本程序设计了菜单。并且使用多行文本框 JTextArea 为用户提供文本编辑功能，值得注意的是，JTextArea 是放置在容器 JScrollPane 对象中的，可以为多行文本框设置指定的滚动条。

注意：JScrollPane 是一种特殊的容器，像 JPanel 一样它也不能独立存在，必须放置在 JFrame 等容器中。JScrollPane 的主要作用为 JTextArea、JTable 等组件提供滚动条支持。

2. 弹出式菜单的设计

弹出式菜单是一个可弹出并显示一系列选项的小窗体，用户可以在指定的区域内右击，弹出式菜单即可出现，所以又称为快捷菜单。弹出式菜单使用 JPopupMenu 类实现，创建弹出式菜单的步骤如下。

（1）创建 JPopupMenu 类的实例对象，代码如下。

```
JPopupMenu popMenu = new JPopupMenu();
```

（2）根据需要，创建若干 JMenuItem 实例，并将它们依次加入到 JPopupMenu 对象中。

```
JMenuItem undo = new JMenuItem("撤销");
JMenuItem cut = new JMenuItem("剪切");
…
popMenu.add(undo);
popMenu.addSeparator();
popMenu.add(cut);
…
```

（3）将 JPopupMenu 对象加入到指定的组件中，如以多行文本框对象（名称为 txtMain）为例，代码如下。

```
txtMain.add(popMenu);
```

（4）为指定组件添加鼠标监听器，当用户释放右键时弹出菜单。

```
txtMain.addMouseListener(new MouseAdapter()
{
    public void mouseReleased(MouseEvent e)
    {
        if(e.isPopupTrigger())
            popMenu.show(txtMain, e.getX(), e.getY());
    }
}
);
```

下面的程序片段对例9.10继续完善,在Example9_10类的init()方法中添加如下代码,为记事本程序添加弹出式菜单功能,当用户右击多行文本框时弹出菜单。

```java
//弹出式菜单
popMenu = new JPopupMenu();
//弹出式菜单的菜单项
JMenuItem undo = new JMenuItem("撤销");
JMenuItem cut = new JMenuItem("剪切");
JMenuItem copy = new JMenuItem("复制");
JMenuItem paste = new JMenuItem("粘贴");
JMenuItem all = new JMenuItem("全选");
//将菜单项加入到popMenu对象中
popMenu.add(undo);
popMenu.addSeparator();
popMenu.add(cut);
popMenu.add(copy);
popMenu.add(paste);
popMenu.addSeparator();
popMenu.add(all);
//指定txtMain组件的弹出式菜单
txtMain.add(popMenu);
//为鼠标添加监听器
txtMain.addMouseListener(new MouseAdapter()
{
    public void mouseReleased(MouseEvent e)
    {
        if(e.isPopupTrigger())
            popMenu.show(txtMain, e.getX(), e.getY());
    }
}
);
```

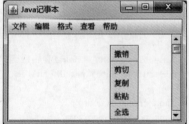

截至目前,记事本程序的界面设计已基本告一段落,运行结果如图9.15所示。

图9.15 例9.10的运行结果

注意:为程序设计图形用户界面时,较为常见的有以下3种实现方法。

- 让自定义类继承于JFrame等顶级容器,然后在该类的构造方法中实现GUI布局设计;
- 在自定义类的main()方法中实例组件对象,并且实现GUI布局设计;
- 在自定义类中声明一个方法如init(),在该方法中实现GUI布局设计。

以上3种方法均可实现界面的布局设计,读者可根据个人喜好选择GUI布局设计的实现方法,本书多采用第3种方法,此种方法程序可读性相对较好,结构比较清晰。而且一般不要在构造方法和main()方法中放置过多的代码。

9.5 事件处理机制

前面介绍了布局管理器和常用组件的使用方法,可以看到,尽管界面样式上有些差异,但使用Java的AWT和Swing等技术也可以设计出像Visual Basic、Delphi等语言同样功效的用户界面。但本章前面的程序(如例9.10),这些程序界面设计均已经实现,但用户单击诸如按钮或菜单等组件时并不会执行任何操作。在本节中将重点介绍 Java 的事件处理机制。

9.5.1 委托事件模型

所谓事件是指一个状态的改变,或者一个活动的发生,如用户单击窗口关闭按钮发生窗口关闭事件,用户单击一个按钮发生动作事件等。事件一般分为三种类型:键盘事件、鼠标事件以及组件的动作事件(对鼠标或键盘事件在一定程度上进行了封装)。

每发生一个事件,程序都需要作出相应的响应,这称为事件处理,事件处理过程中涉及 3 个对象,分别是事件源、事件和监听器。

- 事件源(Event Source):产生事件的组件,即事件发生的地点。例如,用户单击按钮产生的动作事件是在按钮上发生的,所以按钮是事件源。事件源一般来说指的是某一个组件或者容器等。
- 事件(Event):事件封装了组件上发生的特定事件(或者称为动作),一般指的是用户对某个组件所进行的操作。如果程序需要获得组件所进行的操作,使用 Event 对象可以获得。
- 监听器(Listener):监听器负责监视指定组件所发生的特定事件,并对相应事件做出响应处理。

Java 采用委托事件模型(delegation event model),委托事件模型是 Java 图形用户界面设计的核心。有别于 C♯等语言,Java 的事件源并不直接处理发生在其本身的事件,而是委托注册在事件源上的事件监听器监听指定事件并进行处理。如图 9.16 所示,通过在事件源上注册事件监听器,事件源与事件监听器建立了联系,当事件源发生相应事件时,就触发事件监听器相应事件处理方法的执行。

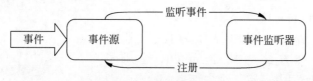

图 9.16 事件委托机制

事件源不处理发生在自身上的事件,而是将事件处理委托给外部的处理实体即事件监听器。不同的事件,可以交由不同类型的监听器去处理。所有的组件都从 Component 类中继承了将事件处理委派给监听器的方法。

- addXxxListener():给某个需要处理某种事件的组件注册监听器。
- removeXxxListener():删除组件注册的某个监听器。

【例 9.11】 Example9_11.java

```
import javax.swing.*;
import java.awt.*;
import java.awt.event.ActionEvent;
import java.awt.event.ActionListener;
public class Example9_11 extends JFrame {
    private JButton btnOK;
    private JDialog dialog;
    /**
     * 在构造方法在实现界面设计
```

```java
     */
    public Example9_11() {
        super("Java事件处理例子");
        //实例化对话框
        dialog = new JDialog(this, "对话框", true);
        btnOK = new JButton("与我对话");
        //为按钮 btnOK 注册 ActionListener
        btnOK.addActionListener(new MyListener());
        //定义对话框相关信息
        JLabel lb = new JLabel("Java 的事件处理实例!");
        dialog.add(lb);
        dialog.setBounds(580, 300, 150, 50);
        //定义 EventDemo 窗体相关信息
        setLayout(new FlowLayout());
        add(btnOK);
        setVisible(true);
        setBounds(500, 200, 300, 200);
    }
    /**
     * 内部类,定义一个监听器类,处理事件
     */
    class MyListener implements ActionListener {
        public void actionPerformed(ActionEvent e) {
            dialog.setVisible(true);
        }
    }
    public static void main(String[] args) {
        new Example9_11();
    }
}
```

运行结果如图 9.17 所示。

本例主类 Example9_11 继承 JFrame,主类构造方法实现了包括对话框及程序界面的设计,通过 addActionListener()方法为按钮 btnOK 注册了 ActionListener 监听器,并且将一个内部类 MyListener 实例作为该方法的参数。内部类 MyListener 实现了 AactionListener 接口的抽象方法 actionPerformed(),

图 9.17 例 9.11 的运行结果

此方法实现了事件处理业务逻辑——打开一个模式对话框 dialog。

注意:使用 Java 的监听器对象时,应注意:
- 程序凡是涉及事件监听器对象时,必须导入 java.awt.event 包。
- 所有的 Java 事件监听器都是接口类型,必须实现监听器中的所有抽象方法。
- 一种监听器只负责监听一种特定类型的事件,不会处理与之无关的其他事件;若要处理事件源的多种类型事件,应分别注册相应类型的事件监听器。

通过上例,实现事件处理机制的步骤如下。

(1) 对于某种类型的事件 XxxEvent,若接收并处理该类事件,必须定义相应的事件监听器类,这个类需要实现针对该类事件的特定接口 XxxListener。

(2) 要实现该类中对事件处理的方法。

(3) 对于事件源,必须使用 addXxxListener(XxxListener)注册该类事件的监听器,以便当事件产生时,能够被监听器接收和处理。

9.5.2 事件类别和事件监听器

Java 对事件进行了严格分类,并且对发生在事件源的事件进行了过滤。所有事件都放在包 java.awt.event 中,这些事件都从 java.util.EventObject 而来,对于发生在组件上的事件,则由 java.awt.event.AWTEvent 派生,大致可分为以下十几类,同时又归为两大类:低级事件和高级事件。

低级事件:指基于特定动作的事件,如窗体的激活或打开、组件失去或获得焦点、鼠标的单击或拖放等。

- ComponentEvent(包括 ContainerEvent,WindowEvent,FocusEvent,KeyEvent,MouseEvent):组件事件,包括容器事件、窗体事件、焦点事件、键盘事件和鼠标事件等。
- HierarchyEvent:用于更改层次结构的事件。
- InputMethodEvent:用于接收输入方法的事件。
- InvocationEvent:用于线程调用的事件。

高级事件:又称为语义事件,一般的 GUI 编程只需对这类事件进行处理即可。

- ActionEvent:动作事件,当单击按钮、菜单项等组件时触发该事件。
- AdjustmentEvent:调节事件,移动滚动条时触发该事件。
- ItemEvent:选项事件,当选中或取消某个选项时触发该事件。
- TextEvent:文本事件,当文本框的文本发生改变时触发该事件。

不同的事件需要使用与之相对应的监听器监听,不同的监听器需要实现不同的监听器接口,当指定的事件发生时,监听器侦听到此事件并调用相应的方法来处理该事件,表 9.8 列出了常用事件、监听器接口和监听器方法的对照关系。

表 9.8 常用事件、监听器接口和监听器方法的对照关系

常用事件	监听器接口	监听器方法
ActionEvent	ActionListener	void actionPerformed(ActionEvent e),单击按钮、菜单项及文本框等组件时触发
AdjustmentEvent	AdjustmentListener	adjustmentValueChanged(AdjustmentEvent e),移动滚动条时触发
ComponentEvent	ComponentListener	componentHidden(ComponentEvent e),组件被隐藏时触发 componentMoved(ComponentEvent e),组件移动时触发 componentResized(ComponentEvent e),组件大小发生改变时触发 componentShown(ComponentEvent e),组件可见时触发
ContainerEvent	ContainerListener	componentAdded(ContainerEvent e),将组件添加到容器中时触发 componentRemoved(ContainerEvent e),从容器中移除组件时触发
FocusEvent	FocusListener	focusGained(FocusEvent e),组件获得焦点时触发 focusLost(FocusEvent e),组件失去焦点时触发

续表

常 用 事 件	监听器接口	监听器方法
HierarchyEvent	HierarchyListener	hierarchyChanged(HierarchyEvent e)，层次结构更改时触发
InputMethodEvent	InputMethodListener	caretPositionChanged(InputMethodEvent e)，当撰写文本中的 caret 发生变化时调用
		inputMethodTextChanged(InputMethodEvent e)，当通过输入方法输入的文本发生变化时调用
ItemEvent	ItemListener	itemStateChanged(ItemEvent e)，在用户已选定或取消某个选项时调用
KeyEvent	KeyListener	keyPressed(KeyEvent e)，按下某个键时调用此方法
		keyReleased(KeyEvent e)，释放某个键时调用此方法
		keyTyped(KeyEvent e)，输入某个键时调用此方法
MouseEvent	MouseListener	mouseClicked(MouseEvent e)，鼠标按键在组件上单击（按下并释放）时调用
		mouseEntered(MouseEvent e)，鼠标进入到组件上时调用
		mouseExited(MouseEvent e)，鼠标离开组件时调用
		mousePressed(MouseEvent e)，鼠标按键在组件上按下时调用
	MouseMotionListener	mouseReleased(MouseEvent e)，鼠标按键在组件上释放时调用
		mouseDragged(MouseEvent e)，鼠标左键在组件上按下并拖动时调用
		mouseMoved(MouseEvent e)，鼠标光标移动到组件上但无按键按下时调用
MouseWheelEvent	MouseWheelListener	mouseWheelMoved(MouseWheelEvent e)，鼠标滚轮旋转时调用
TextEvent	TextListener	textValueChanged(TextEvent e)，文本的值已改变时调用
WindowEvent	WindowFocusListener	windowGainedFocus(WindowEvent e)，当窗体获取焦点时调用
		windowLostFocus(WindowEvent e)，当窗体失去焦点时调用
	WindowListener	windowActivated(WindowEvent e)，当窗体激活时调用
		windowClosed(WindowEvent e)，当窗体调用 dispose 时调用
		windowClosing(WindowEvent e)，当用户单击窗体右上角的"关闭"按钮时调用
		windowDeactivated(WindowEvent e)，窗体失去激活时调用
		windowDeiconified(WindowEvent e)，窗体被恢复时调用
		windowIconified(WindowEvent e)，窗体最小化时调用
		windowOpened(WindowEvent e)，窗体首次被打开时调用
	WindowStateListener	windowStateChanged(WindowEvent e)，窗体状态改变时调用

通过表 9.8 中列出的这些事件、监听器以及监听器的方法，可以基本上判断出使用何种组件时应该使用哪种监听器监听何种事件。例如，使用按钮、菜单等组件时一般使用 ActionListener 监听器监听其 ActionEvent 事件，要监听键盘事件 KeyEvent 使用 KeyListener 监听器等。因此，在使用组件时必须选择恰当的监听器监听相应的事件；否则，添加的事件处理程序将不会产生作用。另外，特别需要注意的是，监听器均是接口类型，使用时必须实现其所有的抽象方法，即便是空实现。下面是一个有关监听器使用的例子。

【例 9.12】 Example9_12.java

```java
import javax.swing.*;
import java.awt.*;
import java.awt.event.*;
public class Example9_12 implements ActionListener {
    //声明 f 为 Frame 窗体
    private Frame f;
    private JTextField tf;
    private JButton btn;
    private JButton ok;
    private JButton cancel;
    private JLabel lb;
    public static void main(String args[]) {
        new Example9_12().init();
    }
    //实现 ActionListener 接口的 actionPerformed()方法
    public void actionPerformed(ActionEvent e) {
        //使用 getActionCommand()方法获取组件的标签名称
        if (e.getActionCommand().equals("OK")) {
            lb.setText("你单击了'OK'按钮");
        } else if (e.getActionCommand().equals("Cancel")) {
            lb.setText("你单击了'Cancel'按钮");
        }
        //使用 getSource()方法获取组件的名称
        if (e.getSource() == btn) {
            lb.setText("你单击了'Button'按钮");
        }
    }

    public void init() {
        f = new Frame("监听器的用法");
        lb = new JLabel("Click and Drag the mouse");
        f.add(lb, "North");

        JPanel p = new JPanel();
        ok = new JButton("OK");
        //为 ok 按钮添加 ActionListener
        ok.addActionListener(this);
        p.add(ok);
        cancel = new JButton("Cancel");
        //为 cancel 按钮添加 ActionListener
        cancel.addActionListener(this);
        p.add(cancel);
        btn = new JButton("Button");
        //为 btn 按钮添加 ActionList
```

```java
        btn.addActionListener(this);
        p.add(btn);
        f.add(p, "Center");
        tf = new JTextField(30);
        f.add(tf, "South");
        //同时监听容器f上发生的多种事件
        //监听f的鼠标事件
        f.addMouseListener(new MouseListener() {
            public void mouseEntered(MouseEvent e) {
                String s = "鼠标进入了窗体";
                tf.setText(s);
            }
            public void mouseExited(MouseEvent e) {
                String s = "鼠标离开了窗体";
                tf.setText(s);
            }
            //以下是MouseListener接口中抽象方法的空实现
            public void mouseClicked(MouseEvent e) { }

            public void mousePressed(MouseEvent e) { }

            public void mouseReleased(MouseEvent e) { }
        });
        //监听f的鼠标移动事件
        f.addMouseMotionListener(new MouseMotionListener() {
            public void mouseDragged(MouseEvent e) {
                //通过事件获得其详细信息
                String s = "Mouse dragging : X = " + e.getX() + " Y = " +
                    e.getY();
                tf.setText(s);
            }

            public void mouseMoved(MouseEvent e) {
            }
        });
        //监听f的鼠标滑轮滑动事件
        f.addMouseWheelListener(new MouseWheelListener() {
            public void mouseWheelMoved(MouseWheelEvent e) {
                f.setBackground(Color.red);
            }
          }
        );
        //监听f的窗体事件,并使用匿名内部类直接实现监听器
        f.addWindowListener(new WindowListener() {
            public void windowClosing(WindowEvent e) {
                System.exit(0);
            }
            //以下是WindowListener接口中抽象方法的空实现
            public void windowActivated(WindowEvent e) { }

            public void windowClosed(WindowEvent e) { }

            public void windowDeactivated(WindowEvent e) { }
```

```
            public void windowDeiconified(WindowEvent e) { }
            public void windowIconified(WindowEvent e) { }
            public void windowOpened(WindowEvent e) { }
        });
        f.setBounds(400, 200, 400, 300);
        f.setVisible(true);
    }
}
```

运行结果如图 9.18 所示。

本例中先给 JFrame 窗体对象 f 添加了 MouseListener、MouseMotionListener、MouseWheelListener 和 WindowListener 监听器,这些监听器监听 f 的 MouseEvent、MouseWheelEvent 和 WindowEvent。另外,还给三个按钮对象注册了 ActionListener 监听器监听按钮的 ActionEvent 事件。本例所演示的主要功能是:当鼠标进入及离开窗体时文本框 tf 分别显示"鼠标进入了窗体"和"鼠标离开了窗体";当鼠标在窗体内拖动时文本框 tf 显示当前光标在

图 9.18 例 9.12 的运行结果

窗体中的坐标位置;当鼠标在窗体内滑动鼠标滑动轮时窗体背景色设置为红色;当鼠标单击窗体的任意一个按钮时标签 lb 显示单击的按钮名称。因此,对照上述功能需求,需要在 MouseListener 监听器对象的 mouseEntered()、mouseExited()、MouseMotionListener 监听器对象的 mouseDragged(),MouseWheelListener 监听器对象的 mouseWheelMoved()以及 ActionListener 监听器对象的 actionPerformed()方法中添加事件处理代码,对其他方法空实现。

注意:使用 ActionEvent 对象的 getActionCommand()方法和 getSource()方法都能确定程序中唯一的事件源(即组件),二者的不同在于:

- getActionCommand()方法通过组件的文本标签获取具体的事件源,它的返回值是 String 类型。
- getSource()方法通过组件名称获取具体的事件源,它的返回值是 Object 类型,即组件对象。

通过上例可以发现,诸如 WindowListener、MouseListener 等监听器中有多个方法,鉴于监听器均是接口类型,其方法都是抽象方法,程序若用到这些监听器,即使不需要在个别抽象方法中添加任何事件处理代码,也必须对这些抽象方法进行空实现。这无疑让程序比较臃肿。Java 考虑到这个问题,提供了事件适配器(Adapter)解决这一问题,下面将重点介绍 Java 事件适配器。

9.5.3 事件适配器

事件监听器是接口类型,而事件适配器(Adapter)实质上是类,它提供了相应事件监听

器的空实现(即实现了事件监听器中的所有抽象方法,但这些方法体内没有任何代码)。当需要对某种事件进行处理时,让事件处理类继承事件所对应的适配器类,只重写需要关注的方法即可,而无关的方法就不必实现,简化了大量代码。

注意:查阅 Java API,细心的读者会发现如果事件监听器中只有一个抽象方法,则该事件监听器不再提供对应的事件适配器,实质上也没有必要,因为实现该事件监听器的类必须而且也只能实现其唯一的抽象方法。Java 提供的事件适配器,其对应的事件监听器至少包含两个或两个以上的抽象方法。

表 9.9 列出了 Java 事件监听器接口与事件适配器的对应关系。

表 9.9 Java 事件监听器接口与事件适配器的对应关系

事件监听器接口	事件适配器
ComponentListener	ComponentAdapter
ContainerListener	ContainerAdapter
FocusListener	FocusAdapter
KeyListener	KeyAdapter
MouseListener	MouseAdapter
MouseMotionListener	MouseMotionAdapter
WindowListener	WindowAdapter

事件适配器作为监听器接口的实现类,由于 Java 单重继承机制的限制,处理事件的类只能继承一个适配器。当该类需要处理多种事件时,通过继承适配器类的方式是不行的。但可以基于适配器类,用内部类的形式来处理这种情况。例 9.13 以适配器的形式实现例 9.12 的程序功能。

【例 9.13】 Example9_13.java

```java
import javax.swing.*;
import java.awt.*;
import java.awt.event.*;

public class Example9_13 implements ActionListener {
    //声明 f 为 JFrame 窗体
    private JFrame f;
    private JTextField tf;
    private JButton btn;
    private JButton ok;
    private JButton cancel;
    private JLabel lb;
    public static void main(String args[]) {
        new Example9_13().init();
    }
    //实现 ActionListener 的抽象方法
    public void actionPerformed(ActionEvent e) {
        //使用 getActionCommand()方法获取组件的标签名称
        if (e.getActionCommand().equals("OK")) {
            lb.setText("你单击了'OK'按钮");
        } else if (e.getActionCommand().equals("Cancel")) {
            lb.setText("你单击了'Cancel'按钮");
        }
```

```java
        //使用 getSource()方法获取组件的名称
        if (e.getSource() == btn) {
            lb.setText("你单击了'Button'按钮");
        }
    }
    /**
     * 初始化程序界面
     */
    public void init() {
        f = new JFrame("监听器的用法");
        lb = new JLabel("Click and Drag the mouse");
        f.add(lb, "North");

        JPanel p = new JPanel();
        ok = new JButton("OK");
        //为 ok 按钮添加 ActionListener
        ok.addActionListener(this);
        p.add(ok);
        cancel = new JButton("Cancel");
        //为 cancel 按钮添加 ActionListener
        cancel.addActionListener(this);
        p.add(cancel);
        btn = new JButton("Button");
        //为 btn 按钮添加 ActionList
        btn.addActionListener(this);
        p.add(btn);
        f.add(p, "Center");
        tf = new JTextField(30);
        f.add(tf, "South");
        //同时监听容器 f 上发生的多种事件
        f.addMouseListener(new MouseAdapter() {
            public void mouseEntered(MouseEvent e) {
                String s = "鼠标进入了窗体";
                tf.setText(s);
            }

            public void mouseExited(MouseEvent e) {
                String s = "鼠标离开了窗体";
                tf.setText(s);
            }
        });
        f.addMouseMotionListener(new MouseMotionAdapter() {
            public void mouseDragged(MouseEvent e) {
                //通过事件获得其详细信息
                String s = "鼠标拖动：X = " + e.getX() +
                    " Y = " + e.getY();
                tf.setText(s);
            }
        });
        f.addMouseWheelListener(new MouseWheelListener() {
            public void mouseWheelMoved(MouseWheelEvent e) {
                f.setBackground(Color.red);
            }
        });
```

```
        //JFrame 容器需要添加此事件以关闭窗体
        f.addWindowListener(new WindowAdapter() {
            public void windowClosing(WindowEvent e) {
                System.exit(0);
            }
        });
        f.setBounds(400, 200, 400, 300);
        f.setVisible(true);
    }
}
```

本例为窗体注册 MouseListener、MouseMotionListener、MouseWheelListener 和 WindowListener 监听器时,直接以匿名内部类的形式重写了相应事件适配器类,特别只重写必要的方法,无须像事件监听器接口那样要重写所有的抽象方法。

9.5.4 监听器实现形式

在 Java 中,实现监听事件的形式有以下几种。

- 匿名内部类形式:在程序主类中,嵌入匿名内部类创建事件监听器对象。
- 类本身实现监听器形式:程序主类实现监听器接口,此时类本身就是监听器对象。
- 类本身继承适配器类形式:程序主类继承适配器类,此时类本身也是监听器对象。
- 内部类形式:专门定义一个监听器类,并且嵌入程序主类中。
- 外部类形式:专门定义一个监听器类,并且本身以外部类的形式独立存在。
- Lambda 表达式形式:该形式适用于属于函数式接口的监听器。

1. 匿名内部类形式

匿名内部类形式是处理事件监听器应用最广泛的一种,其优点是简洁、方便且可读性较强,缺点是代码不具有复用性。例 9.14 演示了匿名内部类实现事件监听器的方式。

【例 9.14】 Example9_14.java

```
import javax.swing.*;
import java.awt.*;
import java.awt.event.ActionEvent;
import java.awt.event.ActionListener;
public class Example9_14 {
    private int count = 0;
    public void init() {
        //实例化组件对象
        JFrame.setDefaultLookAndFeelDecorated(true);
        JFrame fr = new JFrame("窗体");
        fr.setDefaultCloseOperation(JFrame.EXIT_ON_CLOSE);
        final JLabel lb = new JLabel();
        JButton b1 = new JButton("Test");
        JButton b2 = new JButton("Exit");
        //以下代码为界面设计
        fr.setLayout(new FlowLayout());
        fr.add(b1);
        fr.add(b2);
        fr.add(lb);
        fr.setBounds(500, 300, 200, 200);
        fr.setVisible(true);
```

```java
        //为b1添加事件监听器,并以匿名内部类形式实现事件处理
        b1.addActionListener(new ActionListener() {
            //实现ActionListener监听器对象的actionPerformed()方法
            public void actionPerformed(ActionEvent e) {
                //主要功能为计数器
                count++;
                lb.setText("You Clicked Test Button " + count + " Times.");
            }
        });
        //为b2添加事件监听器,同样为匿名内部类形式
        b2.addActionListener(new ActionListener() {
            public void actionPerformed(ActionEvent e) {
                //程序退出
                System.exit(0);
            }
        });
    }
    public static void main(String args[]) {
        new Example9_14().init();
    }
}
```

运行结果如图9.19所示。

图9.19 例9.14的运行结果

在本例中,使用了匿名内部类形式实现事件监听器,在这种形式下在给组件添加监听器的同时以匿名内部类来实现监听器接口或者重写某个适配器类的相关方法。该方式可以访问类的其他成员、代码可读性好;但是每个组件都需要单独添加事件监听器,代码复用性较差。

2. 类本身实现监听器形式

有时候程序的主类本身就是一个监听器,这种方式类既实现程序的用户界面设计,又实现业务逻辑及事件处理,这种方式事件监听器访问类的其他成员也很方便。但是从软件设计的角度,赋给一个类太多的角色,为以后程序的扩展带来不便。例9.15以类本身实现监听器形式来实现例9.14的功能。

【例9.15】 Example9_15.java

```java
import javax.swing.*;
import java.awt.*;
import java.awt.event.ActionEvent;
import java.awt.event.ActionListener;
import java.awt.event.WindowAdapter;
import java.awt.event.WindowEvent;

public class Example9_15 extends WindowAdapter
        implements ActionListener {
    private int count = 0;
    //实例化组件对象
    private Frame fr;
    private final JLabel lb;
    private JButton b1;
    private JButton b2;
    public Example9_15() {
        super();
```

```java
        fr = new Frame("窗体");
        lb = new JLabel();
        b1 = new JButton("Test");
        b2 = new JButton("Exit");
    }
    //以下代码为界面设计
    public void init() {
        fr.setLayout(new FlowLayout());
        fr.add(b1);
        fr.add(b2);
        fr.add(lb);
        fr.setBounds(500, 300, 200, 200);
        fr.setVisible(true);
        //为b1添加事件监听器,类本身就是 ActionListener 对象,故实参为 this
        b1.addActionListener(this);
        //为b2添加事件监听器,同样实参为 this
        b2.addActionListener(this);
        //为Frame类形窗体 fr 添加事件监听器,实参也为 this
        fr.addWindowListener(this);
    }
    /**
     * 在主类中实现 ActionListener 接口中的 actionPerformed()方法
     */
    public void actionPerformed(ActionEvent e) {
        //可根据 getSource()方法或 getActionCommand()方法取得事件源
        if (e.getSource().equals(b1)) {
            count++;
            lb.setText("You Clicked Test Button " + count + " Times.");
        } else if (e.getSource().equals(b2)) {
            System.exit(0);
        }
    }
    /**
     * 重写 WindowAdapter 类的 windowClosing()方法
     */
    public void windowClosing(WindowEvent e) {
        System.exit(0);
    }
    public static void main(String args[]) {
        new Example9_15().init();
    }
}
```

本例主类既实现了 ActionListener 接口,同时也继承了 WindowAdapter 类。因此,在主类中需要既实现 actionPerformed()方法又重写 WindowAdapter 类的 windowClosing()方法。使用主类实现监听器的形式可以实现代码复用,并且利用事件对象的 getSource()方法或者 getActionCommand()方法判断事件源为哪个组件。

3. 类本身继承适配器类形式

类本身继承适配器类的形式与实现监听器相似,该形式主要适用于适配器类,其优点也是初学者易于理解,但是由于 Java 单继承的限制,一旦主类继承了适配器类就无法再继承其他类。例 9.15 就是一个类本身继承适配器类的实例,此处不再举例。

4. 内部类形式

使用类本身实现监听器或者继承适配器类导致程序结构混杂,主类具有多种角色,致使程序紧耦合、扩展性差,不符合软件工程的思想。因此,设计一个内部类处理某种组件的事件业务逻辑。例 9.16 是以内部类的形式实现例 9.14 的功能。

【例 9.16】 Example9_16.java

```java
import javax.swing.*;
import java.awt.*;
import java.awt.event.ActionEvent;
import java.awt.event.ActionListener;
public class Example9_16 {
    //实例化组件对象
    JFrame fr = new JFrame("窗体");
    final static JLabel lb = new JLabel();
    JButton b1 = new JButton("Test");
    JButton b2 = new JButton("Exit");

    public void init() {
        //以下代码为界面设计
        fr.setLayout(new FlowLayout());
        fr.add(b1);
        fr.add(b2);
        fr.add(lb);
        fr.setBounds(500, 300, 200, 200);
        fr.setVisible(true);
        fr.setDefaultCloseOperation(JFrame.EXIT_ON_CLOSE);
        //为 b1 添加事件监听器,并以内部类形式实现事件处理
        b1.addActionListener(new ButtonListener());
        //为 b2 添加事件监听器,同样为内部类形式
        b2.addActionListener(new ButtonListener());
    }
    public static void main(String args[]) {
        new Example9_16().init();
    }
    /**
     * 内部类,处理按钮 b1,b2 的事件
     */
    class ButtonListener implements ActionListener {
        private int count = 0;
        public void actionPerformed(ActionEvent e) {
            if (e.getActionCommand().equals("Test")) {
                count++;
                //访问主类成员
                Example9_16.lb.setText("You Clicked Test Button " +
                        count + " Times.");
            } else if (e.getActionCommand().equals("Exit")) {
                System.exit(0);
            }
        }
    }
}
```

本例定义一个内部类 ButtonListener,该类实现 ActionListener 接口,并在 actionPerformed() 方法中添加了按钮的事件处理代码。为按钮添加监听器时,将 ButtonListener 的实例分别作为

addActionListener()方法的参数。这种方式既可以访问主类的成员,又能实现代码复用。

5. 外部类形式

外部类形式与内部类形式实质上是一样的,用法区别主要在于内部类和外部类访问其成员的不同,外部类形式不能访问其他类的私有成员,所以外部类形式在使用时受到很大限制。

【例 9.17】 Example9_17.java

```java
import javax.swing.*;
import java.awt.*;
import java.awt.event.ActionEvent;
import java.awt.event.ActionListener;
public class Example9_17 {
    //实例化组件对象
    JFrame fr = new JFrame("窗体");
    public static JLabel lb = new JLabel();
    JButton b1 = new JButton("Test");
    JButton b2 = new JButton("Exit");
    public void init() {
        //以下代码为界面设计
        fr.setLayout(new FlowLayout());
        fr.add(b1);
        fr.add(b2);
        fr.add(lb);
        fr.setBounds(500, 300, 200, 200);
        fr.setVisible(true);
        fr.setDefaultCloseOperation(JFrame.EXIT_ON_CLOSE);
        //为 b1 添加事件监听器,并以外部类形式实现事件处理
        b1.addActionListener(new ButtonListener());
        //为 b2 添加事件监听器,同样为外部类形式
        b2.addActionListener(new ButtonListener());
    }

    public static void main(String args[]) {
        new Example9_17().init();
    }
}
/**
 * 本类专门处理按钮事件
 */
class ButtonListener implements ActionListener {
    private static int count = 0;
    public void actionPerformed(ActionEvent e) {
        if (e.getActionCommand().equals("Test")) {
            count++;
            Example9_17.lb.setText("You Clicked Test Button " +
                    count + " Times.");
        } else if (e.getActionCommand().equals("Exit")) {
            System.exit(0);
        }
    }
}
```

6. Lambda 表达式形式

对于函数式接口的事件监听器,由于只含有一个抽象方法,也可以使用 Lambda 表达式的方式实现事件监听器。例 9.18 是用 Lambda 表达式实现 ActionListener 监听器。

【例 9.18】 Example9_18.java

```java
import javax.swing.*;
import java.awt.*;
public class Example9_18 {
    JFrame fr = new JFrame("窗体");
    public static JLabel lb = new JLabel();
    JButton b1 = new JButton("Test");
    JButton b2 = new JButton("Exit");
    private int count = 0;

    public void init() {
        //以下代码为界面设计
        fr.setLayout(new FlowLayout());
        fr.add(b1);
        fr.add(b2);
        fr.add(lb);
        fr.setBounds(500, 300, 200, 200);
        fr.setVisible(true);
        fr.setDefaultCloseOperation(JFrame.EXIT_ON_CLOSE);
        //Lambda 表达式
        b1.addActionListener((e) -> {
            count++;
            Example9_18.lb.setText("You Clicked Test Button " +
                    count + " Times.");
        });
        //Lambda 表达式
        b2.addActionListener((e) -> {
            System.exit(0);
        });
    }

    public static void main(String args[]) {
        new Example9_18().init();
    }
}
```

使用 Lambda 表达式的方式相比匿名内部类，代码更加简洁，也能访问类的其他成员。不足之处仍然是代码复用性较差。

9.6 思政案例：复杂问题的分析与解决方法

软件规模日趋庞大，同时导致软件项目的复杂性徒增。造成软件复杂性增加的后果是软件各个子系统或模块之间的耦合性增加，各个元素之间的相互依赖性升高，接口关系变得错综复杂，不确定性也随之增加，最终软件项目可能以失败告终。解决软件项目复杂性问题，总体思路是：①采用分层思想，将软件自顶向下分解若干层次或模块。例如，分为表示层、模型层、控制器层等，分层思想降低了单个模块的复杂性，将一个复杂的问题分解为若干子问题，逐步细化解决。②提升代码复用性，我们定义较为通用的接口，可用不同的方法实现，提供多种不同的调用方案，满足不同调用者的需求。③制定系统化的更新机制，很多软件项目都是通过不停版本迭代才逐步成熟可靠。对于现存的系统，一些固有顽疾很难一蹴而就地解决所有问题。我们要做好系统规划，久久为功，善作善成，不断迭代完善软件产品。

正是由于软件项目固有的复杂性，使得开发成员之间的沟通变得困难，开发费用超支，开发时间延期,等等,当然也导致产品有缺陷,不易理解,不可靠,难以使用,功能难以扩充,等等。控制软件复杂性的基本方法有以下几种。

- 分解:将问题"各个击破",也就是对问题进行分解,然后再分别解决各个子问题。
- 抽象:抽取系统中的基本特征而忽略非基本的特征,更加充分地注意与当前目标有关的方面。
- 模块化:对模块的要求是高内聚(cohesion)、低耦合(coupling)。高内聚指在一个模块中应尽量多地汇集逻辑上相关的计算资源,低耦合指的是模块之间的相互作用应尽量少。
- 信息隐蔽:其原则是模块内的实现细节与外界隔离。用户只需要知道模块功能,而不需要了解模块的内部细节。

本节仍以 Java 版记事本程序为主线,加上穿插介绍 JTextArea、菜单、工具栏等组件,Java 的事件处理机制以及打印等,完整实现 Java 版记事本程序。

9.6.1 需求分析

记事本是一个非常实用的文本编辑器,能够处理一些基本的文本编辑工作,如新建、打开、保存、打印一个文本文件(.txt 格式),具有文本编辑操作功能,如取消、剪切、复制、粘贴、全选、查找与替换等,以及字体设置、自动换行等功能。

本节以软件工程的视角分析 Java 版记事本程序的需求分析、技术实现和项目打包部署的过程。

9.6.2 基础知识

要实现记事本程序,需要用到一些重要组件,如 JTextArea、JMenu、JCheckboxMenuItem、JToolBar 等,更重要的是一些 Java API 的使用、业务逻辑处理等。下面首先介绍记事本程序中用到的一些基础知识。

1. 多行文本框 JTextArea

JTextArea 是一个 Swing 组件,它是一个多行文本编辑组件,支持很多文本编辑操作如剪切 cut()、复制 copy()、粘贴 paste()、获得焦点 requestFocus()、获取与设置文本 getText()和 setText()、获取与设置光标位置 getCaretPosition()和 setCaretPosition()、获取字体 getFont()等。另外,JTextArea 从 JTextComponent、JCompoent、Container、Component 等类继承很多方法,读者可查询 API 进一步了解。

注意:JTextComponent 类提供了 getDocument()方法,该方法用于获取所有文本编辑组件如 JTextArea 对应的 Document 对象。而 Document 类提供的 addDocumentListener()方法为指定的 Document 对象添加事件监听器。当文本编辑组件中的文本内容发生改变时会触发该事件。

DocumentListener 监听器接口中提供了以下 3 个方法。

- changedUpdate(DocumentEvent e):当 Document 里的属性或属性集发生改变时触发该方法。
- insertUpdate(DocumentEvent e):当向 Document 里插入文本时触发该方法。
- removeUpdate(DocumentEvent e):当从 Document 里删除文本时触发该方法。

2. Java 打印 API

记事本程序经常需要使用打印功能。但由于历史原因,Java 提供的打印功能一直都比较弱。实际上,最初的 JDK 根本不支持打印,直到 JDK 1.1 才引入了轻量级的打印支持。

Java 打印 API 主要在 java.awt.print 包中。而 JDK 1.4 新增的打印类则主要存在于 javax.print 包及其相应的子包 javax.print.event 和 javax.print.attribute 中。其中,javax.print 包中主要包含打印服务的相关类,而 javax.print.event 则包含打印事件的相关定义,javax.print.attribute 则包括打印服务的可用属性列表等。

要实现文本打印,至少需要两步。

首先,需要一个打印服务对象。可通过三种方式实现:在 JDK 1.4 之前的版本,必须要实现 java.awt.print.Printable 接口或通过 Toolkit.getDefaultToolkit().getPrintJob 来获取打印服务对象;在 JDK 1.4 之后则还可以通过 javax.print.PrintSerivceLookup 查找定位一个打印服务对象。

然后,需要开始一个打印工作。也有几种实现方法:在 JDK 1.4 之前可以通过 java.awt.print.PrintJob(从 JDK 1.1 提供的,现在已经很少用了)调用 print()或 printAll()方法开始打印工作;也可以通过 java.awt.print.PrinterJob 的 printDialog 显示打印对话框,然后通过 print()方法开始打印;在 JDK 1.4 之后则可以通过 javax.print.ServiceUI 的 printDialog 显示打印对话框,然后调用 print()方法开始一个打印工作。

本书在此处介绍 Java 的打印 API,仅仅是为了方便读者阅读本程序,限于篇幅,在此不过多讲解,感兴趣的读者可查询相关 API。

本例窗体内文本编辑区域中的内容,假设每页有 54 行文本(具体行数可以调整),具体解决思路如下。

首先需要实现 Printable 接口,Printable 接口中只有一个 print()方法,所以实现 Printable 接口的类必须对 print()方法进行具体实现。然后按照每页最多 54 行的格式计算共需要打印多少页,当单击"打印"菜单时,执行相应的打印动作。打印文本的具体操作可通过 Graphics2D 类的 drawString()方法来实现。

3. 撤销管理器 UndoManager

对于许多应用,提供 Undo/Redo(撤销/重做)的功能便于用户编辑文本。一般的解决方法都是自己定义一系列类来实现。Java Swing 提供了专门实现 Undo/Redo 功能的 javax.swing.undo 包,使用该包中的撤销管理器(UndoManager)可以为 Java 应用程序特别是文本编辑工具增加 Undo/Redo 功能。

javax.swing.undo 包括如下常用类及接口。

- StateEditable 接口:定义可以由 StateEdit 撤销/恢复其状态的对象。
- UndoableEdit 接口:表示编辑的对象,该编辑已完成并且可以对其进行撤销和恢复操作。
- StateEdit 类:表示一个改变状态的编辑操作。
- UndoManager 类:负责实现撤销/恢复的功能,内部成员包括一个向量,该向量包含所有已做过的操作,通过 addEdit()方法将已进行的操作加入该类即可以通过调用 undo()和 redo()方法来实现撤销/恢复。表 9.10 列出了 UndoManager 类的常用方法。

表 9.10 UndoManager 类的常用方法

方 法 名	说 明
boolean addEdit(Undoable anEdit)	添加一个"编辑"操作
Boolean canUndo()	判断目前是否可进行 undo 操作
Boolean canRedo()	判断目前是否可进行 redo 操作

续表

方 法 名	说 明
int getLimit()	返回此 UndoManager 将保持的最大编辑数
void redo()	redo 操作
void undo()	undo 操作

  Swing 提供的撤销/恢复功能的类及接口都在 javax.swing.undo 包中,所有的操作都通过实现 UndoableEdit 接口来完成。UndoableEdit 接口定义了一个操作撤销或重做时需要执行的代码及相关信息。可以通过这个方法方便地实现几乎任意的撤销/恢复功能。具体使用的步骤如下。

  (1) 在程序中实例化一个 UndoManager 对象。

  (2) 自定义文档监听器类(假如类名为 UndoHandler)并实现 UndoableEditListener 接口,此接口为处理文档的监听器对象,并在此类中实现该接口的抽象方法。

  (3) 给需要撤销功能操作的对象添加文档撤销监听器。

  (4) 直接调用 UndoManager 对象的 undo() 和 redo() 方法即可实现撤销/恢复功能。

4. 字体类 Font

  字体设置是文本处理软件必不可少的功能之一,字体设置包括字体的大小、字体类型、字体样式等,所有这些操作可以通过字体类 Font 实现。Font 类位于 java.awt 包中,Font 类中提供了很多常量和方法,具体可参考 API 文档,此处不再赘述。

  除了上述知识,记事本程序还涉及大量的字符处理,因此读者还要非常熟悉 String 类。此外,由于要打开和保存文件,诸如 File 类、FileReader、FileWriter 等 I/O 操作也是需要读者了解的。

9.6.3 具体实现

  本程序在设计实现时主要考虑以下几个问题。

- **模块化设计**:每个具体的功能定义为独立的方法或者类,使程序结构清晰易读,同时减少耦合。
- **使用内部类**:由于内部类可以访问顶部类的成员,程序中较为独立的模块均以内部类的形式存在。
- **界面设计原则**:界面设计时考虑的主要问题是界面友好,使用方便,因此程序设计时要尽可能地为菜单添加快捷键和助记符,对于一些常用的功能考虑把它们添加到弹出式菜单中,以方便用户使用。

  对于 Java GUI 程序设计,一般实现步骤为首先设计程序的用户界面;然后按照程序的功能模块为各组件添加事件监听器,在监听器中添加具体的业务逻辑代码,这些业务逻辑代码如有必要,采用模块化的设计原则具体实现。

  程序源代码请参见本书电子资源。程序运行结果如图 9.20 和图 9.21 所示。

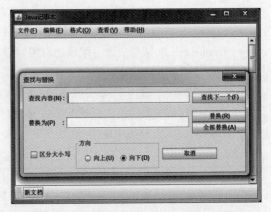

图 9.20 Java 版记事本"查找与替换"对话框

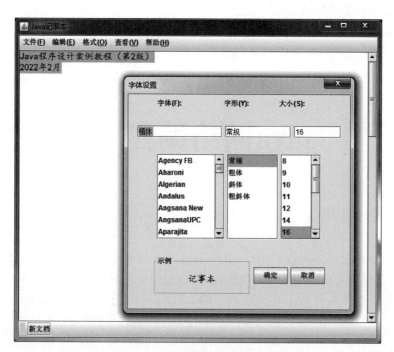

图 9.21 Java 版记事本"字体设置"对话框

9.6.4 项目打包

项目开发完毕之后,可以打包为 jar 格式的可执行文件,用户直接运行第 1 章介绍的 jar 命令将文件打包为可执行程序,也可以使用 IDEA 打包,具体过程不再展开说明。

小结

一个软件是否优秀,用户界面的设计至关重要。开发人员在进行 GUI 设计时,需要与软件的用户进行充分的沟通,确定用户的需求和使用习惯,在实用性与美观之间达到平衡。

本章简要介绍 Java GUI 的概念,组件是面向对象思想和现代软件工程发展的产物,为集成封装了一定功能的模块,可以通过预定义的接口操作和访问,具有良好的可重用性,在目前的软件行业中具有十分重要的地位。本章以 Java Swing 组件为基础,介绍了容器和一般 Swing 组件,一般 Swing 组件必须放置在容器中,不能单独存在。容器通过布局管理器管理其内部的各个组件的布局。

Java 事件处理机制是一种委托机制,不同事件,可以交由不同类型的监听器去处理。实现事件监听器形式有多种方式,可以是内部类、匿名内部类,也可以是程序主类实现监听器接口,或者是单独的外部类形式。本章还以 Java 记事本为例介绍了程序的需求分析、设计及项目打包等全过程。

第10章

Java网络编程

Java 语言风靡全世界得益于其对 Internet 的全方位支持。它屏蔽了网络底层的实现细节,程序开发人员面对统一开放的网络开发环境,无须关注具体实现细节,可以方便地开发网络应用程序。本章将介绍 java.net 包中的 InetAddress、URL、URLConnection、Socket、ServerSocket、DatagramPacket 以及 DatagramSocket 类,并借助于这些 API 开发网络应用程序。

本章要点

- 网络基础;
- InetAddress 对象;
- URL 对象;
- 基于 TCP 的网络编程;
- 基于 UDP 的网络编程。

10.1 网络基础

计算机网络是将地理位置上分散的计算机通过网络传输介质和网络设备相互连接起来、以共享资源和信息通信为目的,并具有自治功能的计算机集合。而网络应用开发是借助于计算机网络、网络协议和 API,开发分布式、跨平台、交互式、实时化的应用程序。

Java 网络应用开发主要解决两个问题:如何定位网络中的目标主机;如何向目标主机安全、可靠、稳定地传输数据。本节将介绍使用 IP 地址定位网络中的目标主机,基于 TCP/UDP 协议和 Java 网络包实现数据传输。

10.1.1 网络参考模型

目前网络参考模型主要有两个:OSI 参考模型和 TCP/IP 参考模型。OSI 参考模型是由国际标准化组织 ISO 于 1985 年提出并制定的一个网络分层模型;TCP/IP 参考模型是计算机网络的祖先 ARPANET 和后来的因特网使用的参考模型。

1. OSI 参考模型

OSI 参考模型定义了开放系统的层次结构、层次之间的相互关系及各层所包含的服务。它作为一个框架来协调和组织各层协议的制定,也是对网络内部结构最精练的概括与描述。

OSI参考模型定义了网络互联的7层框架,这7层从高到低依次为应用层、表示层、会话层、传输层、网络层、数据链路层和物理层,每层都定义了各层所提供的服务;某一层的服务就是该层及其下各层的一种能力,它通过接口提供给更高一层。各层所提供的服务与这些服务是怎么实现的无关。同时,各种服务还定义了层与层之间的接口和各层所使用的原语,但不涉及接口的实现。具体而言,每一层的功能如下。

- 应用层(Application Layer):OSI中的最高层,提供网络与用户应用软件之间的接口服务。
- 表示层(Presentation Layer):主要用于处理两个通信系统中交换信息的表示方式。它包括数据格式交换、数据加密与解密、数据压缩与恢复等功能。
- 会话层(Session Layer):提供包括访问验证和会话管理在内的建立和维护应用之间通信的机制,如服务器验证用户登录便是由会话层完成的。
- 传输层(Transport Layer):提供建立、维护和取消传输连接功能,负责可靠地传输数据。
- 网络层(Network Layer):处理网络间路由,确保数据及时传送。将数据链路层提供的帧组成数据包,包中封装有网络层包头,其中含有逻辑地址信息——源站点和目的站点地址的网络地址。
- 数据链路层(Data Link Layer):在此层将数据分帧,并处理流控制。本层指定拓扑结构并提供硬件寻址。
- 物理层(Physical Layer):处于OSI参考模型的最底层。物理层的主要功能是利用物理传输介质为数据链路层提供物理连接,以便透明地传送比特流。

2. TCP/IP 参考模型

TCP/IP 是一组用于实现网络互联的通信协议。Internet 网络体系结构以 TCP/IP 为核心。基于 TCP/IP 的参考模型将协议分成4个层次,它们分别是:网络接口层、网际互联层、传输层和应用层。

- 网络接口层:网络接口层与OSI参考模型中的物理层和数据链路层相对应。事实上,TCP/IP本身并未定义该层的协议,而由参与互联的各网络使用自己的物理层和数据链路层协议,然后与TCP/IP的网络接口层进行连接。
- 网际互联层:网际互联层对应于OSI参考模型的网络层,主要解决主机到主机的通信问题。该层有四个主要协议,它们是网际协议(IP)、地址解析协议(ARP)、互联网组管理协议(IGMP)和互联网控制报文协议(ICMP)。IP协议是网际互联层最重要的协议,它提供的是一个不可靠、无连接的数据报传递服务。
- 传输层:传输层对应于OSI参考模型的传输层,为应用层实体提供端到端的通信功能。该层定义了传输控制协议(TCP)和用户数据报协议(UDP)两个主要的协议。TCP提供的是一种可靠的、面向连接的数据传输服务;而UDP提供的是不可靠的、无连接的数据传输服务。
- 应用层:应用层对应于OSI参考模型的高层,为用户提供所需要的各种服务,如FTP、Telnet、DNS、SMTP等。

图10.1给出了TCP/IP参考模型中各层的主要协议与网络,图10.2描述了OSI参考模型与TCP/IP参考模型的对照关系。

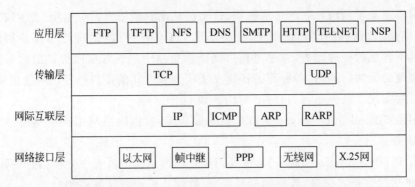

图 10.1　TCP/IP 参考模型中各层的主要协议与网络

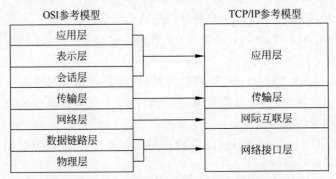

图 10.2　OSI 参考模型与 TCP/IP 参考模型对比

注意：TCP/IP 参考模型是目前主要应用的网络分层模型，而 OSI 参考模型是一种理论化的分层模型，能够帮助初学者学习与认识网络，但是由于它提出时 TCP/IP 已经成为事实上的网络分层标准，所以 OSI 参考模型一直没有投入到实际的应用中。

10.1.2　IP 地址和端口

IP 地址用于区别网络中各计算机和网络设备等。因为联网的设备是基于 IP 协议在网络中传输数据包，所以这些联网的设备必须使用 IP 地址来标识以保证正确地收发数据包。

目前互联网使用的 IP 地址为 IPv4(Internet Protocol version 4)地址，而下一代互联网使用的则是 IPv6(Internet Protocol version 6)地址，本节介绍的 IP 地址分类，主要是 IPv4 地址的分类。

1. IP 地址的分类

IPv4 是由 32 位二进制数字组成的，为了便于记忆，通常把这 32 位数分成 4 个 8 位的二进制数，每 8 位之间用圆点(.)隔开，将每个 8 位二进制数转换为一个 0～255 的十进制数，因此又把这种表示方法称为点分十进制表示法，常见的 IP 地址(如 202.102.224.68)便是这种形式。

IP 地址的 32 位数字可以分为两部分：网络号和主机号。IP 地址分为 5 类：A 类、B 类、C 类、D 类和 E 类。其中，D 类地址用于组播、E 类地址保留使用，通常作为实验和开发使用，因此实际使用的 IP 地址仅有 A 类、B 类和 C 类。不同的 IP 地址，其网络号和主机号占用的位数不同。

- A 类：由 8 位的网络号和 24 位主机号组成,网络号的最高位以 0 开头。
- B 类：由 16 位的网络号和 16 位的主机号组成,网络号的最高位以 10 开头。
- C 类：由 24 位的网络号和 8 位的主机号组成,网络号的最高位以 110 开头。

NIC(Internet Network Information Center)统一负责全球 Internet IP 地址的规划、管理,任何机构使用 IP 地址需要向 NIC 的相关分支机构申请。需要申请的 IP 地址称为公有地址(Public Address)；而另外一些 IP 地址则无须申请,任何机构可以内部使用,称为私有地址(Private Address),它属于非注册地址,专门供组织机构内部使用。以下列出留用的内部私有地址。

- A 类 10.0.0.0～10.255.255.255。
- B 类 172.16.0.0～172.31.255.255。
- C 类 192.168.0.0～192.168.255.255。

另外,还有几种 IP 地址是特殊的地址。

- 网络号为 127 的地址保留为内部回送地址,如 127.0.0.1 代表本机,等价于 localhost。
- 主机号全为 1 的 IP 地址表示一个网络的广播地址,如 163.28.255.255。
- 主机号全为 0 的地址标识一个网络,如 68.0.0.0 代表网络号为 68 的 A 类地址。

2. IPv6

IPv4 大约可提供 43 亿个 IP 地址,随着互联网的蓬勃发展,目前 IPv4 地址已经趋于枯竭。而地址空间的不足必将妨碍互联网的进一步发展,为了扩大地址空间,拟通过 IPv6 以重新定义地址空间。IPv6 采用 128 位地址长度,几乎可以不受限制地提供地址。在 IPv6 的设计过程中除解决了地址短缺问题以外,还考虑了在 IPv4 中解决不好的其他一些问题,主要有端到端 IP 连接、服务质量(QoS)、安全性、多播、移动性、即插即用等。

IPv6 地址的 128 位二进制数字通常写成 8 组,每组为 4 个十六进制数的形式,每组之间使用冒号(:)隔开。例如,5f01:0dbe:97a3:08d3:1319:8a2e:0370:5188 是一个合法的 IPv6 地址。

3. 端口

IP 地址可以唯一地确定网络上的一个通信实体,但一个通信实体可以有多个通信程序同时提供网络服务,为了避免同一通信实体的多个通信程序冲突,又引入了端口的概念。

端口(Port)使用端口号表示,端口号是一个 16 位的二进制数(即 0～65 535),用于表示数据交给哪个通信程序处理。简单地说,端口是通信程序与外界交换数据的出入口,它是一种抽象的软件结构,包括一些数据结构和 IO 缓冲区。不同的通信程序使用不同的端口号进行通信,在同一台计算机上不能使用同一个端口号进行通信。端口号可分为以下 3 类。

- 公认端口(Well Known Ports)：0～1023,它们紧密绑定于一些服务,通常这些端口的通信专用于某种服务的协议。例如,端口 80 用于 HTTP 通信。
- 注册端口(Registered Ports)：1024～49151,这类端口并不限定于特定服务,许多服务可以绑定于这些端口,这些端口同样可以用于其他目的。
- 动态和/或私有端口(Dynamic and / or Private Ports)：49152～65535,理论上不应为服务分配这些端口。

注意：每个通信实体可以同时运行多种网络服务,如何区别来自网络的数据归属于哪个服务？借助于"IP地址+端口"可以唯一标识通信实体的网络服务。

10.1.3 TCP 与 UDP

1. TCP

TCP(Transmission Control Protocol,传输控制协议)是一个面向连接的协议,即当一台计算机需要与另一台计算机连接时,它们之间首先需要建立一个连接,用于发送和接收数据的虚拟链路。TCP收集发送端的数据包并按适当的顺序在虚拟链路上传输,接收端收到数据包后再将其正确地还原,并会给发送端一个确认信息。TCP使用重发机制,当发送端没有收到接收端的确认信息时,发送端将再次重发这些数据包。

由此可见,TCP提供一种端到端、可靠的、带有流程控制的服务。TCP所提供服务的主要特点如下。

- 面向连接的传输。
- 端到端的通信。
- 高可靠性,确保传输数据的正确性,不出现丢失或乱序。
- 全双工方式传输。
- 采用字节流方式,即以字节为单位传输字节序列。
- 紧急数据传送功能。

2. UDP

UDP(User Datagram Protocol,用户数据报协议)提供多路复用和差错检测功能,但不保证数据包的正确性和先后顺序。UDP通常用于一些数据传输速度较快,但对数据的可靠性要求不严格的应用,如在线视频等要求实时性很强的应用。UDP具有以下特点。

- UDP是一个无连接协议,传输数据之前发送端和接收端不建立连接,从而提高了效率。
- 由于传输数据不建立连接,因此也就不需要维护连接状态,包括收发状态等,因此一台服务器可同时向多个客户机传输相同的消息。
- UDP信息包的标题很短,只有8B,相对于TCP的20B,信息包的额外开销很小。
- 吞吐量不受拥挤控制算法的调节,只受应用软件生成数据的速率、传输带宽、源端和终端主机性能的限制。

注意：TCP与UDP的区别可以归纳为：

- TCP可靠,传输数据的大小无限制,但是在传输数据之前需要发送端与接收端之间建立虚拟链路,由此消耗了时间,另外差错控制开销也非常大。
- UDP不可靠,传输的数据包大小一般限制在64KB以下,传输数据之前发送端与接收端之间不需建立虚拟链路和信息确认,差错控制开销较小。

10.2 InetAddress 类

IP地址唯一确定网络上的通信实体,每台联网的计算机都至少需要一个IP地址,以便与网络上的其他通信实体通信。前面介绍的IP地址通常采用点分十进制方法表示,尽管这种方法相对于32位的二进制数来说方便了许多,但对于数亿计的IP地址而言,使用点分十进制表示法记住这些生硬的数字仍是一件头疼的事情。对此引入了 DNS(Domain Naming System,域名解析系统),采用域名映射一个 IP 地址,实现域名和 IP 地址之间的相互转换。当应用程序使用域名(例如 java.sun.com)来访问 Internet 上的网站时,首先要向域名服务器解析该域名对应的 IP 地址。在 Java 中,使用 InetAddress 类实现 IP 地址与主机名之间的相互转换。

java.net 包中提供了 InetAddress 类,用于封装 IP 地址,它是 Java 表示 IP 地址的一种形式。InetAddess 由 IP 地址和对应的主机名组成,该类内部实现了 IP 地址和对应主机名之间相互转换的机制。值得注意的是,InetAddress 类不仅支持 IPv4 地址,也支持 IPv6 地址。实际上,InetAddress 类还有两个子类 Inet4Address 和 Inet6Address,它们分别用来实现 IPv4 和 IPv6 地址,而 InetAddress 类同时支持这两类地址。表 10.1 列出了 InetAddress 类的主要方法。

表 10.1　InetAddress 类的主要方法

方 法 名	说　　明
static InetAddress getAllByName(String host)	返回一个 InetAddress 对象数组,表示指定计算机的所有 IP 地址(一台计算机可能具有多个 IP 地址)
static InetAddress getByAddress(byte[] addr)	根据给定的 IP 地址创建一个 InetAddress 对象
static InetAddress getByAddress(String h,byte[] a)	根据给定的主机名和 IP 地址创建一个 InetAddress 对象
static InetAddress getByName(String host)	返回一个指定计算机的 InetAddress 对象,host 既可以是主机名,也可以是表示 IP 地址的字符串
String getHostAddress()	以字符串形式返回 IP 地址
String getHostName()	返回此 IP 地址的主机名
static InetAddress getLocalHost()	返回本机的 InetAddress 对象
boolean isReachable(int timeout)	在规定时间内(以毫秒为单位)测试是否可到达该地址

例 10.1 演示了 InetAddress 类的使用方法。

【例 10.1】　Example10_01.java

```
import java.io.*;
import java.net.*;
public class Example10_01 {
    /**
     * 实现 URL 与 IP 的转换
     * @param url:输入要查询的网址
     */
    public static void convert2IP(String url) {
        InetAddress hostAddress[] = null;
        try {
            //创建 InetAddress 对象
            hostAddress = InetAddress.getAllByName(url);
        } catch (UnknownHostException e) {
            e.printStackTrace();
        }
        //遍历 hostAddress 数组,输出对应的 IP 地址
        for (int i = 0; i < hostAddress.length; i++) {
```

```java
            System.out.println(hostAddress[i].getHostAddress());
        }
    }

    public static void main(String[] args) {
        System.out.println("请输入要查询的网址,按 Q 退出程序: ");
        String url = null;
        BufferedReader br = new BufferedReader(new InputStreamReader
                (System.in));
        //从键盘上接收字符串
        while (true) {
            try {
                url = br.readLine();
                if (url.trim().equalsIgnoreCase("Q")) {
                    br.close();
                    break;
                }
            } catch (IOException e) {
                e.printStackTrace();
            }
            System.out.println(url + "对应的 IP 地址为: ");
            //访问 convert2Ip()方法
            convert2IP(url);
            System.out.println("请输入要查询的网址,按 Q 退出程序: ");
        }
    }
}
```

运行结果:

请输入要查询的网址,按 Q 退出程序:
www.csdn.net
www.csdn.net 对应的 IP 地址为:
39.106.226.142
请输入要查询的网址,按 Q 退出程序:
www.qq.com
www.qq.com 对应的 IP 地址为:
221.198.70.47
请输入要查询的网址,按 Q 退出程序: Q

在本例中,首先创建了一个 InetAddress 对象,注意 InetAddress 类并没有构造方法,而是使用其类方法 getAllByName()创建。然后使用 getHostAddress()方法获取输入 URL 的对应 IP 地址;相反,可使用 getHostName()方法将 IP 地址映射为主机名。

10.3 URL

可以认为每个 URL(Uniform Resource Locator,统一资源定位符)都是一个 URI (Uniform Resource Identifier,统一资源标识符),但不一定每个 URI 都是 URL。这是因为 URI 还包括一个子类 URN(Uniform Resource Name,统一资源名称),用于命名资源但不指定如何定位资源。URI 和 URL 概念上的不同主要反映在 URI 类和 URL 类。

10.3.1 URL 简介

URL 代表 Internet 上的一个资源的确切位置，URL 通常由三部分组成：协议类型、主机名和资源路径名。通过 URL 可以指定的主要有以下几种：http、ftp、gopher、telnet、file 等。URL 的语法格式如下。

protocol://host[:port]/path[?queryString][#section]

例如，http://www.henu.edu.cn:80/index.htm 是河南大学的主页，可以看到，www.henu.edu.cn 是河南大学 Web 服务器使用的域名，使用的协议为 HTTP，80 是 HTTP 采用的端口号，而 index.htm 则是该服务器上的文件。如果 HTTP 采用的是默认端口号 80，则在 URL 中可以省略不写，上述 URL 可以写为 http://www.henu.edu.cn/index.htm。

由此可以看出，一个 URL 可以包括以下 5 部分内容：

- 协议；
- 授权信息（包括用户信息、主机和端口等）；
- 资源路径名；
- 查询字符串；
- 区段。

一个 URL 并不要求同时具有这 5 部分内容，例如，查询字符串、资源路径名、区段等，如不需要可以省略。

10.3.2 URL 类

Java 中使用 URL 类表示 URL，表 10.2 列出 URL 类的构造方法和主要方法。

表 10.2 URL 类的构造方法和主要方法

方 法 名	说 明
URL(String spec)	使用一个表示 URL 的字符串构造 URL 对象
URL(String protocol, String host, int port, String file)	根据指定的协议、主机、端口号构造 URL 对象
URL(String protocol, String host, String file)	根据指定的协议、主机和文件构造 URL 对象
URL(URL context, String spec)	通过在指定的 URL 和文件进行解析并构建新的 URL
Object getContent()	获得 URL 的内容
int getDefaultPort	获得与此 URL 关联协议的默认端口号
String getFile()	获得此 URL 的文件名
String getHost()	获得此 URL 的主机名
String getPath()	获得此 URL 的路径部分
int getPort()	获得此 URL 的端口号
String getProtocol()	获得此 URL 的协议名称
String getQuery()	获得此 URL 的查询部分
String getAuthority()	获得此 URL 的权限信息
String getRef()	获得此 URL 的区段
String getUserInfo()	获得此 URL 的使用者信息

续表

方 法 名	说 明
InputStream openStream()	打开到此 URL 的连接并返回一个用于从该连接读入的 InputStream 对象
URLConnection openConnection()	返回一个 URLConnection 对象,它表示到 URL 所引用的远程对象连接

例 10.2 是一个使用 URL 类的例子。

【例 10.2】 Example10_02.java

```java
public class Example10_02 {
    public static void main(String[] args) {
        try {
            //使用字符串构造 URL 对象
            URL base = new URL("http://www.henu.edu.cn");
            //通过在指定的 URL 和文件进行解析并构建新的 URL
            URL spec = new URL(base, "index.htm");
            //使用含有查询字段的字符串构造 URL 对象
            URL query =
                new URL("http://jwc.henu.edu.cn/display.php?id = 629");
            //根据指定的协议、主机、端口号和文件构造 URL 对象
            URL full = new URL("https", "www.oracle.com",
                80, "cn/java/technologies/java - se - api - doc.html");
            System.out.println("Authority:" + spec.getAuthority());
            System.out.println("DefaultPort:" + spec.getDefaultPort());
            System.out.println("File:" + spec.getFile());
            System.out.println("Host:" + full.getHost());
            System.out.println("Port:" + full.getPort());
            System.out.println("Protocol:" + full.getProtocol());
            System.out.println("QueryString:" + query.getQuery());
            System.out.println("Ref:" + full.getRef());
            System.out.println("UserInfo:" + full.getUserInfo());
        } catch (MalformedURLException e) {
            e.printStackTrace();
        }
    }
}
```

运行结果:

```
Authority:www.henu.edu.cn
DefaultPort:80
File:/index.htm
Host:www.oracle.com
Port:80
Protocol:https
QueryString:id = 629
Ref:null
UserInfo:null
```

在本例中分别构建了 4 个 URL 对象,然后使用 URL 类的相关方法解析这些 URL 对象的主机名、资源名称、端口号、协议、查询字符串等信息。

注意:使用 URL 构造方法创建 URL 对象时,会产生 MalformedURLException 异常,

因此必须使用 try-catch 语句进行异常捕获。

10.3.3 URLConnection 类

URLConnection 是 java.net 包中的一个抽象类,它表示与 URL 建立的通信链接。在访问 URL 资源的客户端和提供 URL 资源的服务器交互时,URLConnection 类比 URL 类能提供更多的信息,如文件的长度、编码类型、创建时间等。URLConnection 类的实例通过调用 URL 类的 openConnection()方法获得。URLConnection 类的主要方法如表 10.3 所示。

表 10.3 URLConnection 类的主要方法

方 法 名	说 明
abstract void connect()	打开到此 URL 引用的资源的通信链接(如果尚未建立这样的连接)
Object getContent()	检索此 URL 连接的内容
int getConnectTimeout()	返回连接超时设置
String getContentType()	返回 ContentType 字段值
String getContentEncoding()	返回 ContentEncoding 字段值
int getContentLength()	返回 ContentLength 字段值
long getDate()	返回 Date 字段值(1970 年 1 月 1 日距当前的毫秒数)
long getExpiration()	返回 expires 字段值
InputStream getInputStream() throws IOException	返回从此打开的连接读取的输入流
long getLastModified()	返回 LastModified 字段值
OutputStream getOutputStream()	返回写入此连接的输出流
URL getURL()	返回此 URLConnection 的 URL 字段的值
boolean getUseCaches()	返回 URLConnection 的 useCaches 字段的值

例 10.3 是一个有关 URLConnection 类的例子。

【例 10.3】 Example10_03.java

```
import java.io.BufferedReader;
import java.io.IOException;
import java.io.InputStreamReader;
import java.net.MalformedURLException;
import java.net.URL;
import java.net.URLConnection;
import java.util.Date;

public class Example10_03 {
    public static void readURLHeader(String src) {
        try {
            URL url = new URL(src);
            URLConnection conn = url.openConnection();
            System.out.println("以下为 URLHeader 信息: ");
            System.out.println("----------------------------------");
            System.out.println("ContentType:" + conn.getContentType());
            System.out.println("ContentEncoding:" +
                conn.getContentEncoding());
            System.out.println("ContentLength:" + conn.getContentLength());
            System.out.println("Date:" + new Date(conn.getDate()));
```

```java
            System.out.println("Expiration:" + new Date
                (conn.getExpiration()));
            System.out.println("LastModified:" + new Date
                (conn.getLastModified()));
            System.out.println("Content:" + conn.getContent());
            System.out.println("ConnectTimeout:" +
                conn.getConnectTimeout());
            System.out.println("以下为连接 URL 的网络资源:");
            System.out.println("-----------------------------------------");
            //读取 URL 连接的网络资源
            BufferedReader in = new BufferedReader(new InputStreamReader
                (conn.getInputStream()));
            String line;
            while ((line = in.readLine()) != null) {
                System.out.println(line);
            }
            in.close();
        } catch (MalformedURLException me) {
            me.printStackTrace();
        } catch (IOException ioe) {
            ioe.printStackTrace();
        }
    }

    public static void main(String[] args) {
        BufferedReader br = new BufferedReader(new InputStreamReader
            (System.in));
        System.out.print("请输入连接的 URL: ");
        try {
            String src = br.readLine();
            readURLHeader(src);
        } catch (IOException e) {
            e.printStackTrace();
        }
    }
}
```

运行结果:

请输入连接的 URL: https://www.henu.edu.cn
以下为 URLHeader 信息:

ContentType:text/html
ContentEncoding:null
ContentLength:71876
Date:Thu Jan 13 00:16:18 CST 2022
Expiration:Thu Jan 13 00:26:27 CST 2022
LastModified:Wed Jan 12 15:57:08 CST 2022
Content:sun.net.www.protocol.http.HttpURLConnection$HttpInputStream@7bb58ca3
ConnectTimeout:0
以下为连接 URL 的网络资源:

<!DOCTYPE html>
<html>
    <head>
        <meta charset="utf-8"/>
...

因为 URLConnection 是一个抽象类,所以不能使用构造方法来创建一个 URLConnection 对象,而 URL 类的 openConnection() 方法可以返回一个 URLConnection 对象。因此,本例的 readURLHeader() 方法中首先实例化一个 URL 类对象 url,然后调用 url 的 openConnection() 方法并将返回值赋给 URLConnection 类型的变量 conn,再使用 URLConnection 对象的相关方法获得连接 URL 对象的头部信息和 URL 资源 HTML 编码内容。

10.4 基于 TCP 的网络编程

10.4.1 客户机/服务器模型

客户机/服务器(Client/Server,C/S)模型将一个应用系统分解为前台的客户机应用程序和后台的服务器,二者通过网络连接。二者在逻辑上是相互独立的,客户机作为计算的请求实体,以消息的形式把计算请求发送给服务器,服务器作为计算的承接实体,接收到客户机发送来的请求后进行处理,并把处理的结果返回给客户机。在采用 C/S 模型的应用系统中,客户机主动发起通信请求;而服务器则是被动地接收来自客户端的请求,并负责把请求内容返送到客户机。客户机与服务器通信时可采用 TCP 或者 UDP。C/S 模型的结构如图 10.3 所示。

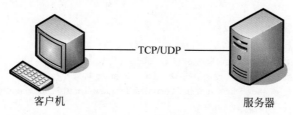

图 10.3 C/S 模型的结构

注意:在开发 C/S 应用程序时,采用 TCP 还是 UDP 要根据应用程序的需要及 TCP 和 UDP 的特点,选择恰当的协议。

本节将介绍 Java 使用 TCP 开发 C/S 结构的网络应用程序。

10.4.2 Socket 类

Socket(套接字)是 IP 地址和端口号的组合,能唯一地确定一个网络进程。应用程序通常通过 Socket 向网络发出请求或者应答网络请求。

Java 提供了 Socket 类以实现对 Socket 的封装,从而简化程序员使用 Socket 开发网络应用程序的复杂度。Socket 类位于 java.net 包中,它提供一系列构造方法和主要方法,具体详见表 10.4。

表 10.4 Socket 类的构造方法和主要方法

方 法 名	说 明
Socket()	通过系统默认类型的 SocketImpl 创建未连接套接字
Socket(InetAddress url, int port)	创建一个 Socket 对象并将其连接到指定 IP 地址的指定端口号
Socket(String host, int port)	创建一个 Socket 对象并将其连接到指定主机上的指定端口号
void close()	关闭此 Socket 对象

续表

方 法 名	说 明
InetAddress getInetAddress()	返回此 Socket 对象连接的地址
int getPort()	返回此 Socket 对象连接到的远程端口
InetAddress getLocalAddress()	获取此 Socket 对象绑定的本地地址
InputStream getInputStream()	返回此 Socket 对象的输入流,通过该输入流从 Socket 对象中获取数据
OutputStream getOutputStream()	返回此 Socket 对象的输出流,通过该输出流从 Socket 对象中输出数据

下面通过一个实例来说明 Socket 类的使用方法。例 10.4 作为客户端程序使用,而例 10.5 作为服务器端使用。应先运行服务器端程序,再启动客户端程序,从而解决客户端与服务器端的交互问题。

【例 10.4】 Example10_04.java

```java
import java.net.*;
import java.io.*;
public class Example10_04 {
    public static void main(String args[])
    {
        try
        {
            //向本机的 10000 端口发出客户请求
            Socket socket = new Socket("127.0.0.1",10000);
            //由系统标准输入设备构造 BufferedReader 对象
            BufferedReader br = new BufferedReader(new InputStreamReader
                    (System.in));
            //由 Socket 对象得到输出流,并构造 PrintWriter 对象
            PrintWriter pw = new PrintWriter(socket.getOutputStream());
            //由 Socket 对象得到输入流,并构造相应的 BufferedReader 对象
            BufferedReader is = new BufferedReader(new InputStreamReader
                    (socket.getInputStream()));
            String readline;
            //从系统标准输入读入一行字符串
            System.out.print("请输入向服务器发送的文字: ");
            readline = br.readLine();
            //若从标准输入读入的字符串为 "bye"则停止循环
            while(!readline.equals("bye"))
            {
                //将从系统标准输入读入的字符串输出到服务器
                pw.println(readline);
                //刷新输出流,使 Server 马上收到该字符串
                pw.flush();
                //在系统标准输出上打印读入的字符串
                System.out.println("来自客户端的消息:" + readline);
                //从 Server 读入一字符串,并打印到标准输出上
                System.out.println("来自服务器端的消息:" + is.readLine());
                //从系统标准输入再次读入一行字符串
                System.out.print("请输入向服务器发送的文字: ");
                readline = br.readLine();
            } //继续循环
```

```
            pw.close(); //关闭 Socket 输出流
            is.close(); //关闭 Socket 输入流
            socket.close(); //关闭 Socket 对象
        }catch(Exception e )
        {
            System.err.println("错误: " + e.getMessage());
        }
    }
}
```

本例使用 Socket 类构建一个 Socket 对象,本例相当于 C/S 模型中的客户端,使用端口号 10000 与主机地址为 127.0.0.1 的服务器端通信。使用 Socket 类的 getOutputStream() 方法获得 Socket 对象的输出流,并将它作为 PrintWriter 对象的节点流使用以向服务器端发送数据(即字符串);使用 Socket 类的 getInputStream() 方法获得 Socket 对象的输入流,然后作为 BufferedReader 对象的节点流使用以读取来自服务器端的消息。程序使用循环来重复上述过程,并且最后使用 Socket 类的 close()方法关闭 Socket 对象,释放系统资源。

10.4.3 ServerSocket 类

使用 Socket 类可以创建基于 C/S 模式的客户端程序,那么创建服务器端程序一般使用 ServerSocket 类。java.net.ServerSocket 类的构造方法和常用方法如表 10.5 所示。

表 10.5 ServerSocket 类的构造方法和常用方法

方 法 名	说 明
ServerSocket()	创建非绑定的 ServerSocket 对象
ServerSocket(int port)	创建监听指定端口的 ServerSocket 对象
ServerSocket(int port, int backlog)	创建监听指定端口和设置客户端连接请求队列长度的 ServerSocket 对象
ServerSocket(int port, int backlog, InetAddress addr)	创建监听指定端口、指定客户端连接请求队列长度和网络地址的 ServerSocket 对象
Socket accept()	侦听并接受 Socket 对象的连接,此方法在进行连接之前一直阻塞
void close()	关闭此 ServerSocket 对象
InetAddress getInetAddress()	返回此 ServerSocket 对象的本地地址
int getLocalPort()	返回此 Socket 对象侦听的端口号

注意:在使用 ServerSocket 类的构造方法和 accept()、close()等方法时,可能会产生 IOException 异常,因此必须进行异常处理。

一般地,使用 ServerSocket 类创建服务器端程序的步骤如下。

(1) 使用 ServerSocket 类的构造方法创建一个监听指定端口号的 ServerSocket 对象。

(2) 使用 ServerSocket 类的 accept()方法在指定的端口上建立连接,并返回连接客户机与服务器的 Socket 对象。

(3) 使用 Socket 类的 getInputStream()或者 getOutputStream()方法获得 Socket 对象的输入流或输出流,使客户机与服务器之间达到数据交互的目的。

(4) 关闭连接。

(5) 服务器返回第(2)步,重复进行后续的步骤,与其他客户机交互。

下面使用 ServerSocket 类编写一个服务器端程序。

【例 10.5】 Example10_05.java

```java
import java.net.*;
import java.io.*;
public class Example10_05 {
    public static void main(String args[]) {
        try {
            ServerSocket server = null;
            try {
                //创建一个 ServerSocket 对象并监听端口号为 10000 的客户请求
                server = new ServerSocket(10000);
            } catch (Exception e) {
                System.err.println("错误:" + e.getMessage());
            }
            Socket socket = null;
            try {
                //使用 accept()方法阻塞等待客户请求,客户端请求到来时则产生一个
                //Socket 对象,并继续执行
                socket = server.accept();
            } catch (Exception e) {
                System.err.println("错误:" + e.getMessage());
            }
            String line;
            //由 Socket 对象得到输入流,并构造相应的 BufferedReader 对象
            BufferedReader is = new BufferedReader(
                    new InputStreamReader(socket.getInputStream()));
            //由 Socket 对象得到输出流,并构造 PrintWriter 对象
            PrintWriter os = new PrintWriter(socket.getOutputStream());
            //由系统标准输入设备构造 BufferedReader 对象
            BufferedReader br = new BufferedReader(
                    new InputStreamReader(System.in));
            //在标准输出上打印从客户端读入的字符串
            System.out.println("来自客户端的消息:" + is.readLine());
            //从标准输入读入一字符串
            System.out.print("请输入向客户端发送的文字:");
            line = br.readLine();
            //如果该字符串为 "bye",则停止循环
            while (!line.equals("bye")) {
                //向客户端输出该字符串
                os.println(line);
                //刷新输出流,使客户端马上收到该字符串
                os.flush();
                //在系统标准输出上打印读入的字符串
                System.out.println("服务器端:" + line);
                //将客户端读入的一行字符串,打印到标准输出上
                System.out.println("客户端:" + is.readLine());
                //从系统标准输入读入一字符串
                System.out.print("请输入向客户端发送的文字:");
                line = br.readLine();
            }
            os.close();
            is.close();
            socket.close(); //关闭 Socket
            server.close(); //关闭 ServerSocket
        } catch (Exception e) {
```

```
            System.err.println("错误: " + e.getMessage());
        }
    }
}
```

运行结果：

客户端：

请输入向服务器发送的文字: hello, I am client
来自客户端的消息:hello, I am client
来自服务器端的消息:hello, I am Server

服务器端：

来自客户端的消息: hello,I am client
请输入向客户端发送的文字: hello,I am server
服务器端: hello,I am server

本例首先使用 ServerSocket 类构建一个监听端口号为 10000 的 ServerSocket 对象，然后使用该类的 accept()方法使程序进入阻塞状态以等待客户请求，当客户端请求时则产生一个 Socket 对象，并继续向下执行。接着，仍然使用 Socket 类的 getInputStream()和 getOutputStream()方法分别作为 BufferedReader 和 PrintWriter 类的节点流，接收客户端的消息或者向客户端发送消息。

注意：开发 C/S 模型的网络应用程序时，客户端与服务器端必须使用相同的端口号，否则客户端无法与服务器端通信。

10.5 基于 UDP 的网络编程

Java 开发基于 UDP 的网络程序时，仍然采用 C/S 结构，但是客户机与服务器是一种对等的关系。Java 基于 UDP 网络编程主要通过 DatagramPacket 和 DatagramSocket 两个类实现。

10.5.1 DatagramPacket 类

使用 Java 基于 UDP 应用程序开发时，首要问题是对传输的数据进行打包，而 DatagramPacket 类正是负责创建 UDP 数据包。DatagramPacket 类也在 java.net 包中，表 10.6 列出该类的构造方法和主要方法。

表 10.6 DatagramPacket 类的构造方法和主要方法

方 法 名	说 明
DatagramPacket(byte[] buf, int length)	构造数据包，把长为 length 的数据装进 buf 数组，一般用来接收客户端发送的数据
DatagramPacket(byte[] buf, int offset, int length)	构造数据包中从 offset 开始、length 长的数据装进 buf 数组，一般用来接收客户端发送的数据
DatagramPacket(byte[] buf, int length, InetAddress addr, int port)	构造数据包用来把长度为 length 的包传送到指定宿主的指定端口号，一般用于发送数据包
DatagramPacket(byte[] buf, int offset, int length, InetAddress addr, int port)	构造数据包用来从 offset 开始、把长度为 length 的包传送到指定宿主的指定端口号，一般用于发送数据包
InetAddress getAddress()	返回接收或发送此数据报文的机器的 IP 地址

续表

方法名	说明
int getPort()	返回接收或发送该数据报文的远程主机端口号
byte[] getData()	返回接收的数据或发送出的数据
int getOffset()	返回将要发送或接收到的数据的偏移量
int getLength()	返回发送出的或接收到的数据的长度
void setData(byte[] buf,int offset,int length)	为此包设置数据缓冲区,可设置数据、长度和偏移量
void setAddress(InetAddress addr)	设置要将此数据报发往的那台机器的 IP 地址
void setPort(int iport)	设置要将此数据报发往的远程主机上的端口号
void setLength(int length)	为此包设置长度

表 10.6 中列出 DatagramPacket 的 4 个构造方法,表中前两个构造方法一般用于创建接收数据包,其中,构造方法的参数 buf 用于存储接收的数据包,length 用于指定接收的数据包的最大长度。表中后两个构造方法用于创建发送数据包,其中,参数 buf、offset、length 意义同前两个构造方法。addr 和 port 用于指定目标服务器的 IP 地址和端口号。

注意:在 UDP 报文中,数据包的长度最大为 65 536B(包括 UDP 头部及 IP 头部),但是在实际应用中,为了保证数据传输的质量,大多数系统限制了数据包的长度为 8192B 或者更小。在使用 DatagramPacket 类创建 UDP 数据包时,参数 buf 数组的长度应该大于数据包的长度,以免发生 IllegalArgumentException 异常。

10.5.2 DatagramSocket 类

一旦创建了 UDP 数据包,就可以通过网络发送或者接收 UDP 数据包。Java 使用 DatagramSocket 对象传输 UDP 数据包。在 TCP 中,Java 使用 Socket 类创建客户端 Socket 对象,服务器端使用 ServerSocket 类创建 ServerSocket 对象;而在 UDP 中,Java 使用 DatagramSocket 类实现双向通信,它既可以发送也可以接收 DatagramPacket 对象。这意味着无论是 UDP 客户端还是 UDP 服务器端都要使用 DatagramSocket 类。表 10.7 列出该类的构造方法和主要方法。

表 10.7 DatagramSocket 类的构造方法和主要方法

方法名	说明
DatagramSocket()	创建 DatagramSocket 对象并绑定到本地主机可用的端口
DatagramSocket(int port)	创建 DatagramSocket 对象并绑定到本地主机指定端口
DatagramSocket(int port, InetAddress addr)	创建 DatagramSocket 对象,将其绑定到指定的本地地址
void connect(InetAddress addr,int port)	将 Socket 对象连接到此 DatagramSocket 对象的远程地址
void disconnect()	断开 Socket 对象的连接
InetAddress getInetAddress()	返回此 DatagramSocket 对象连接的地址
int getPort()	返回此 DatagramSocket 对象的端口
InetAddress getLocalAddress()	获取此 DatagramSocket 对象绑定的本地地址
int getLocalPort()	返回此 DatagramSocket 对象绑定的本地主机上的端口号
int getSoTimeout()	重新恢复 SO_TIMEOUT 的设置。返回 0 意味着禁用了选项
void setSoTimeout(int timeout)	启用/禁用带有指定超时值的 SO_TIMEOUT,以毫秒为单位
void receive(DatagramPacket p)	从当前 DatagramSocket 对象接收一个数据包

续表

方 法 名	说 明
void send(DatagramPacket p)	从当前 DatagramSocket 对象发送一个数据包
void close()	关闭 DatagramSocket 对象,释放其占用的系统资源

其中,receive()、send()和 close()方法应用最为广泛。当调用 receive()方法时,将阻塞当前的 Java 线程,直至其能接收到数据包才返回。还可以使用 setSoTimeout()方法设置等待时间,一旦等待时间到,receive()方法将返回并抛出 SocketTimeoutException。当使用 close()方法关闭 DatagramSocket 对象时,被阻塞的 receive()方法也会抛出 IOException。

下面是一个使用 DatagramPacket 和 DatagramSocket 类进行 UDP 开发的实例。其中,例 10.6 为服务器端,例 10.7 为客户端。

【例 10.6】 Example10_06.java

```java
import java.io.*;
import java.net.*;
public class Example10_06 implements Runnable {
    final static int PORT_NUMBER = 2045;
    final static int DATA_LENGTH = 128;
    DatagramSocket socket;
    public Example10_06() {
        try {
            socket = new DatagramSocket(PORT_NUMBER);
            System.out.println("UDPServerDemo 已启动运行……");
        } catch (SocketException e) {
            System.err.println("错误:不能创建 UDP 数据包!");
            System.exit(-1);
        }
    }

    public static void main(String[] args) {
        Example10_06 server = new Example10_06();
        Thread serverThread = new Thread(server, "UDPServer");
        serverThread.start();
    }

    //线程体
    public void run() {
        if (socket == null)
            return;
        while (true) {
            try {
                InetAddress address;
                int port;
                DatagramPacket packet;
                byte[] data = new byte[DATA_LENGTH];
                packet = new DatagramPacket(data, data.length);
                socket.receive(packet);
                //如果 2045 端口没有请求到数据,就一直停留在这里等待数据接收
                address = packet.getAddress();
                port = packet.getPort();
                //如果接收到数据,则将数据包放在 packet 对象中,并在下面对其解析
                FileWriter fw = new FileWriter("Server.txt");        //创建新文件
```

```java
            PrintWriter out = new PrintWriter(fw);
            for (int i = 0; i < data.length; i++) {
                out.print(data[i]);
            }
            out.close();
            System.out.println("数据已经写入文件!");
            //再次创建数据包,发送到接收的数据的端口
            packet = new DatagramPacket(data, data.length, address, port);
            socket.send(packet);
            System.out.println("数据已返回!");
        } catch (Exception e) {
            System.err.println("错误: " + e.getMessage());
        }
    }
}
```

在本例中,服务器端引入多线程。在 UDPServerDemo 的构造方法中首先创建了一个使用端口号为 2045 的 DatagramSocket 对象 socket,然后在线程体中使用一个死循环,receive()方法一直监听 2045 端口是否有请求数据,如果没有,程序将一直监听不会再向下执行;否则,receive()方法将接收到的 DatagramPacket 数据包放在 packet 对象中,然后解析其中的数据,获取发送方的地址信息,并将数据再次返回到客户端。

【例 10.7】 Example10_07.java

```java
import java.net.*;
public class Example10_07 {
    final static int PORT_NUMBER = 2045;
    final static int DATA_LENGTH = 128;
    public static void main(String args[]) {
        Example10_07 client = new Example10_07();
        System.out.println(client.getMessage());
    }

    public String getMessage() {
        String msg;
        try {
            DatagramSocket socket;
            DatagramPacket packet;
            String source = "Java 程序设计实例教程;出版社:清华大学出版社";
            byte[] data = new byte[DATA_LENGTH];
            data = source.getBytes();
            socket = new DatagramSocket();
            //构建发送数据包
            packet = new DatagramPacket(data, data.length, InetAddress.
                    getLocalHost(), PORT_NUMBER);
            socket.send(packet);
            //构建接收数据包
            packet = new DatagramPacket(data, data.length);
            socket.receive(packet);
            msg = new String(packet.getData());
            socket.close();
        } catch (UnknownHostException e) {
            System.err.println("错误: 未找到主机");
            return null;
        } catch (Exception e) {
```

```
            System.err.println("错误: " + e.getMessage());
            return null;
        }
        return msg;
    }
}
```

从本例可以看出,客户端正好与服务器端的相反,在客户端构造一个 DatagramSocket 对象 socket,然后调用 send()方法发送 DatagramPacket 对象 packet 数据包。

先运行例 10.6,然后再运行例 10.7。程序将在程序所在的目录创建 Server.txt 文件,并在终端输出以下内容:

UDPServer 已启动运行……
数据已经写入文件!
数据已返回!

注意:在实际网络应用程序开发中,服务器端程序总是需要支持多线程的,因为服务器端程序不可能在同一时刻仅支持一个客户端的连接。

10.6 思政案例:逐梦太空,天地互通

"天问一号"是我国研制的第一个自主火星探测任务的探测器,并于 2020 年 7 月 23 日由"长征五号遥四"运载火箭发射升空,成功进入预定轨道。"天问一号"由一部轨道飞行器和一辆火星车构成。经过长达 4.7 亿千米的飞行,"天问一号"着陆巡视器于 2021 年 5 月 15 日着陆于火星乌托邦平原南部预选着陆区,我国首次火星探测任务取得圆满成功。我国首次发射火星探测器就实现了一次性完成"绕、落、巡"三大任务,创造了历史新纪录。

火星与地球之间的距离最近时为 5500 万千米,最远时达 4 亿千米,那么地球与火星距离如此遥远,"天问一号"及"祝融号"火星车如何与地面通信呢?信号传输如此远的距离,信号传输延迟有多严重?如何解决信号衰减的问题?

据了解,依靠现有的通信技术手段,火星与地球之间的信号传输以电磁波的方式进行,正如上所问,如此长距离的信号传输,"时延"和"衰减"是电磁波传输所面临的两个难题。电磁波在宇宙真空环境下的传播速度等同于光速,达到 30 万千米每秒,按此速度计算,传播 5500 万千米的距离需要约 183.3s,"天问一号"从发送信号到地球,再到接收地面控制中心的指令,至少需要 6min。如果按照最远 4 亿千米的距离来计算,信号单程传输时间就需要 22min,往返一次则高达 44.4min。如此高的时延,势必要求"天问一号"火星探测器自身具备较强的问题处理能力。火星探测器的测控数传分系统包括地球与着陆巡视器、环绕器及"祝融"号火星车之间的信息传输链路,包括环绕器上的 X 频段深空应答机、"祝融"号火星车上的 UHF 频段收器信机、中继站,以及地面的测控站(如喀什深空测控站、佳木斯深空测控站)和位于天津武清、由我国自行研制的巨型天线(其直径有 70m、质量为 2700t,是亚洲最大的单口径天线)。这些设施和技术方案保证从地球不同角度都可以接收来自"天问一号"火星探测器的信号。综上所述,火星探测是一项艰巨而又复杂的任务,同时也是一个国家综合实力的体现。

本章的思政案例基于 Java 的网络传输机制,模拟火星探测器向地面控制中心发送数据的传输过程。

例10.8 模拟"天问一号"发送端,定义了两个类 TianwenSender 和 Example10_08,其中,TianwenSender 负责与地面接收端建立连接,通过 sendFile()方法发送文件;而 Example10_08 为主类。

例10.9 模拟地面接收端,定义了三个类:EarthReciever、Task 和 Example10_09,其中,EarthReciever 负责接受 TianwenSender 连接请求,Task 为线程类负责接收文件,Example10_09 为主类。

【例10.8】 Example10_08.java

```java
import java.io.BufferedOutputStream;
import java.io.File;
import java.io.FileInputStream;
import java.net.Socket;
public class Example10_08 {
    public static void main(String[] args) {
        File file = new File("e:\\mars.jpg");
        try{
            TianwenSender tianwenSender = new TianwenSender();
            tianwenSender.sendFile(file,6666);
        }catch (Exception e){
            e.printStackTrace();
        }
    }
}

/**
 *模拟天问一号发送文件
 */
class TianwenSender extends Socket {
    //地面接收站 IP
    private static final String EARTH_IP = "66.66.66.66";
    //地面接收站端口号
    private static final int EARTH_PORT = 6666;
    private static final int SPEED = 30;
    private Socket tianwen;
    private FileInputStream fis;
    private BufferedOutputStream bos;

    public TianwenSender() throws Exception{
        super(EARTH_IP,EARTH_PORT);
        this.tianwen = this;
        System.out.println("天问一号已连接到地面控制中心……");
    }

    /**
     * 文件传输
     * @param file 文件对象
     * @param distance"天问一号"距离地面的距离,单位:万千米
     * @throws Exception
     */
    public void sendFile(File file,long distance) throws Exception{
        if(file.exists()){
            fis = new FileInputStream(file);
            bos = new BufferedOutputStream(tianwen.getOutputStream());
            long filesize = file.length();
            //数据传输
```

```java
                System.out.println("开始数据传输……");
                byte[] bytes = new byte[1024];
                int length = 0;
                long progress = 0;
                while((length = fis.read(bytes,0,bytes.length)) != -1) {
                    bos.write(bytes,0,length);
                    progress += length;
                    System.out.println(" | " + (100 * progress/filesize) + " % | ");
                }
                long delay = distance / SPEED;
                Thread.currentThread().sleep(delay * 1000);
                System.out.println("/n 文件传输完成,传输时长: " + delay);
            }
        if(fis!= null){
            fis.close();
        }
        if(bos!= null)
            bos.close();
        tianwen.close();
    }
}
```

【例 10.9】 Example10_09.java

```java
import java.io.BufferedInputStream;
import java.io.File;
import java.io.FileOutputStream;
import java.net.ServerSocket;
import java.net.Socket;

public class Example10_09 {
    public static void main(String[] args) {
        try {
            EarthReciever earthReciever = new EarthReciever();
            earthReciever.load();
        }catch (Exception e){
            e.printStackTrace();
        }
    }
}

class EarthReciever extends ServerSocket {
    //地面控制中心端口
    private static final int EARTH_PORT = 6666;
    public EarthReciever() throws Exception{
        super(EARTH_PORT);
    }

    public void load() throws Exception{
        while(true){
            Socket socket = this.accept();
            new Thread(new Task(socket)).start();
        }
    }
}

class Task implements Runnable{
    private Socket socket;
    private BufferedInputStream bis;
```

```java
        private FileOutputStream fos;
        public Task(Socket socket){
            this.socket = socket;
        }

        public void run(){
            try{
                bis = new BufferedInputStream(socket.getInputStream());

                String folder = "d:\\receive";
                File dir = new File(folder);
                if(!dir.exists()){
                    dir.mkdir();
                }

                File file = new File(dir.getAbsolutePath() + File.separator +
                "mars.jpg");
                fos = new FileOutputStream(file);

                byte[] bytes = new byte[1024];
                int length = 0;
                while((length = bis.read(bytes,0,bytes.length)) != -1){
                    fos.write(bytes,0,length);
                    fos.flush();
                }
                System.out.println("文件接收完成!");
            }catch (Exception e){
                e.printStackTrace();
            }
            finally {
                try {
                    if(fos!= null)
                        fos.close();
                    if(bis!= null)
                        bis.close();
                    socket.close();
                }catch (Exception e){
                    e.printStackTrace();
                }
            }
        }
    }
```

运行程序Example10_09,然后再运行程序Example10_08,即实现发送端与接收端的连接,并发送文件,具体运行结果这里不再给出。

小结

本章主要介绍Java环境下的网络编程。网络基础架构如TCP/IP参考模型和OSI参考模型、IP地址及其分类、TCP与UDP以及端口等内容是网络应用开发的基石。首先,本章介绍了URL类和URLConnection类访问WWW网络资源。其次,介绍网络编程重要软件结构模型:客户机/服务器模型(C/S模型),分别用Java实现基于TCP的C/S模型,主要包括Socket和ServerSocket类。最后,用Java实现基于UDP的C/S结构,主要介绍DatagramPacket和DatagramSocket类。

图书资源支持

感谢您一直以来对清华版图书的支持和爱护。为了配合本书的使用,本书提供配套的资源,有需求的读者请扫描下方的"书圈"微信公众号二维码,在图书专区下载,也可以拨打电话或发送电子邮件咨询。

如果您在使用本书的过程中遇到了什么问题,或者有相关图书出版计划,也请您发邮件告诉我们,以便我们更好地为您服务。

我们的联系方式:

清华大学出版社计算机与信息分社网站:https://www.shuimushuhui.com/

地　　址:北京市海淀区双清路学研大厦 A 座 714

邮　　编:100084

电　　话:010-83470236　010-83470237

客服邮箱:2301891038@qq.com

QQ:2301891038(请写明您的单位和姓名)

资源下载:关注公众号"书圈"下载配套资源。

书　圈

清华计算机学堂

观看课程直播